Benno van Aerssen

Revolutionäres Innovationsmanagement

Benno van Aerssen

Revolutionäres Innovationsmanagement

Mit Innovationskultur und neuen Ideen
zu nachhaltigem Markterfolg

Bibliografische Information der Deutschen Nationalbibliothek
Die Deutsche Nationalbibliothek verzeichnet diese Publikation in der Deutschen Nationalbibliografie. Detaillierte bibliografische Daten sind im Internet über http://dnb.d-nb.de abrufbar.

ISBN 978-3-86880-018-0

www.mi-wirtschaftsbuch.de

Redaktion: Jana Stahl, München
Lektorat: Desirée Šimeg, München
Umschlaggestaltung: Jarzina Kommunikations-Design, Holzkirchen
Umschlagabbildung: © Fancy/Veer/Corbis
Satz: Jürgen Echter, Landsberg am Lech
Druck: GGP Media GmbH, Pößneck
Printed in Germany

»Innovation depends on invention – and inventors should be treated as the pop stars of industry.«

Prinz Philip, Duke of Edinburgh

Inhalt

Vorwort

Ich habe noch deutlich die Worte einer leicht resignierten Mitarbeiterin eines sehr großen mittelständischen Unternehmens im Ohr, die mir beim Stichwort Kreativität und Innovationskultur sagte: »Fragt sich, ob unser Chef überhaupt Kreativität erlaubt. Da gibt es doch unsere tollen Arbeitsplatzverordnungen und Stellenbeschreibungen, auf die man sich verbindlich einzustellen hat. Kreativität ist wohl am ehesten noch in der Werbebranche gefragt, aber nicht bei uns. Und überhaupt – wie soll ich als Bürokauffrau bei meiner Auftragsbearbeitung denn überhaupt kreativ sein? Wäre schön, wenn Kreativität erwünscht ist, aber ich glaube, das ist nur Wunschdenken oder gehört in die Werbeabteilung.«

Ich kenne den Unternehmer, der Angst hat, Freiräume zu gewähren und Kreativität entfalten zu lassen, weil er es ausschließlich gewohnt ist, sein Unternehmen mit harten Fakten und Zahlen zu führen. Auch das Polster alter Erfolge hat dazu geführt, alles zu belassen, wie es ist und kreative Freiräume abzuschaffen. Schlimmer ist nur noch der Mitarbeiter, der auf die Frage nach kreativen Freiräumen antwortet: »Das haben wir schon alles hinter uns, wenn wir schon mal kreative Freiräume nutzen, dann kann man sicher sein, man wird sozusagen vom Chef entdeckt und mit Äußerungen wie ›Warum denn gerade heute – muss das sein?‹ in die Schranken gewiesen.«

Solche und ähnliche Äußerungen, die ich während meiner Beratungstätigkeit immer wieder gehört habe, haben in mir den Ehrgeiz geweckt, mit diesem Buch etwas Wirkungsvolles gegen derartige Situationen zu unternehmen. Extremer und bedenklicher als die zuvor genannten Beispiele, ist aber noch der Manager oder Unternehmer des gleichen Unternehmens, der auf Innovationen und Kreativität angesprochen, wie ein allzu frommer Prediger erregt anfängt zu postulieren, wie überaus wichtig Innovationen sind und diese natürlich ganz selbstverständlich in seinem Unternehmen zum Tagesgeschäft dazugehören. Er verweist auf aktuelle und vermeintlich neue Produkte und sonnt sich in der aktuellen Innovationsdiskussion. Schaut man aber genauer hin, so bleibt von den blumigen Reden im Tagesgeschäft dieses Unternehmens rein gar nichts übrig. Von einer Innovationskultur ist man so weit entfernt wie der Nordpol vom Südpol.

Deshalb ist dieses Buch für echte MITarbeiter (Ein MITarbeiter ist primär ein Mensch, der mit anderen, also weiteren Kollegen, Angestellten,

Arbeitern beziehungsweise Arbeitnehmern, »zusammen«arbeitet.) geschrieben, die wirklich eine nachhaltige, positive und Erfolg versprechende Veränderung in Ihrem Unternehmen herbeiführen wollen. Dieses ewige Pseudogerede über Innovationen kann heute keiner mehr hören. Jetzt geht es darum, Innovationen aus dem ganzen Team heraus entstehen zu lassen.

Dieses Buch ist besonders auch der Spiegel eigener langjähriger Erfahrungen und eigener Studien. Wobei ich nie an einer Universität studiert habe. Ich habe lediglich das Leben, die Menschen und besonders mein Umfeld studiert. Dieses Buch ist auch ein besonderer Teil meiner ganz persönlichen Lebensgeschichte und wurde erst nach dem 08.08.2007 möglich. Ich habe am eigenen Leib erfahren, was passieren kann, wenn man fünfzehn Jahre wie im »Hamsterrad« ackert. Stress und das bloße Funktionieren im Job haben meine Kreativität und meine Gesundheit immer mehr zerstört. Mittlerweile gönne ich mir wieder bewusst mehr eigene Freiräume, die ich genieße und nutze. Dadurch wurde meine ureigenste Kreativität wieder freigesetzt – und dieses Buch ist entstanden. Fast wie von selbst haben sich die Kapitel in den letzten Monaten zusammengefügt, nachdem die unbemerkten Stress- und Zeitblockaden der letzten Jahre aufgehoben waren.

Daraufhin habe ich mich mit dem Zusammenhang von Stress und fehlenden Freiräumen auseinandergesetzt, unter anderem im Werk von Hendrik Backerra, Christian Malorny und Wolfgang Schwarz: Kreativitätstechniken. Die Autoren haben festgestellt, dass ein wichtiger Einflussfaktor auf die menschliche Kreativität der Grad der Entspanntheit und Stress ist.

Die Wissenschaft unterscheidet zwischen Eustress, also gesundem Stress, und Distress, dem krank machenden Stress. Der sogenannte Stressor ist die Ursache, die den Stress beim Menschen auslöst. Was für den Einzelnen ein Stressor sein kann und wie stark sich Stress auswirkt, hängt von der persönlichen Veranlagung und den Erfahrungen mit bestimmten Situationen ab. Hält Stress langfristig an, dann verhindert er durch Stressblockaden und schleichende Perspektivverengung den kreativen Umgang mit Problemen und Problemlösungen. Ein gestresster Mensch, ohne Freiräume, kann nur sehr begrenzt innovative Lösungen erbringen, denn Kreativität entwickelt sich nur im entspannten Zustand. Um Kreativität zu ermöglichen, muss man auf zwei Ebenen ansetzen – im Unternehmensumfeld einerseits und bei der persönlichen Stressbewältigung einer Person andererseits.

Die Methode, um die es in diesem Buch gehen soll, trägt den Namen FRIES und setzt bei den Änderungen im Unternehmensumfeld an: Eine echte Innovationskultur soll im Unternehmen eingeführt werden – mit den nötigen Freiräumen und einer messbaren Methode, die dafür sorgt, dass kein unkontrolliertes Chaos entsteht. Der Name leitet sich von den Begriffen **FR**eiräume, **I**deen, **E**valuierung und **S**elbstbewusstsein ab (dazu später mehr). Ohne diese Konzepte wären Innovationen nicht möglich. Die FRIES-Methode erhebt weder Anspruch auf Wissenschaftlichkeit noch auf Vollständigkeit – aber sie kommt aus der Praxis und ist für alle entwickelt, die etwas verändern und unternehmen wollen. Wenn Sie mögen, folgen Sie mir auf meinem Weg zu Innovationskultur, mit mehr Erfolg und weniger Stress. Seien Sie aber bitte auch kritisch und hinterfragen Sie meine Aussagen im Hinblick auf Ihre ganz individuelle Situation. Passen Sie die von mir vorgeschlagene Methode auf Ihre individuellen Bedürfnisse an. Machen Sie die Arbeit mit FRIES zu Ihrem ganz persönlichen Innovations-Kodex.

Wie man dieses Buch lesen kann

Die meisten Bücher kann man traditionell einfach von vorne nach hinten lesen. Dieses Buch ist da etwas anders. Denn es ist Wirtschaftsbuch, Praxisbuch und Nachschlagewerk in einem. Es teilt sich in vier wesentliche Teile, die sowohl aufeinander aufbauen, sich aber auch einzeln lesen lassen. Den Kern bildet dabei definitiv das zweite Kapitel, in dem die FRIES-Methode detailliert beschrieben wird. FRIES ist eine leicht handhabbare, branchenunabhängige Methode, um die Entstehung einer Innovationskultur systematisch und nachhaltig zu fördern – ohne dass die Chefs dabei Kontrollverluste durch gewährte Freiräume erleiden und die Angestellten sich der Rückendeckung der Chefs auch in den kreativen Freiräumen immer sicher sein können.

Ich schlage Ihnen drei Möglichkeiten vor, wie Sie dieses Buch handhaben können:

1. Sie lesen dieses Buch tatsächlich einfach von vorne nach hinten und nehmen es Seite für Seite in sich auf. So entgeht Ihnen kein Detail, und Sie sind für die Einführung Ihrer Innovationskultur bestens gerüstet.
2. Sie nutzen dieses Buch als Nachschlagewerk, um sich immer einmal wieder in einzelne Aspekte der Kreativität und Ideenfindung einzulesen. Sie nutzen zum Beispiel in Kapitel 4 den Werkzeugkoffer, um eine ganz spezielle Kreativitätstechnik vor dem nächsten Kreativmeeting noch einmal kurz zu vertiefen oder schlagen wichtige Begriffe im Glossar nach.

3. Oder fangen Sie doch einfach direkt mit der Methode in Kapitel 2 an und lesen alles andere als Vertiefung im Nachgang.

Also los – tun Sie es, wie Sie es am liebsten tun möchten – und werden Sie kreativ und innovativ!

Benno van Aerssen

1 Einleitung

1.1 Ein Buch ausschließlich für MITarbeiter

Dieses Buch kann und sollte jeder lesen, der sich als echter MITarbeiter seines Unternehmens fühlt, egal ob Manager oder Angestellter. Nehmen Sie als MITarbeiter das Heft in die Hand, egal wo im Unternehmen Sie tätig sind. Die FRIES-Methode funktioniert branchenunabhängig in Ihrem kleinen Team, in Ihrer Abteilung, in Ihrer Filiale, im Profitcenter, im Werk oder im ganzen Konzern.

Bei der ursprünglich ausschließlichen Konzentration auf Manager und Unternehmer als Zielgruppe für FRIES war mir sehr schnell klar, dass die Methode letztlich nur halb so gut funktionieren würde. Schnell habe ich damit aufgehört, nur über eine spezielle Nutzergruppe nachzudenken und schreibe nun tatsächlich für alle, die in und mit einem Unternehmen arbeiten und ihren täglich einengenden Stress im Tagesgeschäft haben, egal ob im Einzelunternehmen oder im Weltkonzern, ob als Führungskraft oder Sachbearbeiter – Hauptsache MITarbeiter. Schließlich betrifft das Thema Innovationen alle, die in einem Unternehmen arbeiten und sich einbringen. Seien Sie Sie selbst, wenn Sie dieses Buch lesen. Haben Sie dabei Ihre ganz persönliche Situation im Unternehmen vor Augen. Dieses Buch kann Ihr Unternehmen erfolgreicher machen und auch Ihre persönliche Position und Zufriedenheit langfristig verbessern. Dieses Buch kann Sie zum »Hero« in Ihrem Unternehmen machen, egal aus welcher Position heraus Sie es lesen.

Als Unternehmer oder Manager schauen Sie nur zu oft von oben auf Ihr Unternehmen und Ihr Team. Innovationen und die Einführung einer Innovationskultur werden Sie hoffentlich schon beschäftigen oder schon mehrmals beschäftigt haben. Dieses Buch kann für Sie Anstoß und konkreter Leitfaden sein, wie Sie morgen früh mit der Einführung Ihrer Innovationskultur beginnen.

Hinweis an Manager, die keine MITarbeiter sind, sondern nur Karrieristen auf der Durchreise: Seien Sie gewiss – Ihre MITarbeiter lesen dieses Buch auch!

Als Angestellter sind Sie vielleicht enttäuscht, dass Ihre Ideen und Ihre Sicht auf die Probleme im Unternehmen oft nicht gehört werden, oder der tägliche Stress gute Ideen nicht verhindert. Dieses Buch vermittelt Ihnen das nötige Wissen, um in Fragen der Innovationskultur und Ideenfindung sowie seiner Voraussetzungen Ihren Vorgesetzten kompetent und zielführend gegenüberzutreten. Oder Sie reichen das Buch an Ihre Kollegen weiter und überzeugen gemeinsam Ihr Management, dass die Einführung einer Innovationskultur das Unternehmen und die MITarbeiter darin sehr schnell weiter nach vorne bringt.

Die Reihe der Beispiele ließe sich leicht beliebig verlängern und würde Sie letztlich nur langweilen. Ich denke, Sie haben gesehen, worauf ich hinaus wollte. Es ist prinzipiell völlig egal, welche Position Sie in Ihrem Unternehmen einnehmen. Das aktive Beschäftigen mit Innovation und besonders mit einer nachhaltigen Innovationskultur kann Ihre eigene Situation sicherlich nicht verschlechtern, sondern nur extrem verbessern. Ergreifen Sie die Initiative, das Wissen dazu halten Sie gerade in Ihrer Hand. Machen Sie sich und Ihr Unternehmen fit für die Zukunft. Seien Sie zukünftig für die Achterbahn des Marktes jederzeit gerüstet.

1.2 Ein Buch gegen Krisen und andere Störfeuer

Durch einen immer stärker wachsenden globalen Wettbewerb, den beschleunigten wirtschaftlichen Wandel, überraschende Rezessionen und Paradigmenwechsel, die neuen Nischenmärkte und die zunehmende Dynamik in den einzelnen Märkten sind echte Innovationen zu einem der wesentlichen Erfolgsfaktoren für die Unternehmen in mittlerweile allen Branchen geworden – und dabei geht es nicht nur um neue Produkte. Ich denke, Sie werden das selber schon in den letzten Monaten und Jahren spürbar wahrgenommen haben. Nur wenn Unternehmen gleichermaßen in den Bereichen Produkt-, Prozess- und Sozialinnovation kontinuierlich neue Dinge hervorbringen, also eine echte Innovationskultur nachhaltig etabliert haben, können sie auf Dauer an den zukünftigen Märkten und auch in Rezessionen erfolgreich existent bleiben.

Ich teile hier auch die Meinung und Darstellung meiner Autorenkollegen Anja Förster und Peter Kreuz. »›Nichts ist gefährlicher als der Erfolg.‹ Er verführt besonders eine selbstzufriedene Managerkaste dazu, sich mit dem Ist-Zustand zufriedenzugeben. Vorstände fangen an, ihren eigenen Pressemitteilungen zu glauben. Und sie interessieren sich nur noch marginal für das, was am Markt geschieht. Arroganz und Selbstzufriedenheit sind die Krankheit jedes Großunternehmens«. Viel treffender kann man die Situation in vielen Unternehmen nicht beschreiben. Um permanent echte Innovationen zu generieren und entstehen zu lassen, ist eine regelrechte Innovationskultur das langfristig richtige Werkzeug und auch unumgängliche Voraussetzung. Diese Innovationskultur muss im gesamten Unternehmen und dessen Unternehmenskultur eingebunden sein, um den wichtigen Blick über den eigenen Tellerrand überhaupt zu ermöglichen. Wer nur die im Marketing ritualisierten Beobachtungen der Konkurrenz auslebt, der wird mit vielen kleinen Pseudoinnovationen auch immer nur der Konkurrenz hinterherlaufen. Es heißt »Augen auf« für alle MITarbeiter.

Auf allen Ebenen unserer Gesellschaft sind Innovationen das zentrale Thema. Sogar Bundeskanzlerin Angela Merkel hat diese zu einem zentralen Thema ihrer Neujahrsansprache 2006 gemacht: »Arbeit braucht Wachstum und Wachstum braucht Freiheit. [...] Wenn wir auch bei uns zu Hause künftig unsere Probleme in den Griff bekommen wollen, und zwar auch das Problem Nr. 1, das ist ohne Zweifel die erschreckend hohe Arbeitslosigkeit – dann müssen wir noch mehr als bisher tun [...] Deshalb machen wir Bürokratieabbau, eine wettbewerbsfähige Unternehmensbesteuerung, eine Reform von Bund und Ländern [...] Deutschland ist das Land der Ideen. Aber von unseren Ideen leben, das können wir nur, wenn wir sie auch in die Tat umsetzen. Überraschen wir uns damit, was möglich ist! Fangen wir einfach an – ab morgen früh.«

1.3 Auslöser und Bedeutung von Innovationen

Auf der Internetseite des Innovationsministerium des Landes Nordrhein-Westfalen war im Januar 2008 zu lesen:

> »Da Deutschland weder Rohstoff- noch Billiglohnland ist, sind die Qualität der Produkte und der hohe Qualifizierungsgrad der Menschen entscheidende Bedingungsfaktoren für unseren Wohlstand. Exzellentes Wissen, Forschungsfreiheit, Erfindergeist und unternehmerisches Können sind demnach Voraussetzungen dafür, dass unser Land international wettbewerbsfähig bleibt und ausreichend gut bezahlte Arbeitsplätze bestehen. Für die einzelnen Unternehmen sind Innovationen gerade im globalen Wettbewerb überlebensnotwendig. Permanente Innovationen sowohl in der Produktpalette als auch in den betrieblichen Abläufen sind die Voraussetzungen dafür, zum einen die sich ständig verändernden Wünsche der Kunden zu befriedigen und zum anderen die Effizienz des Unternehmens zu steigern. Der Innovationsdruck auf den internationalen Märkten wächst dabei kontinuierlich, sodass die Innovationsfaktoren an einem Standort für die Unternehmen immer größere Bedeutung erlangen.«

Zusammenfassend lässt sich ableiten, dass, nur wer mit seinem Unternehmen ständig beweglich und innovativ ist, auch langfristig erfolgreich bleibt und gegen Rezessionen und andere schnelle Marktbewegungen gut gewappnet ist.

Wind aus einer neuen Richtung

Rezessionen sind heutzutage auch nur Wind aus einer neuen Richtung, das müssen meines Erachtens besonders deutsche Unternehmen lernen. Schon ein altes niederrheinisches Sprichwort sagt: »Wenn von der See her ein neuer Wind weht, dann bauen die Deutschen hohe Mauern. Die Niederländer hingegen bauen Windmühlen.« – Innovationen und besonders eine gelebte Innovationskultur sind die Mühlen für die neuen Winde unserer schnelllebigen Zeit. Wer permanent Innovationen produziert, hat immer noch ein Ass mehr im Ärmel und kann sich schneller in den Wind drehen als der Wettbewerb. Wir sollten unsere Zeit nicht damit verschwenden, ein großes Stück von schnell aufgelegten Konjunkturprogrammen, Rettungsschirmen und Leitzinssenkungen abzubekommen, sondern damit, die Power und Potenziale, die schon im Unternehmen bei jedem MITarbeiter stecken, zu mobilisieren. Mit der richtigen Einstellung und einer gelebten Innovationskultur ist auch ein Marktwandel oder eine Rezession nur eine sehr gute und vielleicht sogar lohnende Herausforderung.

Des Flickschusters Flexibilität

Dies wird besonders plastisch, wenn wir zum Beispiel den oft jahrelang jammernden deutschen Einzelhändler mit dem einfachen Flickschuster aus einer alten orientalischen Geschichte vergleichen. Ja – der Einzelhandel ist mit einem Wandel konfrontiert. Viele familiengeführte Einzelhandelsbetriebe, die nur an einem Standort tätig sind oder ein kleines regionales Filialnetz betreiben, sehen sich einem immer härter werdenden Wettbewerb mit nationalen und internationalen Handelsketten sowie dem Internet ausgesetzt. Auch Franchise-Systeme gefährden zunehmend die Existenz des unabhängigen traditionellen Einzelhandels. Wer hier unbeweglich ist, wie das berühmte Karnickel vor der Schlange, und an dem vom Vater übernommenen traditionellen Geschäft zu lange festhält, für den ist es sicherlich zu spät. Wer aber mit der nötigen Gelassenheit und permanentem Ideenreichtum arbeitet, der kann seine Herausforderungen meistern – wie der Flickschuster in einem Märchen, das ich schon lange kenne und gerne zur Veranschaulichung erzähle.

In der Hauptstadt seines Landes lebte ein guter und gerechter König. Oft verkleidete er sich und ging unerkannt durch die Straßen, um zu erfahren, wie es mit seinem Volk stand. Eines Abends geht er vor die Tore der Stadt. Er sieht aus einer Hütte einen Lichtschein fallen und erkennt durch das Fenster: Ein Mann sitzt allein an seinem zur Mahlzeit bereiteten Tisch und ist gerade dabei, den Lobpreis zu Gott über das Mahl zu singen. Als er geendet hat, klopft der König an der Tür: »Darf ein Gast eintreten?«
»Gerne«, sagt der Mann, »komm, halte mit, mein Mahl reicht für uns beide!«
Während des Mahles sprechen die beiden über dies und jenes. Der König – unerkannt – fragt: »Wovon lebst du? Was ist dein Gewerbe?«
»Ich bin Flickschuster«, antwortete der Mann. »Jeden Morgen gehe ich mit meinem Handwerkskasten durch die Stadt, und die Leute bringen mir ihre Schuhe zum Flicken auf die Straße.«
Der König: »Und was wird morgen sein, wenn du keine Arbeit bekommst?«
»Morgen?«, sagte der Flickschuster, »Morgen? Gott sei gepriesen Tag um Tag!«
Als der Flickschuster am anderen Tag in die Stadt geht, sieht er überall angeschlagen: »Befehl des Königs! In dieser Woche ist auf den Straßen meiner Stadt jede Flickschusterei verboten!«
»Sonderbar«, denkt der Schuster, »was doch die Könige für seltsame Einfälle haben! Nun, dann werde ich heute Wasser tragen. Wasser brauchen die Leute jeden Tag.« Am Abend hatte er so viel verdient, dass es für beide zur Mahlzeit reichte.
Der König, wieder zu Gast, sagt: »Ich hatte schon Sorge um dich, als ich die Anschläge des Königs las. Wie hast Du dennoch Geld verdienen können?« Der Schuster erzählt von seiner Idee, Wasser für jedermann zu holen und zu tragen, der ihn dafür entlohnen konnte.
Der König: »Und was wird morgen sein, wenn du keine Arbeit findest?«
»Morgen? Gott sei gepriesen Tag um Tag!«
Als der Schuster am anderen Tag in die Stadt geht, um wieder Wasser zu tragen, kommen ihm Herolde entgegen, die rufen: »Befehl des Königs! Wasser tragen dürfen nur solche, die eine Erlaubnis des Königs haben!«
»Sonderbar«, denkt der Schuster, »was doch die Könige für seltsame Einfälle haben. Nun, dann werde ich Holz zerkleinern und in die Häuser bringen.« Er holte seine Axt, und am Abend hatte er so viel verdient, dass das Mahl für beide bereitet war. Und wieder fragte der König: »Und was wird morgen sein, wenn du keine Arbeit findest?«
»Morgen? Gott sei gepriesen Tag um Tag!« Am anderen Morgen kam dem Flickschuster in der Stadt ein Trupp Soldaten entgegen.
Der Hauptmann sagte: »Du hast eine Axt. Du musst heute im Palasthof des Königs Wache stehen. Hier hast du ein Schwert, lass deine Axt zu Hause!« Nun musste der Flickschuster den ganzen Tag Wache stehen und verdiente keinen Pfennig. Abends ging er zu seinem Krämer und sagte: »Heute habe ich nichts verdienen können. Aber ich habe heute Abend einen Gast. Ich gebe Dir das Schwert« – er zog es aus der Scheide – »als Pfand –, gib mir, was ich für das Mahl brauche.« Als er nach Hause kam, ging er zuerst in seine Werkstatt und fertigte ein Holzschwert, das genau in die Scheide passte. Der König wunderte sich, dass auch an diesem Abend wieder das Mahl bereitet war. Der Schuster erzählte alles und zeigte dem König verschmitzt das Holzschwert. »Und was wird morgen sein, wenn der Hauptmann die Schwerter inspiziert?«

»Morgen? Gott sei gepriesen Tag um Tag!« Als der Schuster am anderen Morgen den Palasthof betritt, kommt ihm der Hauptmann entgegen, an der Hand einen gefesselten Gefangenen: »Das ist ein Mörder. Du sollst ihn hinrichten!«
»Das kann ich nicht«, rief der Schuster voll Schrecken aus. »Ich kann keinen Menschen töten!«
»Doch, du musst es, es ist Befehl des Königs!«
Inzwischen hatte sich der Palasthof mit vielen Neugierigen gefüllt, die die Hinrichtung eines Mörders sehen wollten. Der Schuster schaute in die Augen des Gefangenen. »Ist das ein Mörder?« Dann warf er sich auf die Knie und mit lauter Stimme, sodass alle ihn beten hörten, rief er: »Gott, du König des Himmels und der Erde: wenn dieser Mensch ein Mörder ist und ich ihn hinrichten soll, dann mache, dass mein Schwert aus Stahl in der Sonne blitzt! Wenn aber dieser Mensch kein Mörder ist, dann mache, dass mein Schwert aus Holz ist!« Alle Menschen schauten atemlos zu ihm hin. Er zog das Schwert, hielt es hoch – und siehe: Es war aus Holz. Gewaltiger Jubel brach los.
In diesem Augenblick kam der König von der Freitreppe seines Palastes, ging geradewegs auf den Flickschuster zu, gab sich zu erkennen, umarmte ihn und sagte: »Von heute an sollst du mein Ratgeber sein!«

Wenn Sie es nun schaffen, den Ideenreichtum und die permanente Flexibilität des Flickschusters auf Ihr Team zu übertragen und wie eine gebündelte Kraft wirken zu lassen, dann haben Sie den besten Schutz gegen Wirtschaftskrisen und Rezession, den Sie sich vorstellen können.

1.4 Auf direktem Weg zu Innovationskultur und Markterfolg

Dass es notwendig war, endlich ein Buch über die Einführung einer Innovationskultur zu schreiben, zeigt allein schon die erstaunliche Tatsache, dass noch am 20.06.2009 auf Wikipedia.de kein Eintrag für den Begriff Innovationskultur zu finden war, bei rund 1.000.000 anderen Einträgen. Natürlich wird viel und auch vielleicht manchmal zu ausführlich über Innovationen gesprochen und geschrieben, aber bei der Innovationskultur reißt es tatsächlich völlig ab. Für viele (besonders für viele deutsche) Unternehmen ist oft erst eine handfeste Krise der gegebene Anlass, sich mit Innovationen auseinanderzusetzen. Bei dieser Vorgehensweise bleibt aber die Nachhaltigkeit, im Sinne einer Innovationskultur, völlig auf der Strecke. Dieses Buch zeigt Ihnen, als MITarbeiter Ihres Unternehmens, wie Innovationen auf allen Ebenen zu einer äußerst angenehmen Daueraufgabe werden und Ihr Unternehmen damit im harten Wettbewerb besser bestehen kann, nachhaltig erfolgreicher wird und sogar die Spitze des Marktes besetzen kann. Dieses Buch macht den weiten Begriff der

Innovationskultur für Sie und Ihr Unternehmen greifbar und im Tagesgeschäft verdaulich. FRIES – das sind die Grundbausteine für Ihre individuelle Innovationskultur. Sehen Sie wie konkret, einfach, schnell und auch kostengünstig ein permanent innovatives Unternehmen entsteht – unabhängig von seiner Größe und seiner Branche. FRIES passt einfach zu jedem Unternehmen wie die Pommes zur Jäger-, Zigeuner- oder Haussoße. In diesem Buch finden Sie alle nötigen Zutaten für ein kreatives und erfolgreiches Business. Kaufen Sie Innovationen nicht teuer ein, sondern lassen Sie sie in Ihrem eigenen Team an jedem Tag entstehen. Beugen Sie einer besonders in unseren Breiten schleichenden Cainophobie (Angst vor Innovationen) vor oder vertreiben Sie diese restlos und permanent aus Ihrem Unternehmen.

FRIES ...

... macht Spaß, ... macht erfolgreich, ... kann jeder machen, ... steigert das Sinnempfinden in Ihrem Job, ... ist super günstig, ... ist international, ... ist nützlich in jeder Branche, ... funktioniert in jedem Unternehmen, ... lässt sich mit jeder anderen Methode kombinieren, ... hat eine Kultur, ... ist völlig ungefährlich, ... macht auch ein wenig süchtig, ... ist leicht messbar, ... ist nur für MITarbeiter.

Mit FRIES steigern Sie nachhaltig und langfristig Ihren Unternehmenserfolg, fördern ein überaus gutes Betriebsklima, und Sie senken an vielen Stellen auch Kosten, die Ihnen heute gar nicht bewusst sind. Erleben auch Sie das überraschende Gefühl von Serendipity: Finden Sie Innovationen, nach denen Sie gar nicht bewusst gesucht haben und lösen Sie Probleme Ihrer Kunden, die diese noch gar nicht als solche wahrgenommen haben. Berater, Agenturen, Verbände, Lehrbücher und Fachzeitschriften schauen immer aus einer gewissen Distanz auf Ihr Unternehmen und geben doch oft nur sehr theoretische Ratschläge, die nicht wirklich und praktisch in Ihr Unternehmen eindringen. Da tauchen Begriffe auf wie systematische Produktinnovation, Betriebliches Vorschlagswesen, Basisstrategie und zielgruppengenaue Positionierung, die im betrieblichen Alltag nur leere Worthülsen bleiben, weil elementares Commitment und Vertrauen fehlt. FRIES ist Ihre Revolution von unten und setzt direkt bei jedem einzelnen MITarbeiter Ihres Teams oder Ihres Unternehmens an. Setzen Sie die Ideen und Potenziale Ihres eigenen Teams frei und überführen diese Schritt für Schritt und nachhaltig in eine eigene individuelle Innovationskultur, als perfekten Teil der gesamten Unternehmenskultur. Mit FRIES laufen die Uhren in Ihrem Unternehmen schneller als bei der Konkurrenz – das ist gelebte Relativität. Zeigen Sie sich Ihren Kunden gegenüber sichtbar in Bewegung und lassen Sie sie an Ihrer Innovationskultur teilhaben. Das ist heutzutage viel Erfolg versprechender als jeden Tag wieder eine neue »Preissau« durchs Dorf zu treiben oder ein neues Pseudoprodukt auf den Markt zu werfen, das keiner vom alten unterscheiden kann. Seien Sie in Bewegung, und seien Sie wach, und finden Sie die wirklichen Innovationen für Ihre Produkte, Ihre Prozesse und das Miteinander im Unternehmen. FRIES gibt Ihnen dazu nicht nur ganz praktische Ansätze, die Sie jetzt sofort umsetzen können, sondern auch eine handfeste Methode, die Sie darüber hinaus auch betriebswirtschaftlich planen, messen und lenken lässt.

In den heute heiß umkämpften Märkten verlieren Unternehmen schnell wichtige Marktanteile, wenn Sie neue Trends und Marktbewegungen ignorieren oder gar ganz verpassen und besonders auch nicht selbst setzen. FRIES hilft Ihnen konsequent und auch nachhaltig, einen eventuell vorhandenen Rückstand zur Entwicklung des eigenen Markts aufzuholen. FRIES ist Ihre Phasenverschiebung zum Erfolg. Der Aufwand und Ressourceneinsatz für Innovationen lässt sich mit FRIES im Vorfeld quasi kalkulieren. Aktions- und Maßnahmenpläne lassen sich bis zur Tagesplanebene herunterbrechen. Das strukturierte Vorgehen von FRIES wirkt in das ganze Unternehmen hinein, besonders stark aber hin zum Verkauf und zur Produktentwicklung.

Eine positive Phasenverschiebung zeichnet die Best Performer des Marktes aus, sie sind bei jeder Marktbewegung gleichermaßen innovativ, flexibel und erfolgreich. Bestperformer zu sein, bedeutet aber auch, konsequent und kontinuierlich Bestleistungen und Innovationen zu erarbeiten, deshalb ist FRIES mit all seinen Prozessteilen, Sollbruchstellen und Kennzahlen als langfristige Methode ausgelegt, die keine kurzfristigen Innovationsstrohfeuer schürt, sondern die Glut für eine nachhaltige Innovationskultur bereitet. Wir brauchen einen gesunden Mix aus kontinuierlich gutem Betriebsklima mit Freiräumen und permanenten Innovationen in allen Bereichen eines Unternehmens – hier genau setzt FRIES an und kann ein wesentlicher Teil Ihres »New Business Style« sein.

Denn spätestens seit der Internetbubble wissen wir: Innovative Unternehmen sind erfolgreicher, weil früher am Markt. Es kommt auch nicht darauf an, immer der erste zu sein, sondern darauf, derjenige zu sein, der das Neue ständig, ganzheitlich und nachhaltig profitabel einsetzt.

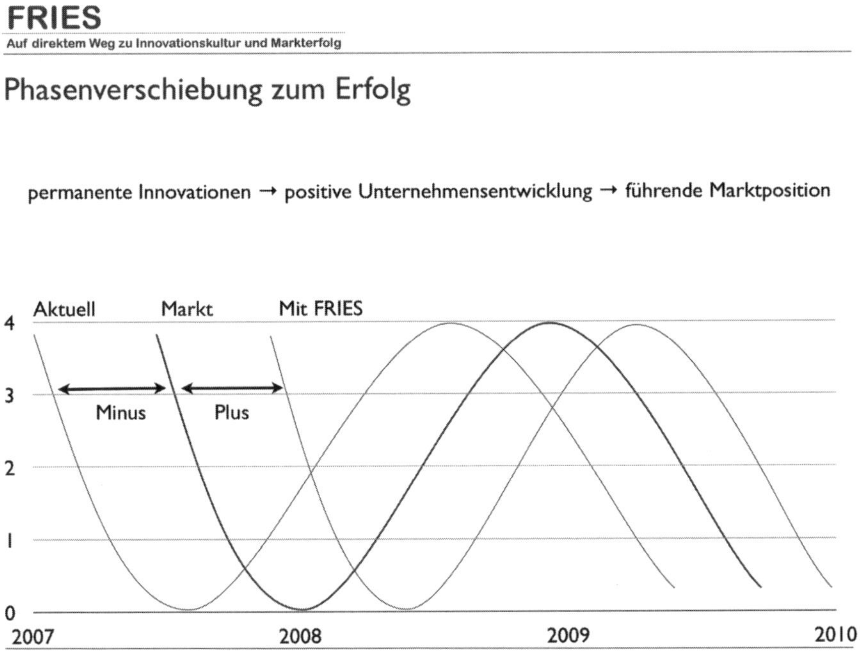

Abbildung 1: Phasenverschiebung zum Erfolg

2 FRIES-Methode

2.1 Überblick

Eine Methode, was ist das eigentlich? Eine Methode ist eine Grundlage oder ein Rezept für ein planmäßiges, folgerichtiges Verfahren, Vorgehen, Forschen, Handeln oder die Art und Weise der Durchführung, das zur Erlangung von Erkenntnissen oder praktischen Ergebnissen dient. FRIES ist eine Methode – ein branchenunabhängiger Leitfaden für die Einführung einer individuellen Innovationskultur. Eine Innovationskultur beginnend bei den Freiräumen über die Ideenfindung, die Evaluierung, bis hin zur Bewusstmachung des Geleisteten.

Allerdings sollten Sie FRIES nicht als in Stein gemeißelte Vorschrift ansehen. FRIES ist ein Regulativ, ein Angebot, das Ihnen hilft, Innovationen in Ihrer Organisation voranzutreiben, das Sie aber variieren und verändern dürfen oder sogar müssen, um es an Ihre Organisation anzupassen. Vergleichen Sie FRIES mit einer Software, die Ihrer Organisation einen Rahmen gibt und Sie unterstützt, Routinearbeiten schneller, leichter und fehlerfreier zu bewältigen. Diese Software müssen Sie an Ihre Bedürfnisse anpassen, ehe sie den Nutzen bietet, den Sie von ihr erwarten. Sie müssen und sollen daher auch die FRIES-Methode anpassen. FRIES soll lebendig und einfach handzuhaben sein, viel Spaß machen, aber auch eine nachvollziehbare, klare betriebswirtschaftliche Grundlage für Ihre Innovationskultur bieten.

Im FRIES-Prozessmodell unterscheiden wir vier aufeinanderfolgende Phasen oder Ebenen mit jeweils einem Hauptelement.

Die unterste Ebene oder Stufe oder, wenn Sie es lieber chronologisch angehen wollen, die erste Phase nennen wir *Freiräume*. In dieser Phase werden die Innovationsträger gefördert, Freiräume eingerichtet und Aufgaben und Probleme (Targets) erkannt. Die nächste Phase oder Stufe heißt *Ideen*. Diese Phase steht für die Kreativität und Ideenfindung. Auf der dritten Stufe *Evaluation* – also Bewertung – geht es um die Beurteilung der zuvor produzierten Ideen. Es ist wichtig, zwischen der Ideenfindung und ihrer Bewertung zu unterscheiden: Wie gut ist diese Idee? Wie leicht lässt sie sich realisieren? Wie steht die unmittelbare und weitere Umgebung meiner Organisation dazu? Wie verhält sie sich zu den übrigen Ideen? Was kostet die Realisierung? Diese und noch viele andere Fragen

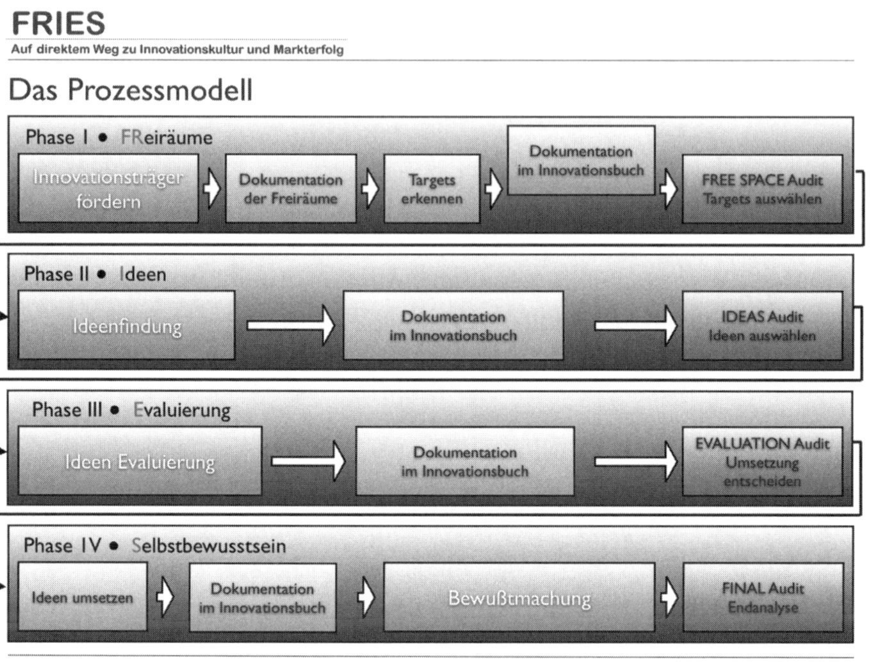

Abbildung 2: FRIES-Prozessmodell im Überblick

müssen hier systematisch angegangen werden. Auf der obersten Stufe *Selbstbewusstsein* – Eigenwahrnehmung – geht es darum, die Innovationsträger für ihre Leistungen auszuzeichnen und die Gesamtorganisation über die Umsetzung der Ideen zu informieren. Bei dieser Phase kommt es darauf an, jedem einzelnen Mitglied der Organisation ein angemessenes Bewusstsein für den Stellenwert der gefundenen Idee zu verschaffen. Dies darf nicht präskriptiv geschehen, also im Sinne von Anweisung oder Vorschrift vor sich gehen. Vielmehr sollte es so vonstattengehen, dass die Kollegen sich freiwillig und gerne mit der Idee identifizieren und aus freien Stücken produktiv zu ihrer Umsetzung beitragen. Anderenfalls haben Sie bloß ein Strohfeuer entzündet, das einmal hoch lodert und dann nach und nach erlischt oder sogar schnell ganz in Vergessenheit gerät. Nur was jeder Einzelne für sich annimmt, kann nachhaltig gelebt und umgesetzt werden.

1. *FReiräume:* In dieser Phase werden die Innovationsträger gesucht, identifiziert und mit einer Einweisung und kontinuierlichen Freiräumen gefördert. Durch diesen kontinuierlichen Prozess werden zukünftig deutlich mehr Targets aufgespürt, deren Lösung und Ideenfindung das Unternehmen nach vorne bringen.

2. *Ideen:* Diese Phase steht für die eigentliche Ideenfindung, die Kreativmeetings und die Anwendung der vielfältigen Kreativtechniken.
3. *Evaluierung:* Es ist wichtig zwischen der eigentlichen Ideenfindung und der Ideenbewertung zu trennen. Auch bei FRIES ist die Ideenbewertung als eigene Phase ausgebildet. In dieser Phase werden die vielversprechenden Ideen detailliert analysiert und auf Ihre Umsetzbarkeit hin geprüft.
4. *Selbstbewusstsein:* Um jetzt nicht nur ein Strohfeuer zu entzünden, sondern eben nachhaltig ein innovatives Umfeld und eine Innovationskultur entstehen zu lassen, müssen die Innovationsträger für Ihre Ideen ausgezeichnet werden. Die Erfolge, also die gelösten Targets und die umgesetzten Ideen, müssen sodann an alle Mitarbeiter und Stakeholder des Unternehmens kommuniziert werden. Das ist die Hauptaufgabe der Phase 4 und die schönste zugleich.

Eigenschaften

FRIES funktioniert in kleinen und großen Unternehmen, sogar bei Existenzgründern und auch in jeder Branche. FRIES setzt sich nicht nur klassisch mit Produktinnovationen auseinander, wie die meisten anderen Methoden innerhalb des sogenannten Innovationsmanagement, sondern funktioniert besonders gut auch im Bereich von Prozess- und Sozialinnovationen. FRIES ist extrem schnell und einfach individuell auf Ihre Bedürfnisse anzupassen und zu skalieren. Sie finden schnell den für Sie passenden Kompromiss zwischen der neuen Freiheit und der nötigen Organisation und Dokumentation. Sie können sofort loslegen – beziehungsweise Sie sind ja schon mittendrin. Dieses Buch erklärt die komplette Methode in allen Einzelheiten und lässt keine Information offen. Dieses Buch ist nicht wie viele andere, welche nur sagen was man ändern sollte – aber nicht wie; oder die nur das Thema kurz anreißen, aber dann die ganze Wahrheit nicht auf den konkreten praktischen Punkt bringen, damit man gezwungen ist möglicherweise teure Seminare und Beratung einzukaufen. Das Buch und die FRIES-Methode selbst sind so angelegt, dass Sie völlig eigenständig die Methode umsetzen, messen und regeln können. Wenn Sie es wünschen, kann aber auch über zertifizierte FRIES-Trainer jederzeit eine zusätzliche, professionelle Unterstützung geleistet werden. Es ist mir besonders wichtig zu erwähnen, dass FRIES sich auch äußerst kompatibel zu anderen Methoden verhält, die eventuell in Ihrem Unternehmen bereits eingeführt sind. Hierzu zählen sicherlich eine ISO-Zertifizierung, Kaizen, KVP oder ein eigenes individuelles Qualitätsmanagement- oder Prozess-System. FRIES hat auch einen sehr positiven Einfluss auf die

Work-Life-Balance der MITarbeiter, die Sie als Innovationsträger mit FRIES vertraut machen. Sie reichern die Jobs Ihrer MITarbeiter und Kollegen mit Vielfalt an – das ist gelebte Diversity! Sie arbeiten somit auch aktiv gegen den »Blinden Fleck« und auch gegen ein möglicherweise aufkommendes Burnout-Syndrom jedes einzelnen Teilnehmers der Methode an. In Zeiten, in denen Zeit immer mehr zu einem Luxusartikel wird, bringen Sie mit FRIES ein Stück Zeitwohlstand in Ihr Unternehmen und motivieren Ihre Innovationsträger von innen heraus. FRIES rüttelt Sie wach, wenn das sogenannte Tagesgeschäft immer mal wieder die Überhand gewinnt und versucht die Innovationskultur in den Hintergrund zu drängen, besonders auch, wenn der eventuelle momentane Unternehmenserfolg die Sinne vernebelt oder eine Rezession alle im Unternehmen zur Untätigkeit erstarren lässt.

Planbarkeit

Innovationserfolge und neue Ideen sind mit FRIES durchaus planbar. Letztlich sind Top-Innovationen statistisch auch nur eine Frage der Menge und Kontinuität – siehe Abbildung 18 zum Ideentrichter. Über den definierten Prozess von FRIES wird sichergestellt, dass die richtigen Schritte in der richtigen Reihenfolge abgearbeitet werden und eine gleichbleibende kontinuierliche Ideenproduktion stattfindet. Ebenso wird mit FRIES erreicht, dass die Innovationskultur unabhängig von Ort und Zeit in Ihrem gesamten Unternehmen nach dem gleichen System funktioniert. Mit den Kennzahlen lässt sich dann auch der Vorlauf zum Lösen der Problem- und Fragestellungen (siehe Kapitel 2.2, »Targets erkennen«) im Vorfeld planen und im weiteren Verlauf permanent vom Controlling messen. Innovationen werden mit FRIES zum lebendigen Teil des Unternehmens und entmystifiziert.

Optimierung

Durch ein einheitliches Vorgehen bei der Ideenfindung und der Einführung Ihrer Innovationskultur werden die Erfolge oder auch die Misserfolge schneller erkannt. Erfahrungen können besser unter den teilnehmenden Teams, Abteilungen und Profitcentern ausgetauscht werden. Mit überschaubarem Aufwand lassen sich unterschiedlichste Innovationsträger, Teams und Abteilungen von einem Verantwortlichen steuern. Ein einheitliches Berichtswesen (Abbildung 2, Audits) stellt auch eine straffe Organisation sicher. Ideen mit wenig Erfolgsaussicht werden schneller identifiziert, Umsetzungs- und Vorlaufkosten können reduziert werden.

Die Methode und die entstehende Innovationskultur optimieren sich selbst permanent.

Transparenz

Ideenfindung nach einem unternehmensweit einheitlichen Vorgehensmodell ermöglicht auch unternehmensinterne Maßstäbe und nötige Transparenz. Die Prozesslogik lässt kein willkürliches »Ausbrechen« zu. Eine Innovation ist in jedem Stadium durch die verantwortliche Führungskraft anhand messbarer Kriterien und Status bewertbar, ohne dass diese alle Details kennen muss. Es lassen sich Stärken und Defizite einzelner Innovationsträger oder auch Teams punktgenau bestimmen, die generelle Eignung sowie die gezielte Förderung kann in die reguläre Personal- und Teamentwicklung problemlos eingebettet werden.

Kernelemente

In jeder der vier Phasen von FRIES gibt es jeweils ein zentrales Kernelement (Abbildung 2), um das sich alle weiteren Elemente dieser Phase gruppieren.

- Phase 1: Innovationsträger fördern
- Phase 2: Ideenfindung
- Phase 3: Ideen-Evaluierung
- Phase 4: Bewusstmachung

Das Kernelement ist jeweils das wichtigste Element einer Phase. Wenn das Kernelement gut funktioniert, sind alle übrigen Elemente äußerst leicht zu bewältigen. Jedes dieser Kernelemente wird durch ein kurzes, definiertes Verfahren sowie durch bestimmte, vorgegebene Aufgaben beschrieben. In den detaillierten Prozessmodellen der einzelnen Phasen werden Sie später die einzelnen Elemente ausführlich kennenlernen, aus denen sich die Kernelemente zusammensetzen. Übrigens – keine Panik – nicht hetzen; das bisschen Theorie muss sein. Aber Sie müssen auch nicht alles in einem Anlauf durcharbeiten.

Während ein Problemfall (Target) den Prozess durchläuft, finden mehrere sogenannte Audit-Meetings (das jeweils letzte Element einer Phase) als essenzielle Sollbruchstellen im Prozess statt. Je nach Projekt-, Team-, Abteilungs- oder Unternehmensgröße lässt sich Größe, Zusammensetzung und Zeitaufwand für diese Audit-Meetings variieren. In den Audit-Meetings wird entschieden, welches Target beziehungsweise welche

Idee zu einem Target in die nächste Phase der Methode übernommen wird. Erfüllt ein Target nicht bestimmte, im Rahmen von FRIES definierte Kriterien, kann der Innovationsfall zum Beispiel auch eingestellt werden. Das Target wird dann nicht in die nächste Phase überführt. Auch bestimmen Sie über die Audits leicht die Menge der durchlaufenden Targets. Die Audit-Meetings sind das zentrale Regulativ der Methode. Die Audits verhindern auch, dass Ihr Tagesgeschäft unter zu vielen Targets nachteilig beeinflusst wird. Das Tagesgeschäft soll ja jederzeit stabil und professionell weiterlaufen.

Einführungsklippen

Ohne den Spaß an der Sache nun schon zu Beginn zu verderben sei an dieser Stelle, besonders im Bezug auf die angesprochene Einarbeitung und weiteren Schulungen, auch auf bekannte Einführungsklippen hingewiesen.

Fehlende Methodenkenntnis: Die Methoden und Techniken rund um Kreativität und Innovation sind meist einfache, schnell verständliche Werkzeuge, die mit wenig Regelwerk auskommen. Das klingt zunächst positiv, also wie kann dieser Umstand eine Hürde sein? Das Problem ist, dass aufgrund der Einfachheit versäumt wird, sich detailliert und intensiv mit den Techniken auseinanderzusetzen. Man informiert sich in aller Hast über die eine oder andere Kreativtechnik, überfliegt beispielsweise ein paar Buchkapitel in dem Glauben, das würde schon reichen. Wenn dann aber in Kreativsitzungen die gewählte Methode unrund läuft und zu allem Überfluss noch unbefriedigende Ergebnisse erzielt, heißt es schnell lapidar bei den Teilnehmern: »Wir wussten doch schon immer, dass dieses Kreativzeug nur unnützer Humbug ist.« Damit ist das Thema Kreativtechniken oft für längere Zeit wieder vom Tisch.

Tipp
Auch wenn die Methode trivial zu sein scheint – eignen Sie sich immer möglichst viel Detailkenntnis über die gewählte Technik an.

Unpassende Betrachtung der Methode: Wir haben gelernt pünktlich, zielstrebig und planbar unsere Arbeit zu tun und unsere Ziele zu erreichen. Doch diese Tugenden und Arbeitsweisen stehen uns womöglich beim Thema Kreativität im Weg. Wenden wir nämlich diese Haltung auch auf den Bereich Ideenfindung an, werden wir unser gestecktes Ziel, neue Ideen zu finden, wohl kaum erreichen. Denn kreative Methoden sind alles andere als mechanisch funktionierende Patentrezepte, die automatisch ablaufen und garantiert nur die besten Ideen produzieren. Die Kreativtechniken dienen lediglich dazu, uns veränderte oder gar neue Denkweisen zu demonstrieren, unsere Gedanken in unbekannte Bahnen zu lenken und unser kreatives Potenzial zu fördern. Keinesfalls ersetzen diese Techniken Erfahrung, Know-how oder selbstständiges Denken.

Tipp
Öffnen Sie sich für neue Denkgewohnheiten und verlassen Sie auch einmal den Pfad des durch und durch geplanten Workflows mit sichergestelltem Ergebnissen. Eine Kreativtechnik ist kein festverdrahteter Schaltkreis, sondern eher ein Rezept der Großmutter, bei dem der Kuchen nach jeder Zubereitung immer wieder etwas anders schmeckt.

Unterschätzung des Lern- und Trainingsbedarfs: Übung macht den Meister heißt es doch so schön. So ist es auch bei der Kreativität. Kreative Fähigkeiten entwickeln sich nicht von heute auf morgen. Bei der Anwendung neuer Methoden und Kreativtechniken tritt dabei oft ein Effekt auf, den man aus dem Sportbereich kennt, egal ob bei Golf, Bogenschießen oder Tennis: Ein neuer Trainer arbeitet mit anderen Methoden als sein Vorgänger. Daraufhin muss sich der Spieler erst einmal auf die neue Technik einstellen. Deswegen erzielt der Sportler zunächst schlechtere Ergebnisse als vorher. Es dauert einfach seine Zeit, bis die neuen Bewegungsabläufe einstudiert und die Technik verinnerlicht ist. Die Lernkurve (Abbildung 3) führt also zunächst einmal nach unten. Im Laufe der Zeit, mit beharrlicher Übung und steigender Routine jedoch werden die Ergebnisse stetig besser. Die Lernkurve zeigt wieder nach oben und erreicht schließlich ein Endniveau, das weit über Anfangsniveau liegt.

Bis zu diesem Punkt kommt es aber in vielen Unternehmen gar nicht mehr. Nach den ersten, oft mageren Ergebnissen von neuartigen Kreativsitzungen wird vorschnell beschlossen, dass diese neuen Methoden wohl kaum geeignet sind und man besser wieder mit den altbewährten Techniken arbeitet. Schade, denn mit etwas mehr Zeit für die Gewöhnung an die neue Arbeitsweise und das Einüben der Technik hätte man schöne kreative Ergebnisse erzielen können.

Tipp
Bleiben Sie über einen längeren Zeitraum beharrlich und unterschätzen Sie niemals den Übungsbedarf, auch bei einfach anmutenden Methoden.

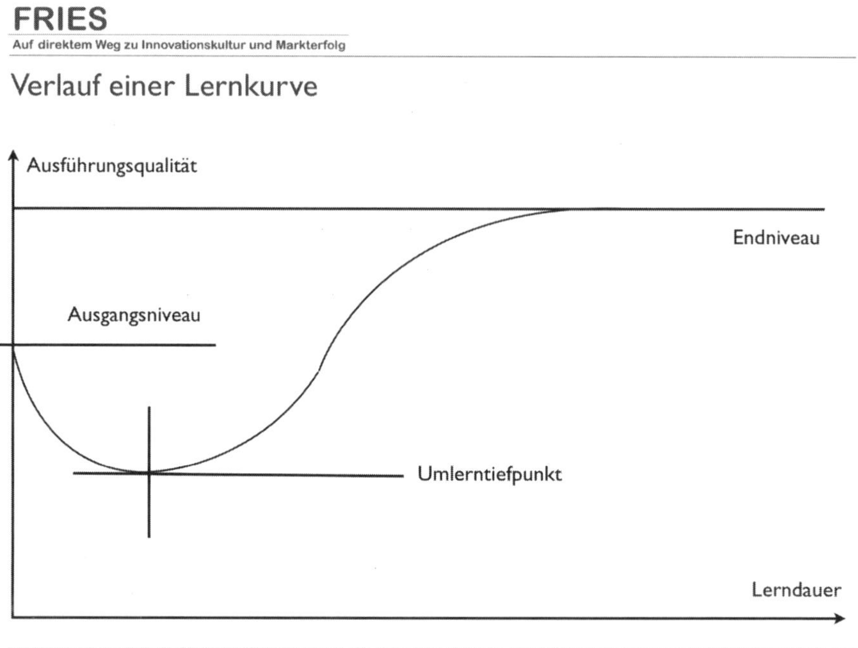

Abbildung 3: Verlauf einer Lernkurve

Es ist wirklich keine Floskel, wenn ich immer wieder betone, dass der nachhaltige Erfolg bei der Einführung von FRIES im Wesentlichen von drei Faktoren abhängt:

- gute Voraussetzungen,
- motivierte, offene Teilnehmer,
- viel praktische Übung.

Die Entwicklung von Kreativität ist zwangsläufig an die klassischen Lernprozesse gebunden. Regelmäßiges Üben gehört einfach dazu. So ist der mit FRIES aufgezeigte Weg vor allem auch ein Lern- und Erfahrungsprozess für Ihr ganzes Team.

Kennzahlen der Methode

Im Verlauf der vier Phasen werden über die vier Audits fünf Kennzahlen ermittelt. Wird die Dokumentation der Methode per Software durchgeführt, erhält man die Kennzahlen per Mausklick. Mit diesen Kennzahlen lässt sich die Innovationsqualität Ihrer Organisation

- relativ zu früheren und späteren Zeiten,
- relativ zu objektiven Benchmarks und
- relativ zur Innovationsqualität und -kultur anderer Organisationen

messen (siehe Abbildung 4 Pfeilelemente).

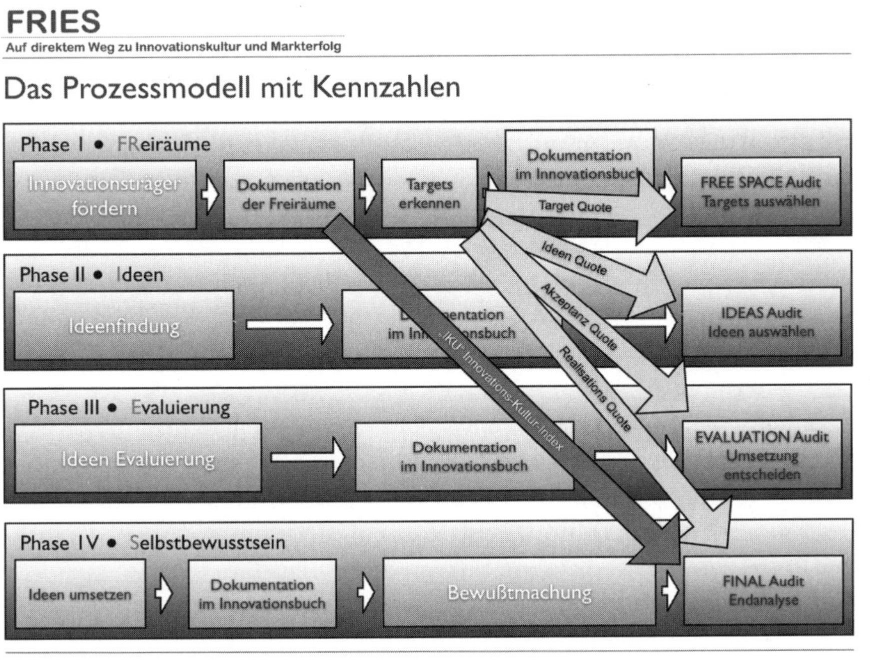

Abbildung 4: FRIES-Prozessmodell mit Kennzahlen

Die fünf Kennzahlen sind:

1. *Innovationskultur-Index (IKU):* Dieser Index stellt die gelösten Targets dem Einsatz an genutzten Freiraumeinheiten aus der ersten Phase gegenüber. Dieses Verhältnis wird im Innovationskultur-Index ausgedrückt und ist die wichtigste Kennzahl im gesamten System. Der IKU zeigt Ihnen an, ob eine Innovationskultur schon existiert und lebt, beziehungsweise ob sie schädlichen Einflüssen unterliegt, oder ob zum Beispiel die gewährten Freiräume aus dem Ruder laufen beziehungsweise nicht genutzt werden.

IKU = Gelöste Targets ÷ Genutzte Freiraumeinheiten

2. *Target-Quote:* Diese Kennzahl zeigt Ihnen zeitraumbezogen, wie viele Targets von Ihren Innovationsträgern gefunden und erfasst wurden und wie viele davon in die nächste Phase, zur Ideenfindung, überführt beziehungsweise freigegeben wurden.

Target-Quote = Targets mit Freigabe Phase 1 ÷ Gesamt-Targets

3. *Ideenquote:* Hier wird die Zahl der Targets mit evaluierungswürdigen Ideen der Gesamtheit der erfassten Targets gegenübergestellt.

Ideenquote = Targets mit Freigabe Phase 2 ÷ Gesamt-Targets

4. *Akzeptanzquote:* Diese Quote stellt die Targets mit umsetzungswürdigen Ideen den erfassten Targets gegenüber.

Akzeptanzquote = Targets mit Freigabe Phase 3 ÷ Gesamt-Targets

5. *Realisationsquote:* Hier werden die Targets mit erfolgreicher Lösung der Gesamtheit der Targets gegenübergestellt.

Realisationsquote = Gelöste Targets ÷ Gesamt-Targets

Mithilfe dieser fünf leicht ermittelbaren Kennzahlen können Sie Innovationen sozusagen vorausplanen, indem Sie Ihre Ressourcen und den beschriebenen Prozess vom Controlling prüfen lassen und zielführend steuern. Innovationen werden plan- und steuerbar und so zu einem festen Bestandteil Ihrer Unternehmenskultur. FRIES liefert so die betriebswirtschaftlichen Benchmarks, um die Methode nachhaltig messbar zu machen und damit auch lebendig zu halten.

Darstellung und Interpretation der Kennzahlen

Jetzt geht es um die Kennzahlen und deren richtige Interpretation. Dabei starten wir mit der wohl wichtigsten Kennzahl: dem Innovationskultur-Index. Der IKU ist in Abbildung 5 als Linie mit Kreisen zu erkennen. Er bildet sich aus dem Verhältnis der genutzten Freiräume (glatte Linie) zu den gelösten Targets (Linie mit Rauten).

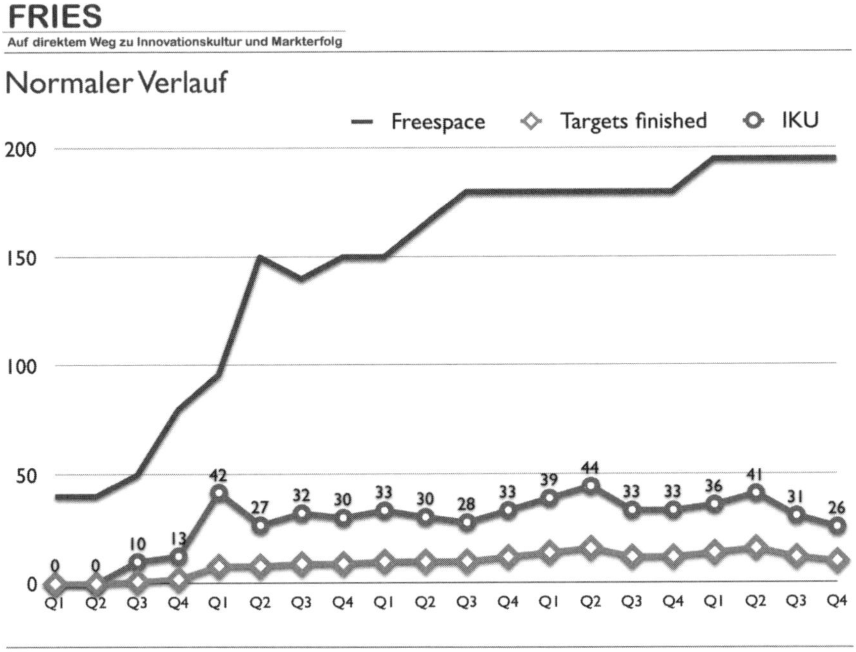

Abbildung 5: Normaler Verlauf des IKU

Der IKU ist eine für Ihr Unternehmen individuelle Zahl. Es ist nicht wichtig, wie sich der IKU im Vergleich mit anderen Unternehmen darstellt, oder dass er so nah wie möglich an die Zahl 100 heranreicht. Der für Ihr Unternehmen prinzipiell repräsentative IKU bildet sich nach und nach heraus. Besonders in der Einführungsphase von FRIES unterliegt er erfahrungsgemäß starken Schwankungen, da zum Beispiel die vereinbarten Freiräume noch nicht alle und stetig genutzt werden oder die Zahl Ihrer Innovationsträger stark ansteigt. In unserem Beispiel aus Abbildung 5 pendelt der IKU nach der Einführungsphase um Werte von circa 35. Eine Innovationskultur hat sich messbar eingestellt, wenn der IKU relativ gleich bleibt, auch dann, wenn sich zum Beispiel die Zahl der Innovationsträger im Unternehmen erhöht. Denn dann wird bei einer lebendigen Innovationskultur auch die Zahl der gelösten Targets ansteigen. Oder es ist eine langsame und stetige Änderung des IKU in eine Richtung festzustellen, wenn sich die Innovationskultur im Unternehmen ausbreitet. Beispielsweise sinkt der IKU, wenn bei gleichbleibender Zahl der Innovationsträger die Zahl der gelösten Targets stetig ansteigt. Aus einem anderen Blickwinkel heraus betrachtet soll Sie der sich ändernde IKU auf sich stark verändernde Rahmenbedingungen aufmerksam machen. Bei größeren Schwankungen sollten Sie genau recherchieren – im Gespräch mit den Innovationsträgern und in den FRIES-Logbüchern – was die Ursache und der Grund für die Schwankungen sind.

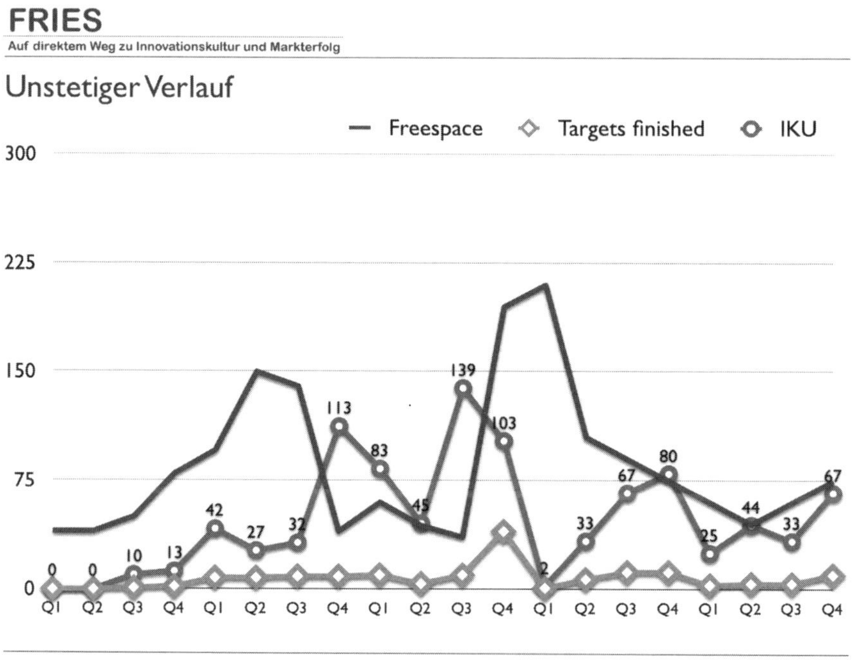

Abbildung 6: Unstetiger Verlauf des IKU

Abbildung 6 zeigt beispielhaft einen sehr unsteten Verlauf des IKU. Sie können in dieser Abbildung auch sehen, dass der IKU zum Beispiel steigt, wenn die Nutzung der Freiräume sehr niedrig ist.

Tipp
Nur die kontinuierliche Nutzung der Methode sichert den nachhaltigen und langfristigen Erfolg!

Sollte zum Beispiel die Nutzung der Freiräume langsam vom Tagesgeschäft oder von alten Gewohnheiten wieder verdrängt werden, so würde sich wahrscheinlich ein Verlauf wie in Abbildung 7 zeigen. Das tückische ist, dass zunächst das Lösen und Umsetzen der laufenden Targets noch funktioniert und so suggeriert, dass die Innovationskultur noch läuft. Nach einiger Zeit steigt der IKU an, bevor er wiederum einige Zeit später zusammenbricht, weil aufgrund von weniger Freiräumen auch weniger

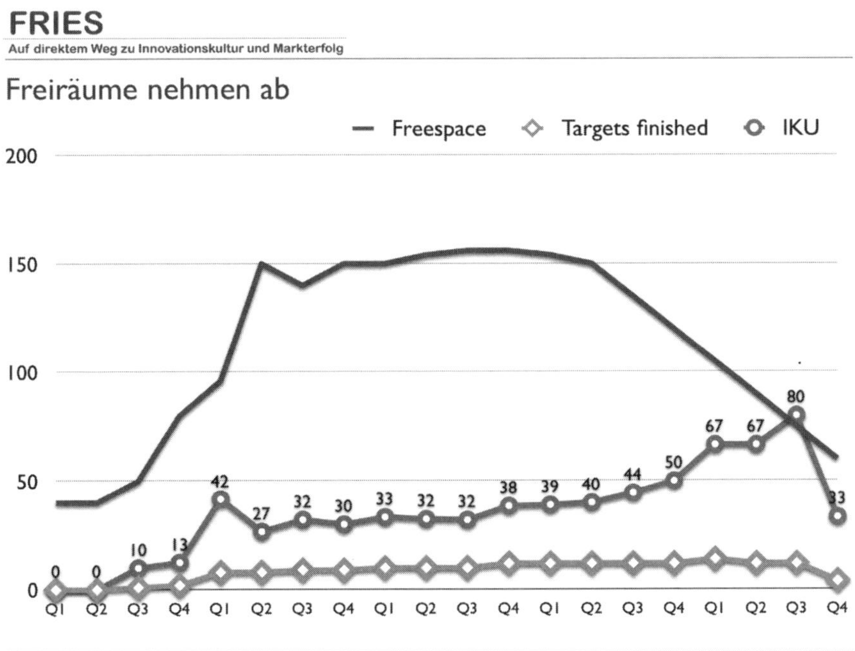

Abbildung 7: IKU bei abnehmender Freiraumnutzung

Targets gefunden und erfasst wurden. Ein Anstieg des IKU sollte also immer ein Warnsignal sein. Eine Innovationskultur reagiert auf sich verändernde Rahmenbedingungen im Prinzip wie ein sehr schwerfälliger Supertanker. Der Kapitän dreht am Ruder, aber bis eine Reaktion tatsächlich zu sehen ist, vergeht eine geraume Zeit. Deshalb sind die Kennzahlen hier ebenso wichtig wie die Anzeige der Ruderstellung für den Kapitän eines Supertankers. Auch die übrigen Kennzahlen verhalten sich ähnlich wie der IKU und sollen hier ebenfalls noch einmal grafisch verdeutlicht werden.

In den Abbildungen 8, 9, 10 und 11 sind die genutzten Freiräume (glatte Linie) und der IKU (Linie mit Kreisen) zu sehen und zusätzlich die Kennzahl oder Quote als Linie mit Rauten.

Die Abbildung 8 zeigt Ihnen die Target-Quote, also das Verhältnis von erfassten Targets zu freigegeben Targets. Die Target-Quote hat unter anderem die Aufgabe, etwas über die Qualität der gefundenen Targets auszusagen. Es sollte nämlich unter anderem vermieden werden, dass überwiegend sogenannte »Peanut-Targets« erfasst werden, also Targets die zwar gut, aber nicht so gewichtig sind, dass sie den ganzen FRIES-Prozess durchlaufen müssten. Ein Beispiel für ein Peanut-Target ist zum

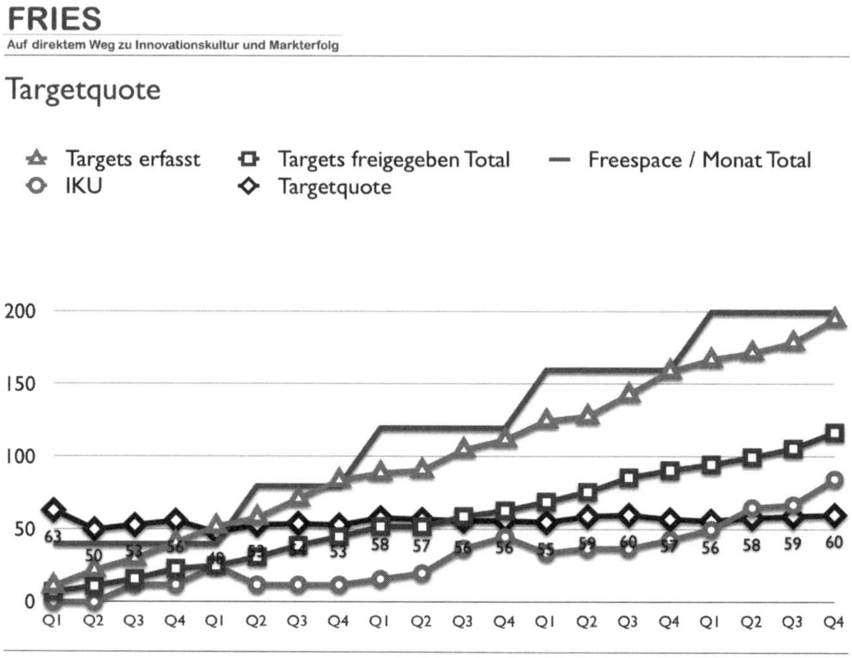

Abbildung 8: Beispiel zur Target-Quote

Beispiel das Auswechseln der Fußmatte an der Eingangstüre, damit zukünftig weniger Schmutz ins Unternehmen getragen wird.

Das Free-Space-Audit ist die Sollbruchstelle, die im Prozess steuert, welche Targets in die nächste Phase gehen. Stellt sich also eine äußerst niedrige Target-Quote im System dar, so könnte vermutet werden, dass zu viele »Peanut-Targets« erfasst werden und korrigierend eingegriffen werden muss. Bei einer allzu hohen Target-Quote sollte hingegen die wahrscheinlich zu niedrige Menge der gefundenen Targets verifiziert werden.

Die Ideenquote in Abbildung 9 ist in diesem Beispiel als Bruttoquote ausgegeben, da sie die Targets mit Ideen-Audit allen Targets im System gegenüberstellt. Würde man die Ideenquote als Nettoquote berechnen, dann werden die Targets mit Ideen-Audit nur den in der ersten Phase freigegebenen Targets gegenübergestellt. In unseren Softwarebeispielen auf der beiliegenden CD-ROM werden beide Quoten dargestellt. Auch hier sei gesagt, das nicht eine Quote gegen 100 Prozent angestrebt wird, sondern es kommt auch hier darauf an, die Veränderungen der Quote wahrzunehmen und vor dem Hintergrund der Etablierung der Innovationskultur zu hinterfragen.

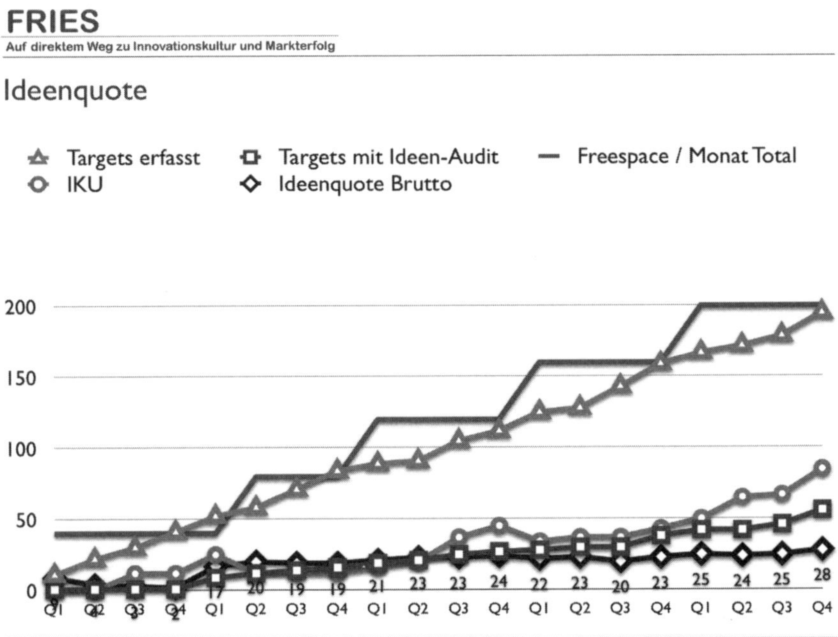

Abbildung 9: Beispiel zur Ideenquote Brutto

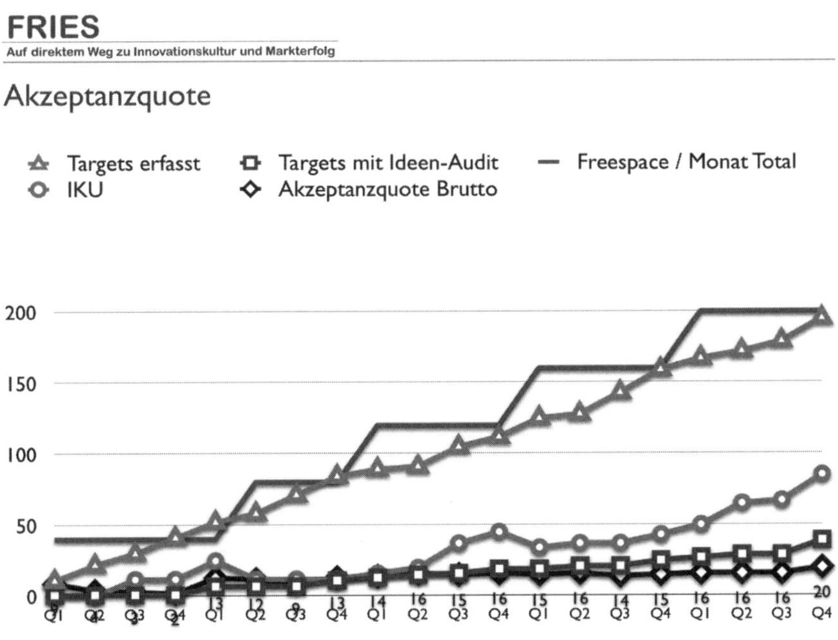

Abbildung 10: Beispiel zur Akzeptanzquote

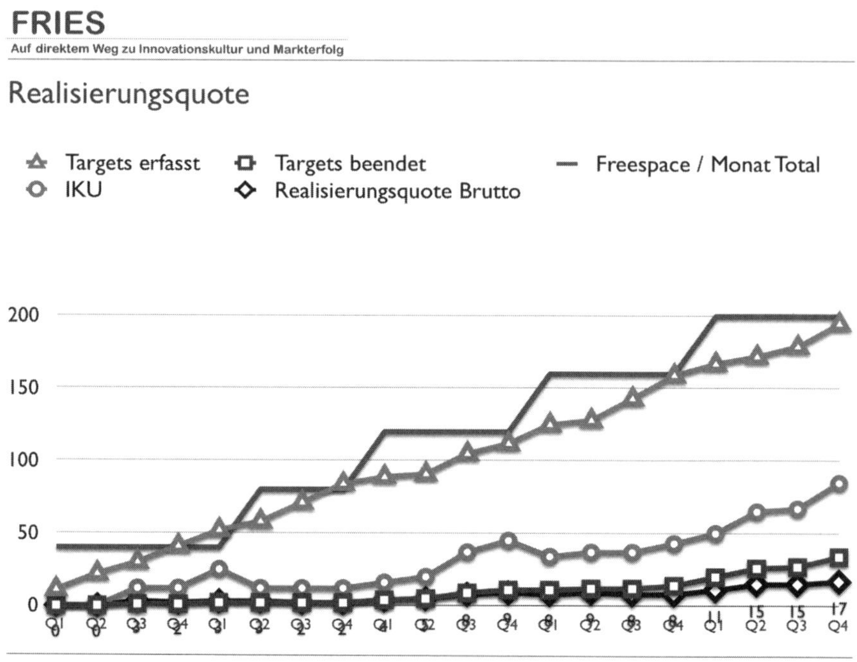

Abbildung 11: Beispiel zur Realisierungsquote

Abbildung 10 und 11 zeigen in der Bruttobetrachtung die Akzeptanz- und die Realisierungsquote. Allen Quoten ist gemeinsam, dass relativ gleichmäßige Verläufe über längere Zeiträume ein Indikator für das Vorhandensein einer Innovationskultur sind.

2.2 Freiräume (Free Space)

Kreativität ist keine konstante, feststehende Eigenschaft, sondern muss gefördert werden. Diese Erkenntnis wurde über viele Jahre hinreichend untersucht und bewiesen. Der Aspekt, der in Phase 1 besonders interessiert, ist, dass der Mensch eben nur in der Lage ist, innovativ tätig zu sein, wenn er dazu gewisse Freiräume besitzt und kontinuierlich nutzt. In diesen Freiräumen soll sich ganz besonders die Wahrnehmung wie auch das eigene Selbstbild weiterentwickeln. Damit diese Dinge im Unternehmen nicht zufällig oder gar ausufernd passieren, liefert FRIES die Anleitung, wie Freiräume geschaffen werden und wie Innovationsträger in diesen Freiräumen gezielt gefördert und im Sinne der Unternehmensziele angeleitet werden können, bis die funktionierende Innovationskultur diese Methode und ihr Regulativ möglicherweise sogar überflüssig macht.

Das Ziel der Phase 1 ist es, schließlich Innovationsträger über Freiräume so zu fördern, dass diese zunächst in die Lage versetzt werden, die Targets (Probleme, Fragestellungen, Aufgaben, Zielformulierungen – siehe Abschnitt Targets) in Ihrem Arbeitsumfeld besser zu erkennen, zu identifizieren und zu beschreiben.

Es ist eigentlich schon schizophren, dass wir in unserer Zeit über Freiräume reden. Die moderne Technik mit ihren Erfindungen wie Computer, Faxgerät, Modem sowie E-Mail, Mailbox, Networking und dem Internet war doch ursprünglich dafür bestimmt, unser Leben simpler zu machen. Wir sollten mehr Zeit denn je zu unserer Verfügung haben, um zum Beispiel Targets zu sehen und Ideen zu kreieren. Aber für viele – vielleicht auch für Sie – ist genau das Gegenteil eingetroffen. Die Steigerung der Produktivität des Einzelnen nimmt uns die Freiräume, die durch die moderne Technik ermöglicht werden sollten. Und jetzt scheint es, dass man weniger Zeit hat, um doppelt so viel zu leisten. Dieser Druck kann dazu führen, dass wir nach und nach auch in Panik und Innovationsstarre geraten.

Sie können sich aber dennoch entspannen. Sie wissen, dass die Targets und die dazu passenden Ideen irgendwo da draußen sind. Und Sie wissen, dass Sie sie finden werden. Machen Sie sich keine Sorgen um den Faktor Zeit. Nehmen Sie sich Zeit – nehmen Sie sich wieder Ihren Freiraum.

Die Gewinnung und Nutzung von Freiräumen hat für die meisten Menschen eine unglaublich befreiende und inspirierende Wirkung. Dabei muss ein Freiraum nicht Tage oder Wochen dauern. Es geht hier eher um Stunden und Minuten, die Ihre große Wirkung Stück für Stück im Arbeitsalltag entfalten, wenn sie kontinuierlich zur Verfügung stehen.

Dieses Buch wird Ihnen im weiteren Verlauf auch noch sehr konkrete Vorschläge unterbreiten, wie Sie diese Freiräume nutzen können oder auch sollten.

Innovationen brauchen ein Klima von Freiheit, Offenheit und Toleranz, um entstehen zu können. Das heißt, dass sich eine zu engmaschige Kontrolle negativ auf die erfolgreiche Ideenentwicklung auswirkt. Dennoch bilden genau definierte Werte von der Unternehmensführung die beste Basis, um Ideenfinder an der »langen Leine« laufen zu lassen. Für FRIES kann das heißen, dass die Methode bei Ihrer Einführung restriktiver gehandhabt wird als in ihrem weiteren Einsatz. Es liegt ganz in Ihrer Hand, wann und wie sehr Sie die Zügel locker lassen.

»Die Freiheit ist kein Geschenk, von dem man billig leben kann, sondern Chance und Verantwortung.«
Richard von Weizsäcker (*1920), 1984–1994 Bundespräsident

Prozessmodell

Abbildung 12 gibt Ihnen einen Überblick über die einzelnen Schritte der ersten Phase unserer Methode.

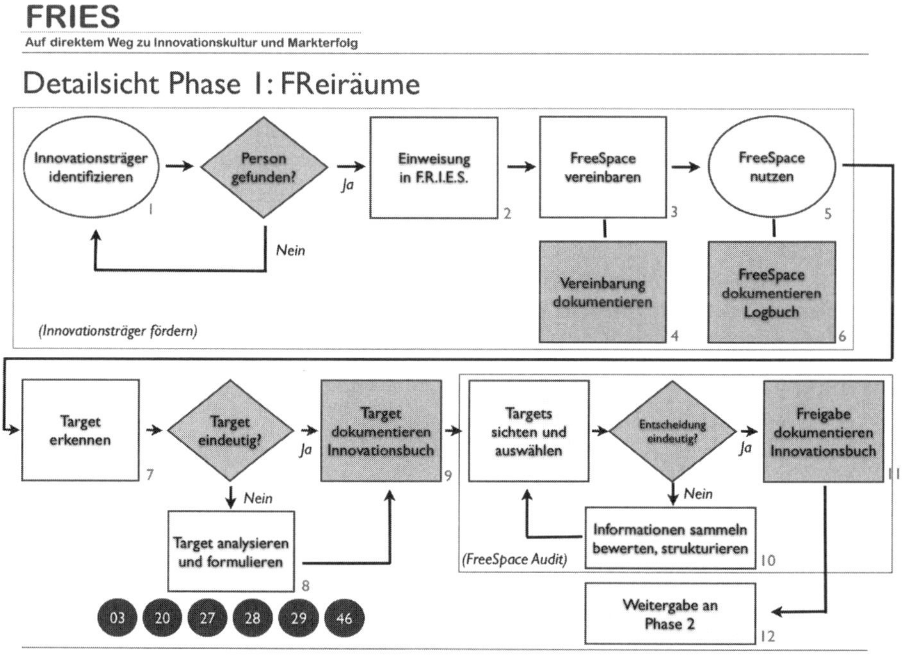

Abbildung 12: Prozessmodell Phase 1

Die Nummern rechts unten an den Elementen finden Sie auf den weiteren Seiten im Text in eckigen Klammern wieder. Sie bilden die Verbindung zwischen dem Text und den einzelnen Schritten der Phase – so behalten Sie stets den Überblick. Die Nummern in den Kreisen entsprechen einzelnen, an diesem Schritt empfohlenen Techniken und Tools, um diesen Schritt optimal durchzuführen.

Alle Techniken und Tools sind in Kapitel 4 dieses Buches beschrieben.

Als letztes didaktisches Element sind die Rahmen wichtig, die einzelne Elemente zu Gruppen zusammenfassen. Diese Gruppen haben Sie schon als Bausteine im Kapitel 2.1 kennengelernt. Sehen Sie sich nun die einzelnen Elemente in Ruhe an. Sie werden drei verschiedene Elementformen identifizieren können. Die kreisrunden Elemente sind Schritte, die letztlich permanent nach einem bestimmten Zyklus ablaufen. So ist [1] »Innovationsträger identifizieren« eine Tätigkeit, die immerfort durchgeführt wird. Ein rechteckiges Element zeigt einen im Durchlauf eines Targets einmaligen Schritt in der Phase. Das rautenartige Element zeigt eine Verzweigung an. An einer Verzweigung wird entschieden, ob eine Bedingung erfüllt ist oder nicht und in welcher Richtung nun die Phase weiterläuft.

Phase 1 Schritt für Schritt

Innovationsträger identifizieren

Innovationsträger sind die Menschen, die in Ihrem Unternehmen an der Methode FRIES teilnehmen. Es sind MITarbeiter und Kollegen, die sich vielleicht speziell durch Offenheit, Wissbegier und auch durch vernetztes Denken (Mitdenken) auszeichnen. Diese Innovationsträger sind im Besonderen der Dreh- und Angelpunkt bei FRIES. Die Innovationsträger können sowohl in der Führungsetage als auch auf dem Gabelstapler in der Lagerhalle zu finden sein. Meist haben sie auch verschiedene kreative Interessen und schauen über den Tellerrand ihres Arbeitsbereiches hinaus. Darüber hinaus müssen gute »kreative Köpfe« auch durchsetzungsfreudig sein und ihre Ideen gegen die meist im Unternehmen auftauchende Kritik durchsetzen. Als Initiator von FRIES in Ihrem Unternehmen geht es zunächst darum, diese »Innovationsträger« ausfindig und mit FRIES vertraut zu machen. Innovationsträger brauchen, wie jeder andere auch, Lob und Anerkennung für ihre Arbeit. Wichtig ist aber vor allem, dass sie sich – auch im Fall einer nicht funktionierenden Idee – der Unterstützung der Geschäftsführung sicher sein können. Anders ist die erfolgreiche Einführung einer Innovationskultur im Unternehmen nicht möglich.

Zunächst muss nun diese erste Prozessaufgabe [1] »Innovationsträger identifizieren« als regelmäßige Tätigkeit in Ihrem Kalender etabliert werden. Völlig egal, ob Sie das als Unternehmer, Vorstand oder Geschäftsführer tun, als Team- oder Abteilungsleiter. Sollte in Ihrem Unternehmen ein Qualitätsmanagement-System oder Stellenbeschreibungen existieren, dann sollte diese Tätigkeit nun dort richtig zugeordnet, manifestiert und dokumentiert werden. Versuchen Sie jetzt aber nicht, auf einen Schlag alle denkbaren Innovationsträger zu finden, das wäre der falsche Ansatz. Gehen Sie auch hier Schritt für Schritt vor und suchen zunächst einmal einen ersten Kandidaten. Wie viele Innovationsträger im Laufe der Zeit identifiziert und in FRIES eingewiesen werden, ist nicht vorgegeben. Je nach Unternehmens- und Teamgröße können das nur einige wenige Kollegen sein oder im Extremfall auch alle MITarbeiter. Wenn Sie die Mannschaft der Innovationsträger langsam wachsen lassen, werden Sie ein gutes Gefühl für die »richtige Menge« in Ihrem Unternehmen bekommen.

Wie erkennen Sie aber nun die Innovationsträger in Ihrem Unternehmen? Das ist oft leichter gesagt als getan, denn diese Menschen zeichnen sich durch die unterschiedlichsten Eigenschaften aus. Oft zeichnen sie sich zum Beispiel durch Weitblick und größere Flexibilität aus, nicht aber unbedingt dadurch, dass sie sich in den Vordergrund spielen.

Wenn Sie dieses Buch als Existenzgründer lesen und in Ihrem jungen Unternehmen noch der einzige MITarbeiter sind, dann haben Sie es jetzt einfach, denn der Innovationsträger Ihres Unternehmens ist schon gefunden.

Persönlichkeit von Innovationsträgern

Menschen, die Targets erkennen und Ideen entwickeln und schließlich auch mit Engagement umsetzen, sind meist alles andere als gradlinig. Sie haben viele Interessen und Hobbys, sind neugierig, offen und eher optimistisch. Dabei gehen sie in Projekten dennoch oft kritisch, realistisch und analytisch an ihre Aufgaben heran. Befragungen unter Innovationsträgern haben ergeben, dass die Betreffenden meist schon bei mehreren Unternehmen gearbeitet haben und oftmals nebenbei kreative, künstlerische oder kulturelle Interessen besitzen. Ausgesprochene Spezialisten für neue Ideen sind häufig sogar leidenschaftliche Leser von Wirtschafts- oder Managementliteratur und begeisterte Teilnehmer von Seminaren und Tagungen. Dennoch sind sie nicht fixiert auf ihren Bereich, sondern beobachten auch, was in anderen Lebensbereichen passiert. Meist neigen Innovationsträger auch dazu, Hierarchien zu übergehen und bauen sich eigene soziale Netzwerke im und um ihr Unternehmen auf, von denen sie vielfältig profitieren. Wenn ihnen dies darüber hinaus auch noch offiziell gestattet wird, sind sie am effektivsten für Ihr Unternehmen. Insgesamt kann man in der Literatur etwa sieben Eigenschaften ausmachen, die kreative Innovationsträger auszeichnen und die Sie, mit und ohne FRIES, fördern sollten:

1. Kreative Innovationsträger sind problemsensitiv: Targets (Probleme) überhaupt als solche zu erkennen und das Übliche in Frage zu stellen, zeichnet sie aus.

2. Kreative Innovationsträger denken flexibel: Sie überblicken verschiedene Themenbereiche und ziehen immer viele Möglichkeiten in Erwägung.
3. Kreative Innovationsträger sind originell: Sie entdecken oft auch abseitige Aspekte und kombinieren verschiedene Einfälle.
4. Kreative Innovationsträger haben Spaß an der Arbeit: Sie verfügen über eine hohe natürliche Selbstmotivation.
5. Kreative Innovationsträger sind Knowhow-Träger: Gute Allgemeinbildung und besonderes Fachwissen zeichnen sie aus.
6. Kreative Innovationsträger sind ausdauernd: Sie sind meist nicht mit der ersten Lösung zufrieden, sind hartnäckig und haben oft eine hohe Frustrationstoleranz.
7. Kreative Innovationsträger urteilen sicher: Sie haben einen unbestechlichen Blick für Mängel und erkennen meist sicher die tragfähigen Lösungen.

Dennoch reicht es für diese Persönlichkeiten eben nicht nur, eine neue, sehr gute Idee zu haben. Sie muss auch professionell bewertet und dann konsequent durchgesetzt werden. Falls die neuen Ideen nicht angehört oder respektiert werden, sinkt die Motivation, neue Entwicklungen voranzutreiben, meist wieder sehr schnell und sehr abrupt. Häufig wird dann auch in der Konsequenz das Unternehmen gewechselt. Auch diese Gefahr muss Ihnen klar sein. Wenn Sie die Einführung einer Innovationskultur nur halbherzig angehen, dann müssen Sie auch mit solchen Konsequenzen rechnen.

Der kreative Innovationsträger zeichnet sich oft auch durch Durchsetzungsfreudigkeit und konsequentes Handeln aus. Davon darf ein Innovationsträger nicht zu wenig haben, denn neue Ideen stoßen mit großer Wahrscheinlichkeit auch auf Widerstände im Unternehmen, oft schon im engeren Kollegenkreis, besonders, wenn es Prozess- oder Sozialinnovationen sind, die bestehende Strukturen angreifen. Neue Ideen wirken sich oft auch auf den Status der umgebenden Kollegen und deren Arbeitsalltag aus, und sie beinhalten letztendlich auch die Unsicherheit, ob sie sich erfolgreich umsetzen lassen oder nicht. So hat der Innovationsträger meistens mit vielen Widerständen zu kämpfen. Nach der reinen Ideenentwicklung muss er diese auch noch so verpacken, dass sie möglichst gut ankommt. Das heißt auch, dass die Ideen, speziell in der Evaluierungsphase, an die jeweiligen Bedürfnisse und Grundlagen des Unternehmens angepasst werden müssen. Gerade hier setzt FRIES an und bietet den Innovationsträgern eine von der Unternehmensleitung gestützte, kalkulierbare und akzeptierte Arbeitsplattform.

Einzelbeobachtung oder Teamsport? Es bleibt den Ritualen Ihres Unternehmens und auch Ihrem eigenen Führungsstil überlassen, wie Sie konkret vorgehen. In jedem Falle müssen Sie mit den möglichen Kandidaten reden. Und reden heißt hier nicht das normale ritualisierte Quartalsgespräch. Sorgen Sie für eine ungezwungene Umgebung und finden Sie als Einstieg Gesprächsthemen, die nichts mit der täglichen Arbeit zu tun haben. Gemeinsame Teamsportaktivitäten bieten sich als Gesprächsrahmen zum Beispiel sehr gut an. Oder bitten Sie den möglichen Kandidaten doch darum, ein *ganz bestimmtes Buch* zu lesen und sprechen Sie anschließend gemeinsam darüber.

Bevor Sie aber zu viel theoretisieren, können Sie eben so gut nach Ihrem Bauchgefühl vorgehen und einige Personen auswählen. Um bei einem alten Sprichwort zu bleiben: »Der Weg ist das Ziel«. Also machen Sie jetzt den ersten Schritt. Es lohnt sich und das Schöne ist, Sie können dabei nicht verlieren.

Innovationsträger einweisen, trainieren und fördern

Nachdem Ihnen klar ist, wer der oder die Kandidaten Innovationsträger sind, steht an nächster Stelle das Prozesselement [2] »Einweisung in FRIES«. Es ist nun an Ihnen, die ausgewählten Personen mit dem neuen Thema der Innovationskultur und mit FRIES als Methode vertraut zu machen. Alternativ erledigt auch ein zertifizierter FRIES-Trainer diese Arbeit gemeinsam mit Ihnen. Schon die Tatsache, dass jemand ausgewählt wurde und nun mit FRIES in Berührung kommt, ist eine erste kleine Auszeichnung und Förderung. Wichtig ist, dass alle Beteiligten das Gleiche verstehen und sehr klar eingestimmt werden. Dabei geht es nicht nur um die erste Grundeinweisung, sondern auch um eine permanente Einweisung und Schulung, zum Beispiel auch der später benutzten Kreativitätstechniken. Besondere Beachtung bei der Einweisung sollte auch die Diskussion um die zeitliche Dimension in der Nutzung von FRIES finden. Es geht nicht darum, FRIES wie ein Korsett zu verstehen und immerfort gleich einzusetzen. FRIES ist nicht mehr als eine hilfreiche Methode, die völlig offen lässt, ob sie wirklich über viele Jahre erfolgreich und unverändert eingesetzt wird, oder ob sich schon nach einigen Monaten eine tief verstandene Innovationskultur im Unternehmen einstellt, die in sich lebt und keine helfende Methode mehr braucht. Vielleicht besprechen Sie gemeinsam mit allen FRIES-Teilnehmern, wie sie vorgehen wollen. Dieses Buch zu lesen könnte an dieser Stelle ein erster Schritt sein.

Freiräume konkret schaffen

Erfahrungsgemäß ist die Gefahr sehr groß, dass wir nach der ersten Euphorie für eine neue Methode wieder viel zu schnell in das geübte und bestimmende Tagesgeschäft abdriften und die Methode ungenau benutzen oder gar wieder einstellen. In diesem Fall geben die vereinbarten [3] Freiräume beziehungsweise Freiraumeinheiten ein einfaches und sehr effizientes Überlebenswerkzeug für die Methode an die Hand, das schnell verinnerlicht und deshalb auch sehr leicht aufrecht erhalten werden kann. Das zu den Freiräumen gehörige Logbuch zur Dokumentation (später dazu mehr) stellt die simple Basis dar, um der Methode mit den Kennzahlen, besonders mit dem IKU (Innovationskulturindex) die nötigen betriebswirtschaftlichen Steuermechanismen zu geben.

Bevor wir aber detailliert zu den für Ihr Unternehmen sinnvollen Freiräumen kommen, sollte man sich generell mit der Förderung von Innovationsträgern über zugestandene Freiräume strategisch auseinandersetzen. Deshalb sei an dieser Stelle das weltweit bekannte Beispiel der »15-Prozent-Regel« der amerikanischen Firma 3M erwähnt. In einem Artikel von Timm Krägenow aus der *Zeit* (Online-Ausgabe vom 12. November 1998) wird sehr anschaulich und deutlich dargestellt, wie viel Freiheit innovative Unternehmen wie 3M und Hewlett-Packard ihren Mitarbeitern für Experimente einräumen. Beim Klebe- und Folienkonzern 3M dürfen Mitarbeiter in Forschung und Entwicklung beispielsweise 15 Prozent ihrer Arbeitszeit frei gestalten, ohne diese Projekte mit dem Chef absprechen zu müssen. So gelang es Siegfried Göb neben seiner normalen Arbeit, ein laserbeschriftbares Kunststoff-Etikett zu entwickeln, das selbst die hohen Temperaturen im Motorraum eines Autos übersteht.

Bei Hewlett-Packard wird Freiraum außerdem mit hoher persönlicher Verantwortung kombiniert. Jeder HP-Mitarbeiter soll selbst wie ein Unternehmer handeln. Und so dürfen auch Berufseinsteiger schon nach wenigen Wochen über Investitionen im Wert von 50.000 Euro entscheiden. Außerdem gibt es bei Hewlett-Packard weder eine Kleiderordnung noch Stechuhren oder allgemein verbindliche Arbeitszeiten. Und die Unterscheidung zwischen Arbeitern, Angestellten und Managern soll möglichst wenig ins Auge fallen. Das kann natürlich auch Nachteile haben für Mitarbeiter, die ihre Grenzen nicht kennen. Keiner sagt Ihnen am Samstagabend oder werktags gegen 22 Uhr, dass sie nach Hause gehen sollen. Bei manchen droht das Privatleben zu kurz zu kommen. Wie immer im Leben gibt es allerdings auch eine Kehrseite der Medaille bei Hewlett-Packard. Geschäftsbereiche werden knallhart auf Effektivität kontrolliert. Bereiche, die zwei oder drei Quartale rote Zahlen schreiben, werden unter

Umständen geschlossen. Für die Mitarbeiter bietet sich dann zumindest meist die Möglichkeit, in einen anderen Bereich zu wechseln.

So behält der Konzern seine Flexibilität und bietet gleichzeitig dem einzelnen ein gewisses Maß an Sicherheit und Vertrauen – beides Voraussetzungen für ein Klima, in dem Innovation gedeiht.

Besonders vor diesem Hintergrund wird deutlich: das FRIES-Freiraumkonzept ist ein ideales Werkzeug, welches sich Ihrem Führungsstil und Ihrem strategischen Verständnis von Freiräumen flexibel anpassen lässt.

Ein eigenes Freiraum-Punktekonto beziehungsweise eine verbindliche Dokumentation [4] gibt jedem Teilnehmer von FRIES ein monatliches Budget an persönlichen Freiräumen beziehungsweise Freiraumeinheiten.

Der Teilnehmer soll nun diese Zeit – seinen ganz persönlichen Freiraum – für individuelle Aktivitäten rund um seine Arbeit und seinen Arbeitsplatz, aber außerhalb seiner Stellenbeschreibung verwenden. Die Freiräume sollen neue Reize schaffen, neue Wahrnehmungen ermöglichen und auch seine persönliche Weiterentwicklung fördern [5]. Na – haben Sie schon eine Idee oder ein erstes Bauchgefühl, wie viel Zeit Ihre Innovationsträger pro Monat auf Ihr Freiraumpunkte-Konto bekommen? Auch hier gilt im Zweifel die Regel: Starten Sie mit einem ersten unproblematischen Wert, zum Beispiel fünf Prozent der Arbeitszeit, das wären bei einer klassischen 40-Stunden-Woche genau acht Stunden pro Monat. Im sogenannten Logbuch werden nun die Innovationsträger, als Teilnehmer von FRIES von der Unternehmensführung, mit den vereinbarten Freiraumeinheiten, eingetragen [4]. Von den Teilnehmern selbst wird monatlich eingetragen, wie sie grundsätzlich Ihren Freiraum genutzt haben [6]. Dabei werden alle Einträge maximal mit einer Viertelstundengenauigkeit eingetragen und auch nur sehr allgemein und kurz dokumentiert, wie in der unten aufgeführten Aktivitätenliste vorgeschlagen.

Es reicht also absolut zu vermerken »freies Projekt« oder »Aktivität mit Kollegen« oder »Buch gelesen«; es muss bitte nicht vermerkt werden, welches Buch gelesen wurde oder welche Aktivität durchgeführt wurde oder mit wem. Wir wollen es ja nicht übertreiben oder gar wie Orwell handhaben, sondern es soll absolut simpel handhabbar sein, die eigene Wahrnehmung von Freiräumen positiv weiterzuentwickeln und natürlich den Verantwortlichen zu zeigen, dass die zugeteilte Zeit auch wirklich verbraucht wird. Außerdem hat sich gezeigt, dass sich die Kollegen meistens automatisch über den Freiraum, seine Aktivitäten und die gemachten Erfahrungen austauschen. Dieses ist natürlich schon Teil einer wirklich gelebten Innovationskultur.

Extrem effizient wird es, wenn ein Gemeinschaftsgefühl entsteht und die Innovationsträger sich gegenseitig ermutigen beziehungsweise sich auch ein ganz klein wenig kontrollieren, ihre Freiräume auch konsequent zu nutzen. Ganz nach dem Vorbild der Weightwatchers, deren Erfolg sich genau auf diesem Gruppeneffekt und einem einfachen Punktekontoprinzip begründet.

»Freiheit heißt Verantwortung. Deshalb wird sie von den meisten Menschen gefürchtet.«
George Bernard Shaw (1856-1950), irischer Schriftsteller

Aktivitäten im Freiraum

Nun stellt sich die Frage: Was tun in den zugeteilten Freiräumen? Nur kein Stress – Freiraum ist Freiraum. Es gibt hier grundsätzlich keine Vorgaben. Die Aktivitäten, die Sie entwickeln, müssen prinzipiell auch keinen direkten Zusammenhang mit Ihrer Arbeit haben, sollten aber am Arbeitsplatz oder im Unternehmen oder in der direkten Umgebung stattfinden [5]. Sie sollen sich ja inspirieren lassen und bewusst Ihre Wahrnehmung auf die unterschiedlichsten Dinge richten.

Es ist eine Binsenweisheit, dass Menschen, denen das, was sie gerade tun, Spaß und Freude bereitet, es einfach immer ein wenig besser zu machen. Sie können sich sicher sein, dass das bei der Kreativität und Ideenfindung genauso ist.

Die Aktivitäten, der Spaß und die Informationen, die Sie dabei aufnehmen, sind quasi die Startrampe für die Ideen, die Sie in der nächsten Zeit dann finden werden. Werden Sie aktiv, graben Sie nach den Ideen und Sie werden sie finden. Lesen Sie Bücher. Lesen Sie Artikel in Zeitschriften und Zeitungen. Blättern Sie einfach einmal im Lexikon. Surfen Sie im Internet. Studieren Sie allerlei verwandte Themenbereiche. Werden Sie wieder mehr zum Kind – stellen Sie Fragen zu allen Dingen, die Sie bei den Aktivitäten sehen und beobachten.

Fragen Sie, warum? Und fragen Sie auch, warum nicht?

Und auch hier werde ich wieder sehr konkret. Bevor Sie nun zu viel Zeit damit vergeuden, die »besten« Aktivitäten zu finden, habe ich eine erste Liste mit Vorschlägen zusammengestellt. Die Liste soll Ihnen helfen, die ersten Schritte schnell zu erledigen. Sie müssen aber keineswegs diese Liste komplett abarbeiten. Es ist sogar wünschenswert, wenn Sie diese Liste für sich und Ihr Team kräftig ändern. Fühlen Sie sich frei, die Liste zu kürzen, umzubauen und zu ergänzen.

Eine Punkteanzahl pro Einheit des Freiraums könnte man auch einführen und individuell so anpassen, dass bestimmte Aktivitäten etwas mehr Anreiz haben als andere und so vielleicht etwas mehr in den Fokus der Teilnehmer gerückt werden.

Free-Space-Aktivitäten rund um Ihren Arbeitsplatz	Freiraumpunkte pro 15 Minuten
• Eine freies Projekt im Unternehmen Durchführung eines freien Projekts, welches nicht vom Vorgesetzten genehmigt werden muss (siehe 3M-Beispiel).	3
• Arbeitstagebuch schreiben Schreiben Sie jeden Tag eine Seite. Was Sie schreiben sollen? Egal. Normalerweise werden Sie aufschreiben, was während des Tages geschah, Träume, Probleme, Ideen, Buchtitel ...	1
• Eine andere Zeitung lesen Lesen Sie regelmäßig Zeitungen oder Zeitschriften, die Sie sonst nicht lesen. Ja, richtig gehört – die Sie sonst nicht lesen. Sie haben noch nie eine Zeitschrift über Motorradtuning gelesen? Oder über Fliegenfischen in Schottland? Seien Sie gespannt, was Sie alles entdecken. Fragen Sie auch Kollegen in anderen Abteilungen nach deren Zeitungen und Zeitschriften.	1
• Einen anderen Radiosender hören Hören Sie einen Sender, den Sie sonst nicht hören. Sie werden viele neue Stimmen, Themen und Sounds wahrnehmen und sich einfach neu reinhören.	1
• Ein anderer Weg Nehmen Sie einen anderen Weg zur Arbeit. So banal können Sie »eingefahrene« Wege verlassen. Fahren Sie einen kleinen Umweg und entdecken Sie neue Eindrücke auf jedem Meter.	1
• Ein anderes Verkehrsmittel Wechseln Sie einmal das gewohnte Verkehrsmittel. Gehen Sie zu Fuß, fahren Sie mit dem Bus oder dem Fahrrad. Auch wenn es länger dauert – Ihr Freiraumkonto deckt Ihnen den Rücken.	1
• Ideen sofort notieren Ich hatte doch vorhin eine Idee? Schade – vergessen! Damit das nicht mehr passiert, nehmen Sie immer ein kleines Notizbuch oder ein Diktiergerät mit. Jede Idee lohnt es, kurz notiert zu werden, und der Kopf wird frei für neue Eindrücke.	3
• Lassen Sie die Luft raus Entspannen Sie sich. Auszeiten sind wichtig. Während Sie faul in der Sonne sitzen, arbeitet Ihr Unterbewusstsein. Hört sich an wie ein Klischee, stimmt aber: Auch der Geistesblitz in der Badewanne ist gelebte Realität. Auszeit kann schon der kurze Spaziergang in der Umgebung des Unternehmens sein. Die Bandbreite der Möglichkeiten ist riesig. Diese Aktivität ist auch für alle gedacht, die zu Hause zu wenig Auszeiten für sich haben.	3

• Ein Drehbuch für eine Szene Gehen Sie spazieren. Setzen Sie sich in die Sonne. Und beschreiben Sie die in Gedanken ablaufende Szenerie, zum Beispiel in ein Tagebuch. So, als ob Sie ein Drehbuch schreiben. Oder drehen Sie einen Film in Ihrem eigenen Kopf. Schnitte, Perspektiven, Musik. Alles, was dazu gehört.	1
• Lesen Sie mal wieder Lesen Sie ein Buch aus der Firmenbibliothek oder aus der FRIES-Empfehlungsliste. Vielleicht zu einem Thema, das Sie noch nie in Betracht gezogen haben.	2
• Besuch beim Kunden Besonders, wenn Sie normalerweise nicht im Kundenkontakt stehen, ist ein Besuch bei den eigenen Kunden eine sehr lohnenswerte Sache. Wer sind die Kunden? Wie, wann und wo benutzen Sie unser Produkt? Was treibt unsere Kunden sonst noch so um? Ihr Kollege aus dem Vertrieb nennt Ihnen gerne einen Ansprechpartner beim Kunden und koordiniert einen Termin für Sie.	5
• Besuch beim Wettbewerb Hier stellt sich auch die Frage: Wer ist der Wettbewerb? Die, die wir sowieso schon kennen – oder Unternehmen, bei denen unser Kunde seine Zeit verbringt, anstelle sich mit uns zu beschäftigen?	5
• Das Auto vom Chef fahren Auch wenn Ihnen diese Aktivität zunächst etwas skurril erscheint, sie hat durchaus ihren Sinn und ändert ein Stück weit die Wahrnehmung für dies und das. Wer es nicht probiert hat, kann nicht mitreden!	1
• Aktiv mit Kollegen Klettern, Museumsbesuch, Weinverkostung, Kartfahren, Kinobesuch, Altstadtbesuch, Indoor-Fussball oder was Ihnen sonst in den Sinn kommt. Hier ist alles erlaubt, wenn Sie es gemeinsam mit den Kollegen tun. Dabei ist Spaß das Allerwichtigste.	10
• In andere Töpfe gucken Besuchen Sie befreundete Unternehmen und lassen Sie sich einmal durch die heiligen Hallen führen. Sehen Sie, was Sie vorher nicht gesehen haben. Viele Unternehmen bieten Führungen an – suchen Sie sich etwas Interessantes heraus, vom Braunkohleabbau bis zum Fernsehsender.	3
• Zen, Yoga oder Tai Chi Fragen Sie doch einmal die Kollegen, vielleicht gibt es unter ihnen einen, der Zen, Yoga oder Tai Chi praktiziert, und der es Ihnen gerne näherbringt. Ihr Geist und Ihr Körper werden es Ihnen danken. Lernen Sie Ihr Chi vielleicht in Ihrem Unternehmen kennen oder das pure Meditations-Erlebnis des Zazen.	3

• Kollegen besuchen Wann waren Sie das letzte Mal bei den Kollegen im Lager? Oder im Labor? Ihr Zeitkonto und auch das der Kollegen gibt Ihnen und Ihren Kollegen die Zeit sich zu besuchen, ohne auferlegten Zwang. Lassen Sie sich durch andere Abteilungen des Unternehmens führen, und sehen und hören Sie, was Ihre Kollegen umtreibt.	2
• Teambibliothek aufbauen Teilen Sie mit Ihren Kollegen jedes neue Buch. Legen Sie eine Teambibliothek an. Kaufen, lesen und Rezension in den Buchdeckel schreiben – Na wie wär's?	5
• Denkspiele »Das ist doch was für Kinder!« – weit gefehlt; wer sich so äußert, hat es wohl am Nötigsten. Denkspiele machen eine Menge Spaß und haben keine Nebenwirkungen außer, dass sie sehr anregend sind. Sie können nur gewinnen, egal ob Sie es alleine machen oder auch mit Kollegen. (Tipp: Im Internet gibt es tausende von Seiten mit guten Denkspielen)	2
• Sprachkurs Wer eine fremde Sprache spricht, kommt weiter – in seinem Leben, im Beruf und auch im Urlaub. Eine Sprache eröffnet ganz nebenbei auch den intensiven Blick für andere Länder, Kulturen und Menschen. Neue Eindrücke = neue Wahrnehmung = neue Ideen!	5
• Fototour durch die Firma Eine Digitalkamera hat heute jeder zur Hand. Starten Sie Ihre persönliche Fototour durch Ihr Unternehmen. Lassen Sie sich von den Motiven inspirieren, wenn Sie diese nach Tagen wieder betrachten. Vielleicht hängen Sie die Bilder ja auch in der Ideenwerkstatt ihres Unternehmens auf.	3
• Fototour durch die Stadt Kennen Sie die Stadt, in der Sie arbeiten? Allein ihr kurzes Zögern zeigt, wie lohnenswert eine Fototour durch diese Stadt sein kann. Sammeln Sie neue Eindrücke und halten Sie diese mit Ihrer Kamera fest.	3
• Fototour Natur Auch eine Fototour durch die nahegelegene Natur verspricht immer den einen oder anderen neuen Eindruck oder ein neues Detail.	3
• Freies surfen und recherchieren im Web Besonders für Kollegen, die normalerweise nicht die Möglichkeit haben, ungehemmt und spontan durchs Web zu surfen, ist diese Aktivität eine lohnenswerte Abwechslung.	1

• Sonstige Aktivität Da es natürlich völlig unmöglich ist, so etwas wie eine komplette Liste aller lohnenswerten Aktivitäten aufzustellen, bleibt dieser Punkt »Sonstige Aktivität« für alles, was Ihnen sonst noch so einfällt.	1

Kleiner Test: Bin ich reif für Freiräume?
Dieser auf den ersten Blick nicht ganz ernst gemeinte Test soll Ihnen aufzeigen, ob Sie persönlich Freiräume brauchen, um wieder etwas wacher, aufgeschlossener und kreativer zu werden.

»Woran merkt man, dass man dringend ein paar Freiräume braucht?«

1. Daran, dass Sie unabsichtlich Ihre Bank-PIN-Nummer in die Mikrowelle eingeben.
2. Daran, dass Sie schon seit Jahren Solitär nicht mehr mit richtigen Karten gespielt haben.
3. Daran, dass Sie eine Liste mit 15 Telefonnummern haben, um Ihre Familie zu erreichen, die aus 3 Personen besteht.
4. Daran, dass Sie eine E-Mail an Ihren Kollegen schicken, der direkt neben Ihnen sitzt.
5. Daran, dass Sie den Kontakt zu Freunden verloren haben, weil diese keine E-Mail-Adresse haben.
6. Daran, dass Sie nach einem langen Arbeitstag nach Hause kommen und sich mit Firmennamen am Telefon melden.
7. Daran, dass Sie auf Ihrem Telefon zu Hause die Null wählen, um ein Amt zu bekommen
8. Daran, dass Sie seit vier Jahren auf Ihrem Arbeitsplatz sind, allerdings für drei verschiedene Firmen.
10. Daran, dass Sie alle Fernsehwerbungen, die keine Web-Adresse am Bildschirmrand zeigen, weg zappen.
11. Daran, dass Sie Panik bekommen, wenn Sie ohne Handy aus dem Haus gehen und umdrehen, um es zu holen.
12. Daran, dass Sie morgens aufstehen und erst einmal Outlook aufmachen, bevor Sie Kaffee trinken.
13. Daran, dass Sie den Kopf neigen, um zu lächeln.
14. Daran, dass Sie diesen Text lesen und schmunzeln.
15. Schlimmer noch: Dass Sie bereits wissen, wem Sie diesen Test gerne als Mail schicken würden.
16. Daran, dass Sie zu beschäftigt sind, um festzustellen, dass in dieser Liste die Position 9 fehlt.
17. Daran, dass Sie die Liste jetzt noch einmal durchgegangen sind, um nachzuschauen, ob wirklich die 9 fehlt.

Und daran, dass Sie jetzt noch etwas mehr schmunzeln ...
Na? Haben Sie sich an der einen oder anderen Stelle wiedererkannt? – Dann ist es an der Zeit, endlich mehr Freiräume zu schaffen!

Free-Space-Logbuch

Das nun im Weiteren beschriebene Logbuch [6] ist der erste Teil der Dokumentation zu FRIES, die in allen Phasen der Methode ein wichtiges Fundament darstellt. Die Dokumentation innerhalb von FRIES kann auf Papier oder aber auch mit Werkzeugen wie Microsoft Excel oder anderen Softwarelösungen durchgeführt werden.

Hinweis
Ein entsprechendes Excel-Dokument und eine Version als Access Datenbank stehen auf der beiliegenden CD-ROM als Freeware zur Verfügung.

Das Logbuch (Abbildung 13) ist eins der sogenannten FRIES-Bücher, mit denen die Methode dokumentiert, gemessen und ausgewertet wird. In diesem ersten Logbuch werden alle von den Teilnehmern genutzten Freiräume dokumentiert. Mit diesem Tool lassen sich die von den Teilnehmern genutzten Freiräume messen und somit für die Kennzahlen- und Quotenberechnung heranziehen.

Dabei ist es wichtig, dass, wenn überhaupt, grundsätzlich nur der Activity-Typ dokumentiert wird, wie zum Beispiel »Sportliche Aktivität mit Kollegen«. Was genau, wann und wo es stattgefunden hat, wird nicht festgehalten, denn das ist zur Messung nicht wichtig, und es soll sich natürlich auch niemand als gläserner Teilnehmer fühlen. Auch an dieser Stelle wird deutlich, dass die Einführung einer Innovationskultur nur auf Basis einer guten Unternehmenskultur und eines guten Betriebsklimas nachhaltigen Erfolg verspricht. Eine gute Vertrauensbasis zwischen den FRIES-Teilnehmern und der Unternehmensführung sollte gegeben sein.

Aus dem Logbuch kann langfristig sogar noch sehr viel mehr herausgelesen werden, zum Beispiel, ob sich saisonale Ereignisse und Schwankungen auch in der Nutzung der Freiräume widerspiegeln. Je nach der aufgestellten Activityliste lassen sich auch Schwerpunkte erkennen, ob eher sportliche oder vielleicht eher projektorientierte Aktivitäten im Fokus der Teilnehmer liegen. So lassen sich auch hier im Laufe der Zeit diese Schwerpunkte fördern und die Nähe zu den Mitarbeitern und die Nähe unter den Kollegen steigern.

Die Abbildung 13 zeigt Ihnen, wie das Logbuch aufgebaut ist. Hier habe ich die entsprechende Tabelle aus unserem Excel-Beispiel genommen. Die nachstehenden Spaltenbeschreibungen erklären detailliert, in welche Spalte welche Daten eingetragen werden.

	A	B	C	D	E	F	G
1	❶	❷	❸	❹	❺	❻	❼
2							
3	Activity ID	User	Aktivity	Datum	Zeiteinheiten in 15Min.	Punkte pro Einheit	Gesamt Punkte
4	1	Meier	Eine freies Projekt im Unternehmen	16.12.2007	1	1	1
5	2	Müller	Eine freies Projekt im Unternehmen	17.12.2007	2	1	2
6	3	Janssen	Besuch beim Wettbewerb	18.12.2007	4	3	12
7	4	Müller	Eine freies Projekt im Unternehmen	19.12.2007	4	1	4
8	5	Janssen	Aktiv mit Kollegen	20.12.2007	2	5	10
9	6	Heinrich	Les mal wieder	21.12.2007	8	1	8
10	7	Meier	Sonstige Aktivität	22.12.2007	12	1	12
11							
12							
13							

Abbildung 13: Free-Space-Logbuch für Excel

Tipp

In den Kapiteln »Die FRIES Books ...« in Kapitel 5 werden die Beispielanwendungen näher beschrieben. Es macht also durchaus Sinn, kurz zu diesen Kapiteln zu blättern, beziehungsweise die Beispielinhalte von der beiliegenden CD-ROM zu installieren und anschließend an dieser Stelle die Lektüre fortzusetzen.

Activity-ID (Spalte 1): In dieser Spalte bekommt jede Aktivität einfach eine fortlaufende Nummer als ID. Je nach Wunsch kann der Nummer auch ein Präfix, wie zum Beispiel die Jahreszahl vorangestellt werden.

User/Teilnehmer (Spalte 2): Hier wird eingetragen (oder in der Software ausgewählt), welcher Teilnehmer diese Aktivität ausgeführt hat. Bei großen Unternehmen könnte hier auch die Personalnummer des Teilnehmers stehen. Oder jeder Teilnehmer überlegt sich für diese Spalte ein Synonym, ähnlich einem Nickname beim Chat im Internet.

Activity (Spalte 3): Aus dem Aktivitätenkatalog wird die ausgeführte Aktivität ausgewählt – bei einer Softwarelösung nur ein Klick. Bei einer neuen Aktivität wird diese natürlich zuvor in den Aktivitätenkatalog aufgenommen.

Datum (Spalte 4): Hier wird das Datum eingetragen, an dem die Aktivität stattgefunden hat. Als minimale Anforderung reicht hier auch einfach Jahr und Monat.

Zeiteinheiten in 15 Minuten (Spalte 5): Hier wird die Zahl der verbrauchten Zeiteinheiten eingetragen. Eine Zeiteinheit beträgt in unserem Beispiel 15 Minuten.

Punkte pro Einheit (Spalte 6): Die Punkte pro Zeiteinheit der ausgewählten Aktivität werden hier angezeigt. Sie dienen zur Ermittlung der Gesamtpunktzahl. Bei einer Softwarelösung erscheinen die Punkte automatisch nach der Auswahl der Aktivität.

Gesamt-Punkte (Spalte 7): Die für diese Aktivität ermittelten Gesamtpunkte werden in Spalte 7 niedergeschrieben. Gesamtpunkte sind gleich

Punkte mal verbrauchte Zeiteinheiten. Auch hier punktet eine Softwarelösung mit automatischer Berechnung.

Nach dem Sie nun erfahren haben, wie das Logbuch prinzipiell aufgebaut ist, und Sie eventuell auch schon Softwarebeispiele gesichtet haben, beginnen die Überlegungen, mit welchem Werkzeug Sie konkret in Ihrem Unternehmen nun die Dokumentation zu FRIES durchführen wollen. Beziehen Sie auch Ihre IT-Abteilung beziehungsweise Ihren Softwaredienstleister mit in die Überlegungen ein. Vielleicht lässt sich eine Lösung in Ihr bestehendes ERP-System oder eine bestehende Datenbank leicht integrieren.

Targets erkennen

Mit der Nutzung der Freiräume wird sich nun im Laufe der Zeit Ihre Wahrnehmung und auch Ihre Neugierde ändern, und Sie werden hier und da Targets erkennen [7], die mit neuen Ideen gelöst und in Innovationen umgesetzt werden wollen. Bevor wir uns aber unserer Definition des Begriffs »Target« nähern, beginnen wir als kurze Vorbereitung bei dem traditionellen Begriff des Problems, so wie es zum Beispiel bei Helmut Schlicksupp in *Innovation, Kreativität und Ideenfindung* beschrieben wird.

Helmut Schlicksupp teilt Aufgaben und Probleme in einem Unternehmen in zwei Kategorien ein:

1. Probleme, für deren Lösung sichere, eindeutige, zwingend zum Ziel führende Vorgehensweisen zur Verfügung stehen oder allgemein bekannt sind. Diese Probleme können logisch und konsequent gelöst werden. Die sogenannten wohl strukturierten Probleme sind eigentlich keine Probleme im engeren Sinn – eher Aufgaben. Man kann sie als Routine-Probleme bezeichnen.
2. Probleme, die man allein mit logischen Mitteln und etablierten Werkzeugen nicht bewältigen kann. Zur Problemlösung werden neue Antworten benötigt, die den Bearbeiter eine originäre, schöpferische Lösungsfähigkeit abverlangen, also kurz Kreativität. Diese Probleme nennt Helmut Schlicksupp schlecht strukturierte Probleme.

Das gilt, wie schon mehrfach erwähnt, bei Innovationen und Innovations-Problemen nicht nur für Produktinnovationen, sondern im besonderen Maße eben auch für Prozess- und Sozialinnovationen. Die nachfolgende Tabelle zeigt sehr übersichtlich die Definition nach Schlicksupp.

Wohlstrukturierte Probleme	**Schlechtstrukturierte Probleme**
• Völlige Kenntnis über alle Problemelemente • Problemelemente stehen in gesetzmäßigen Zusammenhängen • Der Problemlösungsprozess ist sicher, zwingend, systematisch, logisch • In der Regel ist nur eine richtige Lösung denkbar • Die Lösung kann als Optimum oder Maximum nachgewiesen werden	• Nicht alle Problemelemente sind bekannt • Wenig oder keine Gesetzmäßigkeit erkennbar • Die Suche nach der Lösung ist eher ungerichtet, intuitiv, zufällig • Viele alternative Lösungen sind möglich • Die optimale Lösung ist nicht eindeutig bestimmbar. Es lässt sich nur die relativ beste unter den gefundenen Lösungen ermitteln
Beispiele: • Berechnung des Wirkungsgrades einer Maschine • Ermittlung der Statik eines Gebäudes • Dimensionierung eines Kabels • Hochrechnung einer statistischen Erhebung	Beispiele: • Suche nach Ersatzlösungen für das Reserverad • Entwurf eines Kongresszentrums • Entwicklung neuer Verfahren zur Metallbeschichtung • Konzeption verkaufsfördernder Maßnahmen • Neuorganisation einer Abteilung
Quelle: Helmut Schlicksupp: *Innovation, Kreativität und Ideenfindung.* Würzburg: Vogel 2004.	

Das Wort *Problem* führt aber sehr oft schon in eine zu enge oder zu negative Sichtweise der Dinge und Umstände. Es verändert die Wahrnehmung in eine negative Richtung. Aus diesem Grund benutzen wir innerhalb von FRIES den Begriff *Target.* Dieser Begriff ist nicht negativ besetzt, sehr viel breiter aufgestellt in seiner Bedeutung, und er wirkt auch zielführender.

Ein Target ist bildlich mehr eine Art Zielpunkt oder Stolperstein, der vor unseren Augen sichtbar wird, den es gilt klar zu beschreiben, um anschließend Ideen zu produzieren, wie wir ihn am schnellsten oder effektivsten erreichen oder auch umgehen können.

In unserem täglichen Arbeitsalltag kann ein Target verschiedene Ausprägungen haben. Hier sind die Beispiele für die klassischen Target-Typen:

- Eine Fragestellung, die wir formuliert haben oder die uns gestellt wird.
- Eine Aufgabe, die wird gestellt haben oder die uns gestellt wird.
- Ein Problem, das plötzlich auftaucht, durch uns selbst oder andere provoziert.
- Eine Zielformulierung, die wir erarbeitet haben oder die uns gestellt wird.
- Ein Projektvorschlag zu einem neuen, nicht vorgegeben Projekt.

Das Ziel von FRIES ist also immer, ein Target zunächst zu finden, zu sehen, zu identifizieren und dann zu beschreiben. Anschließend wird es beantwortet, mit Ideen versehen, gelöst, umgesetzt.

»Ein Problem oder eine Aufgabe ist nichts weiter als eine dornige Chance.«
(unbekannter Autor)

Um ein Target zu lösen, braucht es im Normalfall eben eine Idee beziehungsweise meistens mehr als nur eine Idee pro Target.

Es gibt natürlich auch jeden Tag Glücksfälle, bei denen ein Target erkannt wird und die Idee zur Lösung im gleichen Moment klar auf der Hand liegt und uns wie ein Geistesblitz zufliegt – Heureka. Man hat das Gefühl, die Idee war eher da als das Target. In diesem Fall freuen wir uns und werden auch dieses Target entsprechend der FRIES-Prozesse behandeln. Wir formulieren also zunächst das Target und schreiben dann die Idee hinzu. Nach demselben Prinzip wie das bekannte Quiz »Jeopardy«, bei dem die Teilnehmer zu einer präsentierten Antwort die richtige Frage formulieren müssen.

Beispiele:

- Geistesblitz: Ihnen ist soeben eingefallen, wie Sie das Gehäuse Ihres Produktes auch in Aluminium erstellen können.
- Target-Formulierung: Würde ein anderes Gehäusematerial eine lohnende Weiterentwicklung unseres Produktes darstellen?

Wenn sich eine Innovationskultur schon einige Zeit im Unternehmen verankert hat, dann kann man an den Kennzahlen und im Innovationsbuch wahrscheinlich auch eine steigende Zahl von solchen Geistesblitzen ablesen.

Wir müssen also zunächst einmal Targets suchen, erkennen oder mitgeteilt bekommen, um den kreativen Ideenfindungsprozess in Gang zu setzen.

Um die Bandbreite und Einsatzmöglichkeit sowie die strategische Dimension noch einmal klar zu machen, möchte ich hier die 12 klassischen Innovationstypen aufzeigen. Zu jedem der hier dargestellten Innovations-Typen kann es also jeweils mehrere Target-Typen geben.

Klassische Innovationstypen

- Prozessinnovation,
- Sozialinnovation,
- Organisations-/Strukturinnovation,
- Innovation im Mitarbeiterverhalten,
- Strategie- und Management-Innovation,
- Produktinnovation,
- Design-Innovation,
- Service-Innovation,
- Preisinnovation,
- Technologie-Innovation,
- Innovation im Verhalten der Marktteilnehmer,
- Innovation ganzer Geschäftskonzepte.

Bei zwölf Innovationstypen und fünf Target-Typen liegen also schon sechzig mögliche Kombinationen vor. Wenn wir nun den Begriff Target für jede dieser sechzig Kombinationen benutzen, vereinfachen wir die Definitionssituation erheblich.

Werden Sie also wieder zum wandelnden Fragezeichen, um Targets zu identifizieren. Was auch immer Sie sehen: Fragen Sie sich, warum es so beschaffen ist, oder warum es sich so verhält, wie es sich verhält. Wenn Sie keine sinnvolle Antwort erhalten, gibt es vielleicht Platz für Verbesserung.

»Ändere die Welt; sie braucht es.«
Bertolt Brecht (1898-1956), deutscher Dramatiker und Dichter

Empfohlene Techniken

Haben Sie ein Target für sich erkannt, ist es nun äußerst wichtig, sich die Frage zu stellen: Ist dieses Target eindeutig zu beschreiben? Liegt die Sache klar auf der Hand, dann schließt sich nun die Dokumentation für Ihre Kollegen an [9]. Im anderen Fall, wenn die Formulierung nicht eindeutig genug ist, oder sogar noch missverständlich sein kann, oder es sich um ein komplexes Target handelt, dann muss das Target detailliert analysiert und formuliert werden [8]. Dies ist sehr oft bei der Optimierung ganzer Prozesse oder Prozessketten im Bereich der Prozessinnovation der Fall. Deshalb kommen wir in diesem Abschnitt nun zu den Techniken und Tools, die Ihnen den Weg zu neuen Ideen und Innovationen etwas einfacher und effizienter gestalten sollen.

Für jede Phase von FRIES gibt es Techniken, die sich besonders gut zur Unterstützung eignen, deshalb gibt es den Abschnitt »Empfohlene Techniken« in diesem Buch in jeder Phase von FRIES. Natürlich sind darunter Techniken, die in mehr als einer Phase genutzt werden können. In der ersten Phase benötigen wir ausschließlich Techniken, die uns bei der Target-Analyse und Target-Beschreibung behilflich sein können.

Tipp
In den Abbildungen zu den einzelnen Prozessphasen zeigen die Nummern in den Kreisen die Nummern der an dieser Stelle empfohlenen Techniken an. Die fünfzig Techniken finden Sie in Kapitel 4.

Bevor wir uns gleich damit auseinandersetzen, welche Technik für Ihre anstehende Target-Analyse die Richtige ist, sei noch eins gesagt: Versuchen Sie nicht, die einzig richtige Technik zu finden – denn viele sind gleich gut geeignet. Bleiben Sie einfach neugierig und probieren Sie auch neue Kreativtechniken aus. Wenn Sie sich nachhaltig mit den Techniken beschäftigen und bewährte Methoden regelmäßig trainieren, können Sie schöne Erfolge erzielen.

Bei der Wahl der passenden Kreativtechnik hilft Ihnen bei eine Übersichtstafel – Scoreboard genannt –, in der die wichtigsten Eigenschaften der Technik übersichtlich zusammengestellt sind. Zu jeder Phase der FRIES-Methode gibt es ein solches Scoreboard. Für dieses Buch musste ich eine Vorauswahl treffen: Ich habe fünfzig Kreativtechniken ausgesucht, die sich in der Praxis bewährt haben und mit denen ich selbst schon besonders positive Erfahrungen sammeln konnte. Das bedeutet allerdings nicht, dass andere Techniken weniger gut funktionieren. Es würde jedoch den Rahmen des Buches sprengen, alle erdenklichen Kreativtechniken ausführlich zu beschreiben.

In den Scoreboards können Sie ablesen, ob die jeweilige Technik als Einzel- oder Gruppenarbeit angelegt ist. Die Spalte »Dauer« enthält nur dann eine Zeitangabe, wenn eine relativ verlässliche Aussage möglich ist. Ob im konkreten Einzelfall die Durchführung kürzer oder länger dauert, hängt von Ihnen und Ihrem Team ab und wird auch von niemandem kontrolliert. Sie sollen lediglich eine grobe Einschätzung der üblichen Zeitspanne bekommen, die Sie für die gewählte Kreativtechnik einplanen sollten. Die letzten drei Spalten des Scoreboards zeigen Ihnen, wie leicht oder schwer die Protokollierung, die Moderation und der generelle Schwierigkeitsgrad einzuschätzen sind. Auch hier handelt es sich um einen Richtwert aus eigenen Erfahrungen.

Für einen groben Überblick über die Vielzahl möglicher Techniken sorgt ein zusätzliches Scoreboard in Kapitel 4. Es zeigt, in welcher Phase von FRIES die jeweilige Technik helfen kann. Denn es gibt durchaus Techniken, die sich in mehreren Phasen gut einsetzen lassen wie zum Beispiel das »Mind-Mapping«, das sowohl in der Target-Analyse in Phase 1, als auch zur Ideenfindung in Phase 2 und zur Evaluierung in Phase 3 geeignet ist.

Die für die Phase 1 beschriebenen Techniken sind wichtig, um Targets, die eine mittlere oder größere Komplexität haben, möglichst exakt zu analysieren und zu beschreiben. Je genauer die Beschreibung des Targets ist, desto höher ist die Wahrscheinlichkeit, dass in Phase 2 passende Lösungen und Ideen gefunden werden. Das gilt besonders für technische oder prozessuale Targets.

Nr.	Name	Einzelarbeit	Teilnehmer	Dauer (in Minuten)	Protokollierung	Moderation	Schwierigkeitsgrad
02	6-Hüte-Methode	Nein	6 bis 12	30 bis 180	schwer	mittel	mittel
03	6-W-Methode	Ja	1 bis 5	10 bis 60	leicht	leicht	leicht
06	Advocatus Diaboli	Nein	2 bis 10	10 bis 30	mittel	mittel	mittel
17	CATWOE	Ja	1 bis 12	120 bis 180	leicht	mittel	mittel
20	Knalleffekt	Nein	5 bis 20	10 bis 60	mittel	leicht	leicht
22	Koordinatentechnik	Nein	ab 2	10 bis 30	leicht	leicht	leicht
26	Meinungs-Blitzlicht	Nein	2 bis 20	10 bis 30	leicht	leicht	leicht
27	Mind-Mapping	Ja	ab 1	30 bis 60	leicht		leicht
28	Morphologischer Kasten	Ja	1 bis 10	40 bis 80	leicht	schwer	schwer
29	Orange View	Ja	ab 1			leicht	leicht
30	Osborn Checkliste	Ja	1 bis 6	120 bis 180	leicht	schwer	mittel

31	Pro und Contra	Nein	8 bis 20	30 bis 60	mittel	schwer	leicht
32	Problemlösungsbaum	Ja	1 bis 6	60 bis 120	mittel	mittel	mittel
33	Progressive Abstraktion	Ja	1 bis 8	120 bis 180	schwer	schwer	schwer
37	SEPO	Ja	1 bis 10	30 bis 90	leicht	leicht	leicht
39	Skalen-Technik	Nein	ab 2	nicht relevant	leicht	leicht	leicht
41	Stolperstein-Technik	Nein	5 bis 20	10 bis 45	leicht	mittel	leicht
42	Stummes Schreibgespräch	Nein	4 bis 10	30 bis 60	leicht	leicht	leicht
45	Utensilienkoffer	Nein	5 bis 20	10 bis 45	leicht	leicht	leicht
46	Walt-Disney-Methode	Ja	1 bis 6	60 bis 120	schwer	mittel	mittel
47	Wandspeicher		nicht relevant	nicht relevant	leicht		leicht

Innovationsbuch Targets

Der Target-Teil unseres Innovationsbuchs nimmt nun alle gefundenen, gesehenen, entdeckten und analysierten Targets auf [9]. Welche Targets welcher Reichweite und Dimension in das Innovationsbuch aufgenommen werden, muss jedes Unternehmen für sich entscheiden und erarbeiten. Im Zweifel zunächst lieber eins zu viel als eins zu wenig. Das Free-Space-Audit ist hier in der ersten Phase dann die Instanz, die entscheidet, welches Target weiter verfolgt wird und welches nicht. Damit regelt sich auch in der Rückkopplung meistens automatisch die Entscheidung, welche Targets generell erfasst werden sollen und welche nicht. Die nachfolgende Abbildung zeigt den grundsätzlichen Aufbau des Innovationsbuches für den Bereich der gefundenen Targets.

Target-ID (Spalte 1): Jedes Target, welches erfasst wird, erhält in dieser Spalte eine eindeutige Nummer. Diese kann fortlaufend sein oder einer für Ihr Unternehmen individuellen Systematik folgen. Die Target-ID ist sozusagen die Leitnummer im gesamten System. Die Target-ID darf für ein Target auch später nicht mehr geändert werden. Auszufüllen bei Schritt [9].

	A	B	C	D	E	F	G	H	I	J	K
1	❶	❷	❸	❹	❺	❻	❼	❽	❾	❶❶	❶❶
2											
3	Target ID	TARGET Fragestellung / Problem	Target-Typ	Innovations träger	Entstehungsort Entdeckungsort	Target-Status	Datum Erfasst	FreeSpace Audit	Ideen Audit	Evaluierungs Audit	Final Audit
4	1	Das Verpacken unserer Produkte der Serie 2000 dauert	Produkt-Innovation	Meier	Eigener Gedanke	Offenes Target	01.07.2007				
5	2	Der Postversand findet nicht jeden Tag statt	Prozess-Innovation	Müller	Kollegengespräch	Ausgewähltes Target (FreeSpace Audit)	02.07.2007	25.08.2007			
6	3	Schon wieder hat sich ein Kunde über die Erreichbarkeit	Organisations- /Struktur - Innovationen	Schulze	Kundengespräch	Ausgewähltes Target (FreeSpace Audit)	03.07.2007	26.08.2007			
7	4	Die Produkte unsere Wettbewerbes Klein habe nun	Produkt-Innovation	Schulze	Eigener Gedanke	Target mit Ideen (Ideen Audit)	04.07.2007	27.08.2007	02.09.2007		
8	5	Targetbeschreibung Blindtext	Design-Inovation	Janssen	Kollegengespräch	Target mit Ideen (Ideen Audit)	05.07.2007	28.08.2007	03.09.2007		
9	6	Targetbeschreibung Blindtext	Design-Inovation	Heinrich	Eigener Gedanke	Target mit Evaluation (Evaluierungs Audit)	06.07.2007	29.08.2007	04.09.2007	01.10.2007	
10	7	Targetbeschreibung Blindtext	Produkt-Innovation	Meier	Eigener Gedanke	Target mit Evaluation (Evaluierungs Audit)	07.07.2007	30.08.2007	05.09.2007	02.10.2007	
11	8	Targetbeschreibung Blindtext	Prozess-Innovation	Müller	Eigener Gedanke	Target mit Umsetzung (Final Audit)	08.07.2007	31.08.2007	06.09.2007	03.10.2007	02.11.2007
12	9	Targetbeschreibung Blindtext	Organisations- /Struktur - Innovationen	Schulze	Kundengespräch	Target mit Umsetzung (Final Audit)	09.07.2007	01.09.2007	07.09.2007	04.10.2007	03.11.2007
13	10	Targetbeschreibung Blindtext	Produkt-Innovation	Schulze	Kundengespräch	Offenes Target	10.07.2007				
14	11	Targetbeschreibung Blindtext	Design-Inovation	Janssen	Eigener Gedanke	Offenes Target	11.07.2007				
15	12	Targetbeschreibung Blindtext	Design-Inovation	Heinrich	Eigener Gedanke	Offenes Target	12.07.2007				
16	13	Targetbeschreibung Blindtext	Produkt-Innovation	Meier	Kollegengespräch	Offenes Target	13.07.2007				
17	14	Targetbeschreibung Blindtext	Strategie- / Mangement-Innovation	Meier	Eigener Gedanke	Offenes Target	14.07.2007				
18	15	Targetbeschreibung Blindtext	Produkt-Innovation	Janssen	Kundengespräch	Offenes Target	15.07.2007				
19	16	Targetbeschreibung Blindtext	Produkt-Innovation	Meier	Eigener Gedanke	Offenes Target	16.07.2007				
20	17	Targetbeschreibung Blindtext	Produkt-Innovation	Meier	Kundengespräch	Offenes Target	17.07.2007				
21											
22											

Abbildung 14: Innovationsbuch Targets für Excel

Target (Spalte 2): In dieser Spalte beschreiben Sie Ihr Target mit eigenen Worten, so wie Sie es entdeckt, gesehen und empfunden haben. Auszufüllen bei Schritt [9].

Tipp
Sollten für eine ausführlichere Beschreibung mehr als ein bis zwei Zeilen nötig sein, dann legen Sie ein Textdokument an, auf welches Sie verweisen. Das Textdokument sollte die Target-ID im Namen tragen zum Beispiel »Target-4711.txt«.

Target-Typ (Spalte 3): Die Zuweisung eines Target-Typ erfolgt hier. In der Excel-Datei ist an dieser Stelle eine Auswahlliste, welches mit der Target-Typ-Stammdatentabelle verknüpft ist. Über den Target-Typ lassen sich später aufschlussreiche Auswertungen erstellen. Die Target-Typen sind idealerweise analog der im Vorfeld beschriebenen Innovationstypen definiert. Auszufüllen bei Schritt [9].

Innovationsträger (Spalte 4): Wählen Sie an dieser Stelle den Namen der Person, die das Target eingetragen hat. Hier befindet sich in der Excel-Tabelle ebenfalls eine Auswahlliste mit einer Verknüpfung zur Stammdatentabelle der Innovationsträger. Auszufüllen bei Schritt [9].

Entstehungsort/Entdeckungsort (Spalte 5): Im Verlauf der Monate und Jahre ist es sehr aufschlussreich zu sehen, an welchen Orten die Targets entstanden sind beziehungsweise entdeckt wurden. Bleiben die Orte der Entstehung und Entdeckung relativ gleich? Oder welchen Veränderungen sind diese unterworfen? Und hat diese Veränderung Verbindungen zu anderen Veränderungen in Ihrem Unternehmen? Auszufüllen bei Schritt [9].

Target-Status (Spalte 6): Ein Target durchläuft bei FRIES, wie beschrieben, die verschiedenen Phasen und somit auch verschiedene Status. Um ein präzises Innovationsmanagement zu betreiben, ist es sehr wichtig, stets den Status eines Targets zu kennen. In Spalte 6 stellen Sie immer dann den Status ein, wenn sich dieser im Prozess geändert hat. Erstmalig auszufüllen bei Schritt [9].

Datum erfasst (Spalte 7): Diese Spalte zeigt, an welchem Tag das Target in das Innovationsbuch eingetragen wurde. Auszufüllen bei Schritt [9].

Free-Space-Audit (Spalte 8): An diesem Datum hat die Entscheidungsrunde das Target für die Phase 2 freigegeben. Auszufüllen erst bei Schritt [11].

Ideen-Audit (Spalte 9): An diesem Datum wurden ausgesuchte, vielversprechende Ideen für den Evaluierungsprozess in Phase 3 freigegeben. Auszufüllen erst bei Schritt [19].

Evaluierungs-Audit (Spalte 10): An diesem Datum wurde eine ausgesuchte und bewertete Idee zur Umsetzung freigegeben. Auszufüllen erst bei Schritt [27].

Final-Audit (Spalte 11): Die Entscheidungsrunde prüft noch einmal abschließend, ob das Target den gesamten Prozess durchlaufen hat und diskutiert Bads und Goods. Der Eintrag des Datums zum Final-Audit schließt das Target für FRIES ab. Auszufüllen erst bei Schritt [38].

Free-Space-Audit

Wie schon in der Einführung zur Methode kurz erläutert, sind die Audits die Sollbruchstellen beziehungsweise Kontroll- und wesentlichen Entscheidungsstellen der Methode. Zur Erläuterung: Als Audit (von lat. »Anhörung«) werden allgemein Untersuchungsverfahren bezeichnet, die dazu dienen, beispielsweise Prozessabläufe hinsichtlich der Erfüllung von Anforderungen und Richtlinien zu bewerten. Dies kennen wir sehr häufig im Rahmen eines im Unternehmen betriebenen Qualitätsmanagements. Die Audits werden dort von einem speziell hierfür geschulten Auditor durchgeführt. Je nach Unternehmens- oder Abteilungsgröße bestehen nun Ihre Audit-Teams für die FRIES-Audits immer aus zwei oder auch aus mehreren Mitarbeitern. Auch muss die Zusammenstellung der Audit-Teams je nach Unternehmensgröße und Situation individuell gestaltet werden. Oft sind die Innovationsträger selbst sowie die Unternehmensführung Mitglieder der Audit-Teams. Das Wichtigste ist aber, nun zu Beginn der Arbeit mit FRIES konkret festzulegen, in welchem Zyklus die Audits der einzelnen Phasen zusammenkommen und ihre Arbeit erledigen. Bei größeren Unternehmen sind letztlich die vier bei FRIES beschriebenen Audits oft auch mit unterschiedlichen Personen besetzt. Wobei es bei mittleren oder kleinen Unternehmen stets auch die gleichen Personen sein können. Generell sollten dieses Audits, wie auch dieses erste Free-Space-Audit, sehr zeitnah und regelmäßig durchgeführt werden, eventuell sogar sofort im Anschluss an ein Kreativmeeting. Probieren Sie aus, welche Form und welcher Zyklus der Audits für Ihr Team das Beste ist. Definieren Sie FRIES immer nach Ihrem Dafürhalten und nach Ihren Anforderungen. Primäres Ziel des Free-Space-Audits ist es nun, die offenen, also unbearbeiteten Targets des Innovationsbuches kurz zu sichten, zu besprechen und ausgesuchte Targets dann für die zweite Phase von FRIES freizugeben [10/11]. Die Zahl der über die Auswertezeiträume freigegebenen Targets geht auch in die Kennzahlen und Quoten der Methodenmessung ein. Das Free-Space-Audit steuert sowohl die Themen für die nächste Phase, als auch die Menge der weiter zu bearbeitenden Targets. Bei einfach zu formulierenden Targets sollte der normale Eintrag im Innovationsbuch als Erklärung für das Audit-Team ausreichen. Bei komplexeren Targets würde eventuell eine Target-Mappe angelegt, die wichtige, weitergehende Informationen für das Audit-Team beinhaltet. Dies ist besonders wichtig, wenn der Innovationsträger, der das entsprechende Target erfasst hat, nicht Mitglied des Free-Space-Audit ist. Auch eine Präsentation des Innovationsträgers (oder der Gruppe, die das Target formuliert hat) vor den Mitgliedern des Audit-Team ist besonders bei komplexen Targets hilfreich oder generell angeraten. Hat das Audit-Team seine Entscheidung gefällt, so sind die entsprechenden Einträge in der Dokumentation sofort vorzunehmen. Falls eine Entscheidung für die nächste Phase nicht gefällt werden kann, muss das Target vielleicht besser beschrieben werden und im nächsten Free-Space-Audit wiederholt präsentiert und besprochen werden. Auch die ausreichende Kommunikation der Ergebnisse an die entsprechenden Teilnehmer und die Weitergabe an die nächsten Phasen gehören zu den Aufgaben des Audit-Teams [12]. Im Sinne einer gemeinsam gelebten Innovationskultur sollte auch hier überlegt werden, ob die Informationen nur per Mail oder aber persönlich mitgeteilt werden – ich denke, die Richtung ist klar.

Beispiel einer Agenda für das Free-Space-Audit:

- Targets sichten und für Phase 2 auswählen,
- Freigaben dokumentieren,
- Freiraumnutzung kontrollieren,
- gegebenenfalls weitere Innovationsträger identifizieren,
- gegebenenfalls weitere FRIES-Einweisung organisieren,
- Kommunikation der Ergebnisse festlegen.

FRIES

Auf direktem Weg zu Innovationskultur und Markterfolg

Protokoll Ideen Audit

Ideen Audit vom: ________________

Teilnehmer: ________________ ________________ ________________

Verteiler: ________________ ________________ ________________

TOP 1 – Sichtung der Ideen für Phase 3

Idee	Finder (Target-ID)	Entscheidung / Grund	Dokumentation erledigt

TOP 2 – Sichtung und Prüfung der Dokumentation

TOP3 – Kommunikation der Ergebnisse festlegen

Abbildung 15: Protokoll zum Free-Space-Audit

2.3 Ideen (Ideas)

»In der Idee leben heißt, das Unmögliche behandeln, als wenn es möglich wäre.«
Johann Wolfgang von Goethe (1749-1832), deutscher Dichter

Das zentrale Thema dieser Phase ist die Idee, beziehungsweise die Ideenfindung, zu den freigegebenen Targets. Über Ideen wurde schon eine Menge geschrieben und auch philosophiert. Zur kurzweiligen Einstimmung habe ich deshalb versucht – jenseits aller lexikalischen Definitionen – die »Idee« mit einem spontanen Brainstorming einmal aus ganz verschiedenen Blickwinkeln zu betrachten und zu beschreiben.

- Blickwinkel 1: Wie kann eine Idee sein?
  Eine gute Idee, geniale Idee, tolle Idee, verrückte Idee, absurde Idee, fixe Idee, großartige Idee, wunderbare Idee, gemeinsame Idee, ausgefallene Idee, zentrale Idee, reine Idee, grundlegende Idee, abstrakte Idee, ausgezeichnete Idee, exzellente Idee, prächtige Idee, wertvolle Idee, einleuchtende Idee, praktische Idee, umsetzbare Idee, schlaue Idee, herausfordernde Idee, verruchte Idee, brillante Idee, schlechte Idee, zündende Idee, ursprüngliche Idee, pfiffige Idee, rettende Idee, schöne Idee, glorreiche Idee, originelle Idee, interessante Idee, abstruse Idee, spontane Idee, revolutionäre Idee, soziale Idee, ungewöhnliche Idee, bessere Idee, richtige Idee, einfache Idee, clevere Idee, grandiose Idee, hervorragende Idee, simple Idee, kreative Idee, verwegene Idee, ähnliche Idee, schräge Idee et cetera.

Es ist schon unglaublich wie viele Adjektive sich auf »Idee« anwenden lassen. Hier zeigt das kleine Wort mit den vier Buchstaben deutlich, welche Kraft und Reichweite in allen Lebensbereichen in ihm steckt.

- Blickwinkel 2: Was kann man mit einer Idee tun?
  Eine Idee umsetzen, sich einer Idee widmen, eine Idee finanzieren, eine Idee übernehmen, eine Idee aufgeben, eine Idee finden, eine Idee zusammenführen, eine Idee vertreten, eine Idee umkehren, man kann sich eine Idee kommen lassen, eine Idee sorgfältig durchdenken, an einer Idee zweifeln, eine Idee weiterspinnen, eine Idee weitertragen, über eine Idee reden, eine Idee zerreden, eine Idee vergessen, eine Idee aufschreiben, eine Idee aufmalen, eine Idee weitererzählen, eine Idee verstecken, eine Idee geheim halten, eine Idee verkaufen, eine Idee kaufen, eine Idee untersuchen, eine Idee evaluieren, eine Idee analysieren, ein Idee patentieren lassen et cetera.

Versuchen Sie doch hier einmal, weitere Verben und Tätigkeiten zu finden und zu beschreiben, was Sie noch alles mit einer Idee anstellen können. Auch hier werden Sie feststellen, dass man auf kaum ein anderes Ding unserer Welt so viele Tätigkeiten anwenden kann. Die Idee ist einfach ein fantastisches Ding.

- Blickwinkel 3: Welche Ideen gibt es überhaupt?
  Geschäftsidee, Grundidee, Schnapsidee, Orchidee, Leitidee, Spielidee, Ursprungsidee, Produktidee, Geschenkidee, Filmidee, Marketingidee, Ausgangsidee, Anlageidee, Reformidee, Werbeidee, Investmentidee, Unternehmensidee, Werbe-Idee, Fonds-Idee, Lebensidee, Programmidee, Bildungsidee, Lernidee, Projektidee, Finanzierungsidee, Verkaufsidee, Olympische Idee, Freiheitsidee, Buchidee, Firmenidee, Multikulti-Idee, Friedensidee, Gestaltungsidee et cetera.

Auch hier lade ich Sie nun herzlich ein, die Reihe weiterzudenken. Legen Sie vielleicht an dieser Stelle eine kleine Lesepause ein und lassen sich von den Gedanken und Bildern rund um die Idee einige Minuten treiben. Erschließen Sie sich ganz neu die unglaubliche Dimension und die unglaubliche Vielfalt einer Idee.

Finden wir nun wieder den Anschluss an die erste Phase von FRIES. Auf Basis der installierten Freiräume haben sich nach und nach Targets gefunden, die mit Ideen und Kreativität gelöst werden wollen. Hier liegt die Hauptaufgabe der Phase 2: Es werden Ideen produziert. Wie das geht? Keine Sorge, auch hier begleitet Sie dieses Buch Schritt für Schritt, und führt Sie an das Thema Ideenfindung heran. Erwarten Sie keine neuen wissenschaftlichen Erkenntnisse, aber einen sehr praktikablen Weg und eine geschickte Zusammenstellung von Informationen, die Ihnen konkret helfen, in Ihrem Team und in Ihrem Unternehmen in die Ideenfindung einzusteigen, und das vielleicht einfacher, als Sie denken.

Dieses Kapitel zeigt Ihnen, wie Sie Ihre Ideenfindung organisieren, die richtigen Kreativitätstechniken auswählen, die Kreativitätstechniken richtig anwenden und die Ergebnisse einfach und übersichtlich dokumentieren.

An dieser Stelle sei noch einmal betont, dass Sie besonders die Ideenfindung locker und mit Spaß an der Sache angehen sollten. Nutzen Sie besonders auch Humor als Katalysator für Ihre Kreativität und Innovation. Was Humor mit dem Berufsleben und der Kreativität zu tun hat? Eine ganze Menge – da sind sich eigentlich alle wissenschaftlichen Untersuchungen einig. Für Kreativität und Innovation dient Humor als wichtiger Katalysator. Es ist höchste Zeit, sich von der Vorstellung zu befreien, dass es bei der Arbeit immer ernst zugehen muss.

Wenn es für Sie sinnvoll erscheint, dann ändern Sie auch die Prozesse und Methoden nach Ihren Wünschen und Bedürfnissen ab. Ein Kreativmeeting wird nicht dadurch erfolgreich, dass Sie unbedingt einhundert Prozent an den vorgegebenen Abläufen und Techniken festhalten. Nutzen Sie die Prozesse, Methoden und Techniken als helfende Hand, die Sie leitet und auf die Sie sich verlassen können, bis Sie schließlich alleine laufen gelernt haben und die Lust nach Ideenfindung in Ihnen wie ein Feuer brennt.

Ideenfindung und Kreativität

Finden wir den weiteren Einstieg in dieses Kapitel zunächst mit einigen Definitionen und Tatbeständen, die Ihnen sicher bekannt sind, aber die es auch wert sind, noch einmal in den Fokus Ihres Bewusstseins gerückt zu werden. Kreativität [lat.: creatio] bedeutet »Schöpfung« beziehungsweise »Schöpfungskraft« – mit solchen Definitionen sehen wir uns in den meisten Lexika konfrontiert. Ebenso unterscheidet die Wissenschaft zwei Arten von Kreativität:

- die *künstlerische Kreativität* oder das nicht vermittelbare Genie und
- die *praktische Kreativität* oder das Lösen von Alltagsaufgaben durch innovative Ideen.

Die letztere ist sehr wohl vermittelbar und auch für jeden erlernbar. Ein weiteres Phänomen ist, dass eigentlich alle kreativen Lösungen durch zwei Eigenschaften charakterisiert sind: Erstens kann man sie nicht mit Logik finden, und zweitens sind sie immer logisch. Ebenfalls eine interessante wissenschaftliche Erkenntnis ist, dass sich unsere Kreativität im Laufe des Lebens verändert – schlimmer noch: mit fortschreitendem Alter sogar abnimmt, besonders wenn man sich nicht mit seinen kreativen Fähigkeiten auseinandersetzt und sie nicht permanent fördert (Abbildung 16).

Hinlänglich bekannt sind Ihnen sicherlich auch die wesentlichen Kreativitätskiller unseres Alltags, wie etwa Sicherheitsdenken, Konkurrenzdruck, Erwartungsdenken, Belohnung, Sprunghaftigkeit, Zeitdruck, schlechte Rahmenbedingungen, mangelndes Selbstbewusstsein et cetera.

Auch die großen Irrtümer über die Kreativität sind längst kein Geheimnis mehr. Kreativität entsteht nicht aus Chaos, Kreative sind auch keine Außenseiter, und kreativ sind auch nicht immer nur die anderen. Kreativität lässt sich nämlich besonders im beruflichen Umfeld durch in Freiräumen erprobten Kreativtechniken gezielt fördern und auch erfolgreich erlernen. Und die schon bekannteste und wichtigste Voraussetzung ist – haben Sie einfach Spaß an neuen Ideen, und gehen Sie auch mit Humor an die Sache heran!

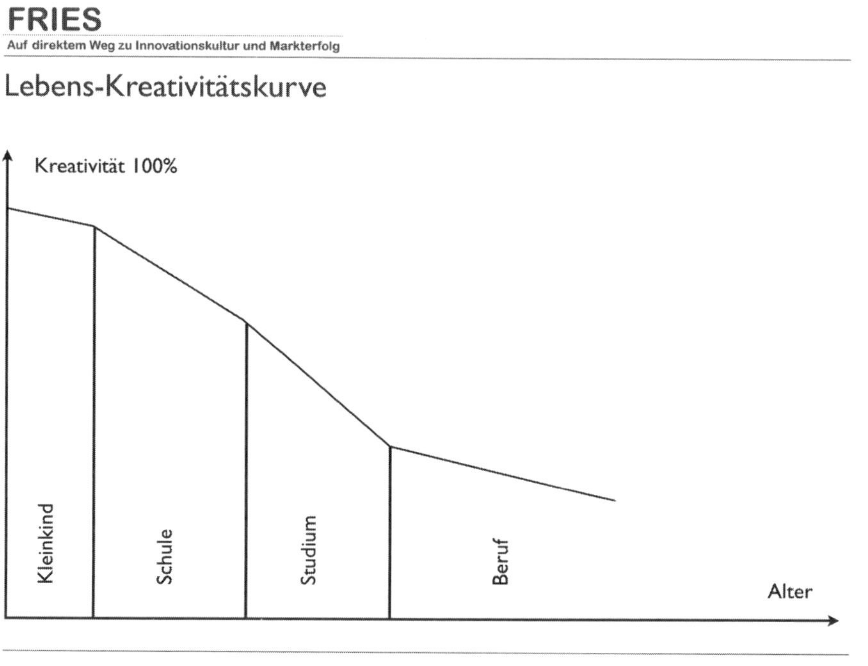

Abbildung 16: Lebens-Kreativitätskurve

Damit möchte ich die theoretische Einführung in die Ideenfindung auch schon abschließen und den Einstieg in die konkrete Praxis vorwegnehmen. Um nun in einem ersten Schritt zu erschließen, wie Ideenfindung und Kreativität funktionieren kann, beantworten wir die folgende Frage mit der sogenannten *Kopfstandtechnik*: »Was muss ich tun oder denken, damit mein Unternehmen und auch ich selbst **nicht** kreativ und innovativ werden?« Finden Sie also Antworten, die verhindern, dass Sie und Ihr Unternehmen kreativ werden. Und schreiben Sie diese Gedanken auf jeden Fall nieder!

Die eben gestellte Frage habe ich schon oft zu Beginn vieler Coachings gestellt und immer wieder sehr schöne und aufschlussreiche Erfahrungen gesammelt. Hier eine auszugsweise Liste von Antworten, die immer wieder genannt werden:

- *Geh davon aus, Du seist nicht kreativ:* Wenn Sie sich oft genug vorbeten »Ich bin nicht kreativ«, wird es auch so eintreten. Das nennt man eine selbsterfüllende Prophezeiung. Dabei ist die absolute Realität: »Jeder Mensch ist kreativ!« Nur aufgrund verschiedener Einflüsse wie Stress, verkrusteter Rituale, blinder Flecke und eingeschränkter Wahrnehmung, unterdrücken wir häufig unsere Kreativität.

- *Sieh Dich als kleines unbedeutendes Rad im Getriebe:* Wenn Sie eigene Ideen lapidar mit »Ach was für eine dumme, unbedeutende Idee« abtun, dann hemmt das nachhaltig Ihre Kreativität. Wir reden uns viel zu oft ein, unsere Ideen seien nicht gut genug – ein äußerst tragischer Irrtum.
- *Die großartigen Ideen haben doch nur die wirklich kreativen Menschen:* Das ist tatsächlich großer Blödsinn. Ideen werden nicht großartig, nur weil sie von augenscheinlich kreativen Menschen kommen, und diese auch noch darüber reden. Verlassen Sie sich ganz auf sich – Sie sind ebenso kreativ wie alle anderen Kollegen um Sie herum.
- *Ideen immer und ständig kritisieren, damit sie verbessert werden können:* Sie helfen weder sich noch Ihren Kollegen mit Kritik an neuen Ideen. Eine neue Idee ist wie eine junge zerbrechliche Pflanze, die erst noch wachsen muss. Mit Kritik, besonders mit sehr früh einsetzender Kritik, bringen Sie Ihre Kollegen nur dazu, ihre Ideen in Zukunft für sich zu behalten.
- *Überlasse ausschließlich Deiner Marketingabteilung die Ideenfindung:* Lassen Sie alles wie es immer war – so bekommen Sie garantiert mit denselben Leuten auch immer die gleichen Ideen. Erfolgreiche Ideen verlangen nach Diversity und einer guten Team-Mischung aus allen Abteilungen.
- *Immer nur die erstbeste Idee nutzen:* Wenn Sie auf die Chance verzichten wollen, viele weitere Ideen zu entwickeln, dann brauchen Sie nur immer die erstbeste Idee sofort mit fliegenden Fahnen umzusetzen.
- *Nichts tun solange noch alles läuft – Never touch a running system:* Diese Haltung ist wohl überall auf der Welt und in den meisten Unternehmen eine sehr verbreitete. Erst in letzter Sekunde, und wenn es schon richtig weh tut, sind die meisten Menschen bereit, etwas zu ändern.
- *Das hab ich alles in meinem Kopf:* Mit dieser überheblichen Meinung verzichten die meisten Menschen auf die simpelsten Werkzeuge und Techniken, und sei es die Benutzung eines Notizbuchs. Wer es schafft, alle seine unverhofften Ideen zu behalten ohne jegliche Dokumentation, der möge mir bitte sein Geheimnis verraten.

Sie haben sich hier schon ein wenig wiedergefunden? Prima, das ist der Anfang. Bleiben Sie mutig und fröhlich, wenn Sie in diesen Spiegel schauen. Es ist der simple und großartige Start in Ihre erfolgreiche Unternehmenszukunft.

Trennung von Ideenfindung und Evaluierung

Die Trennung von Ideenfindung und Evaluierung ist innerhalb der FRIES-Methode ein elementarer Aspekt. Deshalb hat die detaillierte Bewertung und Evaluierung von gefundenen Ideen auch in dieser zweiten Phase nichts zu suchen; dazu dient die Phase 3. Ob aber Phase 2 und 3 in getrennten Meetings stattfinden oder innerhalb eines Meetings erarbeitet werden, hängt nur von den individuellen Umständen in Ihrem Unternehmen ab.

Viele Wissenschaftler und Autoren haben erläutert, warum die Ideenfindung nicht durch Evaluierung und Bewertung eingeschränkt werden sollte. Eine der besten Beschreibungen findet sich bei Mario Pricken. Er stellt fest, dass Fantasie für Ideen wichtiger ist als Wissen. Es ist deshalb wesentlich, die Ideenfindungsphase strikt von der Bewertungsphase zu trennen. Kreativmeetings bieten Raum für ungehemmte Kreativität, ohne frühzeitige Kritik. Hier soll es zu regelrechten Fantasiereisen kommen. Der Lust an kreativer Verspieltheit sollen keinerlei Grenzen gesetzt werden. Wenn nämlich zu viele Ideenkiller im Spiel sind, ziehen sich manche Teammitglieder in die Passivität zurück oder es kommt zu endlosen und emotional geladenen Diskussionen, die jegliche Kreativität unterbinden. Und Ängste führen in den meisten Kreativmeetings gezwungenermaßen zu angepassten und oberflächlichen Ideen. Kritik ist zwar erlaubt, aber nur zum richtigen Zeitpunkt, und dies ist dafür eindeutig der falsche Zeitpunkt. Erst in der Bewertungsphase (bei FRIES die Phase 3) werden berechtigte Anregungen, Kriterien aus dem Briefing, aber auch Fachwissen oder Kritik eingebracht, um die rohen Ideen in einem konstruktiven Gesprächsklima weiterzuentwickeln.

Prozessmodell

Die Abbildung 17 zum Prozessmodell der Phase 2 zeigt Ihnen wieder, welche Schritte hier nun durchlaufen werden.

Phase 2 Schritt für Schritt

Zunächst ist wichtig zu realisieren, dass die Kollegen des Free-Space-Audit aus Phase 1 Ihrem Target und damit Ihnen oder Ihrem Team das »Go« und den Segen gegeben haben, sich damit in dieser Phase kreativ auseinanderzusetzen. Beginnen wir mit der Ideenfindung, die das Kernelement dieser Phase ist und letztlich für ein Kreativmeeting steht – oder auch für eine kreative Einzelarbeit.

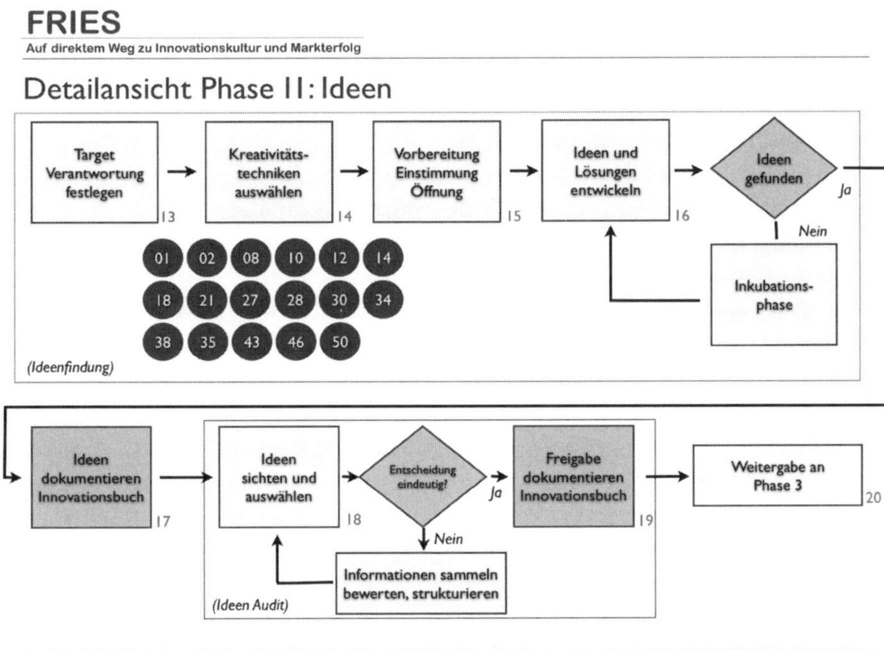

Abbildung 17: Prozessmodell Phase 2 Ideen

Legen Sie zu Beginn [13] die Verantwortung oder die Patenschaft für das Target fest, wobei nicht der Target-Finder aus Phase 1 der Verantwortliche sein muss. Der gefundene Verantwortliche ist nun für den Durchlauf des Targets durch die Phase 2 verantwortlich. Er organisiert zum Beispiel die anstehenden Kreativmeetings. Im nächsten Schritt wählen Sie die passende Kreativtechnik für das anstehende Meeting aus [14]. Je nach Situation führen Sie diese ersten Schritte als Vorbereitung zum Meeting oder aber direkt im Meeting durch. Überlegen Sie im Bezug auf die Teilnehmer des Meetings, welche Innovationsträger oder auch andere (noch nicht in FRIES geschulte) Kollegen eine Bereicherung darstellen können.

Zur guten Vorbereitung gehört es ebenfalls, den Meetingraum mit allen Utensilien herzurichten, die für die Durchführung nötig sind. Bei Nutzung des mobilen Ideen-Ateliers (siehe Kapitel 5.4) reicht es oft schon aus, nur das Atelier in den Meetingraum zu rollen. So haben Sie alle Utensilien im Zugriff und das Ideen-Atelier gibt dem Raum schon ein frisches und kreatives Flair. Grundsätzlich ist auch jede weitere Veränderung des Meetingraums willkommen, die für ein freundliches, lockeres uns kreatives Klima sorgt. Das können im einfachsten Fall Blumen oder natürlich auch ein anderer Anstrich sein. Der Ablauf eines Kreativmeetings sollte zwar zum einen locker und ungezwungen sein, aber zum anderen auch nicht chaotisch ablaufen. Die nötigen und bewährten Agendapunkte eines Kreativmeetings sind typischerweise:

1. Vorstellung der Teilnehmer [15]
2. Einstimmung ins Thema und Öffnung [15]
3. Vorstellung des Targets und Nennung der Aufgabe [15]
4. Erläuterung der ausgewählten Kreativtechnik [15]
5. Durchführung [16]
6. Protokollierung und Dokumentation [17]

Lassen Sie mich hier noch einmal den Punkt 2 »Einstimmung ins Thema und Öffnung« kurz vertiefen. Besonders vor dem Hintergrund, dass die Teilnehmer meistens nicht völlig entspannt, ausgeglichen und fröhlich zum Meeting erscheinen, weil fünf Minuten vorher noch andere Probleme und Konflikte gelöst werden mussten, ist die Einstimmung ins Thema besonders wichtig. Dabei bedeutet die Einstimmung zunächst die Öffnung für das Team, die Kreativität und dann natürlich auch der fachliche Einstieg ins Thema. Damit alle Teilnehmer gleichermaßen miteinbezogen werden, und schon die Öffnung neue Horizonte aufzeigt, ist zum Beispiel der Einsatz von pädagogischen Teamspielen äußerst sinnvoll und effektiv. Auch das mobile Ideen-Atelier bietet tolle Spiele, die einfach und schnell eine große Wirkung erzielen. Spielen Sie beispielsweise »Gummizelle« für ein wirklich tolles Team-Gefühl oder »Teamnavigator«, damit wirklich einmal alle an einem Strang ziehen. Um sich dann dem eigentlichen fachlichen Thema zu nähern, kann schon einfaches Anschauungsmaterial wirkungsvoll sein. Würde es zum Beispiel in einem Kreativmeeting darum gehen, den Verschluss einer Flasche zu überdenken, so könnte das Anschauungsmaterial aus vielen unterschiedlichen Behältern mit ihren Verschlüssen bestehen. Nach oder während der Durchführung der Ideenfindung, wenn genügend neue Ideen und Ansätze gefunden wurden, werden die Ideen im Innovationsbuch eingetragen und dokumentiert [17].

Was tun, wenn uns nichts einfällt?

Es kann und wird Ihnen immer wieder mal passieren, dass Sie im Kreativmeeting oder bei der einzelnen Ideenfindung festhängen, und Ihnen absolut nichts einfällt. Gerade zu Beginn tauchen diese »Gedankenblockaden« häufiger auf. Das sollte Sie aber nicht verunsichern oder Sie an Ihren Fähigkeiten und der eigenen Kreativität zweifeln lassen. Das Beste, was Sie tun können, ist gelassen zu bleiben. Legen Sie eine Pause ein, und nehmen Sie einfach einige Zeit später einen neuen Anlauf. Klappt es auch dann noch nicht, brechen Sie die Kreativsitzung ab und widmen sich einer anderen Aufgabe. Beim nächsten Mal klappt es bestimmt.

Was tun, wenn wir nur nutzlose Ideen produzieren?

Auch davon sollten Sie sich nicht entmutigen lassen. Kreative neue Lösungen brauchen oft einen langen Atem. Außerdem kann eine heute unnütze Idee morgen schon eine sehr wertvolle und brauchbare Idee sein. Jeder Fehlschlag ist immer auch ein Schritt auf dem Weg zur Lösung. Wenn aber auf Dauer wirklich zu viele unbrauchbare Ideen entstehen, so kann das auch sehr handfeste und klassische Gründe haben:

- Sie gehen zu streng an die Sache ran – seien Sie locker.
- Ihr Ziel ist zu ehrgeizig – versuchen Sie es eine Nummer kleiner.
- Sie wissen zu wenig über das Thema – tanken Sie Informationen.
- Ihr Assoziationsfeld ist zu klein – lernen Sie Neues.
- Sie leiden unter Kreativitätskillern – entziehen Sie sich diesen.
- Die falsche Kreativtechnik – wählen Sie einfach eine andere.
- Sie geben sich zu wenig Zeit – bleiben Sie ruhig und warten Sie ab.

Letztlich ist es doch oft der Faktor Zeit, der der allerwichtigste ist. Sie dürfen nicht erwarten, dass Sie immer sofort mit der Anwendung einer Kreativtechnik eine Lösung bekommen. Ideen lassen sich nicht erzwingen, sie müssen buchstäblich reifen.

Techniken für die Kreativität

»Der beste Weg, gute Ideen zu erhalten, besteht darin, möglichst viele Ideen zu entwickeln.«
Linus Pauling (Nobelpreisträger Chemie)

Nun kommen wir zu den Kreativitätstechniken und Tools, die uns letztlich den Weg zu neuen Ideen doch etwas einfacher machen sollen. Kreativitätstechniken werden in den einzelnen Phasen des Kreativitätsprozesses angewendet. Obwohl es verschiedene Prinzipien gibt, auf denen die Kreativitätstechniken beruhen, haben doch alle das gleiche Ziel. Sie sollen erstens eine Unterstützung bei der Ideenfindung sein, und zweitens sollen möglichst viele Ideen mit ihrer Hilfe generiert werden, um mindestens eine der möglichen Lösungen für ein Problem (Target) zu finden. Darüber hinaus gibt es Techniken, die zum Beispiel mehr die Analyse oder die

Evaluierung eines Problems fokussieren. Konkret heißt das, dass dieses Buch Ihnen im Weiteren sehr detailliert dabei hilft, die für Sie richtige Technik auszuwählen, vorzustellen und anzuwenden.

Die folgende Grafik zeigt anschaulich den Nutzen und die Mengenverhältnisse von permanenter Ideenfindung und Kreativität im Verhältnis zur Entstehung von erfolgreichen neuen Produkten. Die Mengenverhältnisse finden sich in unzähligen Studien und Publikationen und bestätigen sich auch in den eigenen Erfahrungen.

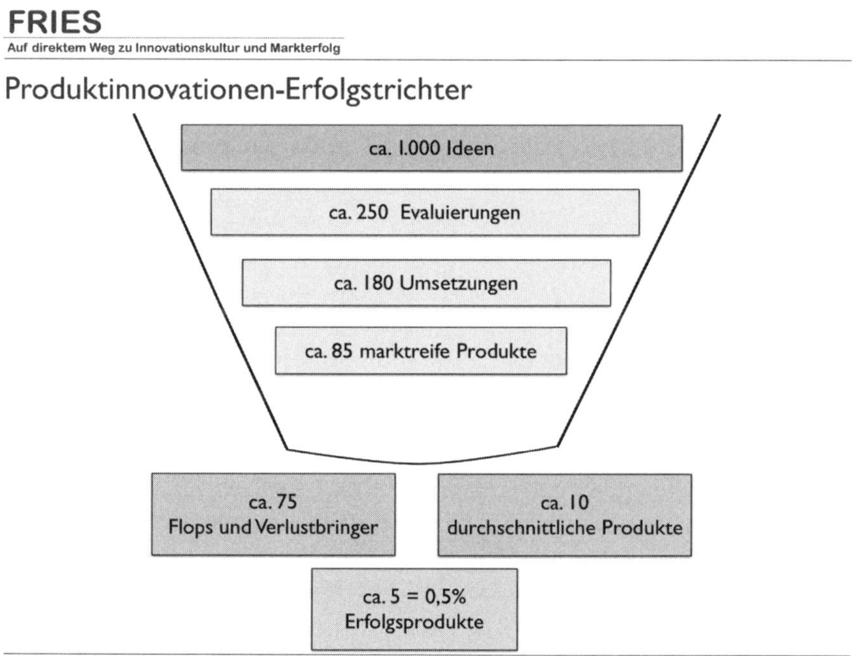

Abbildung 18: Produktinnovationen-Erfolgstrichter

Bevor wir uns gleich damit auseinandersetzen, welche Kreativitätstechnik für Ihr anstehendes Kreativmeeting die Richtige ist, sei noch eins gesagt: Bleiben Sie beharrlich in der Auswahl und im Training der Techniken und vermeiden Sie falschen Ehrgeiz. Versuchen Sie nicht krampfhaft, die vermeintlich absolut richtige Technik zu finden, und versuchen Sie nicht krampfhaft, diese zu 100 Prozent richtig auszuführen. Nur wenn Sie sich nachhaltig mit den Techniken beschäftigen und sie trainieren, können Sie erfolgreich sein.

Empfohlene Techniken

Um die Auswahl der richtigen Technik zu ermöglichen greifen, Sie auf das Scoreboard der Phase 2 zu, welches Ihnen die für die Auswahl wichtigsten Eigenschaften der Techniken übersichtlich aufzeigt

Nr.	Name	Einzel-arbeit	Teilneh-mer	Dauer (in Minuten)	Proto-kollie-rung	Mode-ration	Schwie-rigkeits-grad
01	6-3-5-Metho-de	Nein	6	30 bis 50	leicht	leicht	leicht
02	6-Hüte-Methode	Nein	6 bis 12	30 bis 180	schwer	mittel	mittel
05	ABC-Methode	Ja	1 bis 20	10 bis 30	leicht	leicht	leicht
08	Analogie-technik	Ja	1 bis 10	10 bis 90	leicht	mittel	mittel
09	Attribute-Listing	Ja	1 bis 10	30 bis 60	leicht	mittel	mittel
10	Bionik	Nein	nicht re-levant	nicht re-levant			
11	Bisoziation Reizbild-methode	Ja	1 bis 10	30 bis 60	leicht	mittel	mittel
12	Brainstor-ming	Nein	2 bis 12	30 bis 120	schwer	mittel	leicht
13	Brainwalking	Nein	4 bis 8	30 bis 60	leicht	mittel	leicht
14	Brainwriting-Pool	Nein	4 bis 8	30 bis 60	leicht	leicht	leicht
16	Café to Go	Nein	8 bis 20	90 bis 120	mittel	schwer	mittel
17	CATWOE	Ja	1 bis 12	120 bis 180	leicht	mittel	mittel
18	Discussion 66 (BUZZ-Sessi-on)	Nein	18 bis 40	30 bis 60	schwer	schwer	leicht
20	Knalleffekt	Nein	5 bis20	10 bis 60	mittel	leicht	leicht
21	Kollektives Notizbuch	Ja	ab 1	bis zu 4 Wochen	leicht	leicht	leicht
23	Kreuzwort-rätsel	Ja	1 bis 10	30 bis 60	leicht	leicht	leicht

27	Mind-Mapping	Ja	ab 1	30 bis 60	leicht		leicht
28	Morphologischer Kasten	Ja	1 bis 10	40 bis 80	leicht	schwer	schwer
29	Orange View	Ja	ab 1	nicht relevant		leicht	leicht
30	Osborn-Checkliste	Ja	1 bis 6	120 bis 180	leicht	schwer	mittel
32	Problemlösungsbaum	Ja	1 bis 6	60 bis 120	mittel	mittel	mittel
33	Progressive Abstraktion	Ja	1 bis 8	120 bis 180	schwer	schwer	schwer
34	Reizworttechnik	Ja	1 bis 8	60 bis 90	mittel	schwer	leicht
35	SCAMPER	Ja	1 bis 12	120 bis 180	leicht	mittel	mittel
36	Semantische Intuition	Ja	1 bis 8	30 bis 90	leicht	mittel	mittel
38	SIL-Methode	Nein	5 bis 8	120 bis 180	mittel	schwer	schwer
42	Stummes Schreibgespräch	Nein	4 bis 10	30 bis 60	leicht	leicht	leicht
43	Synektik	Nein	4 bis 10	240 bis 480	mittel	schwer	schwer
44	Top 10	Ja	nicht relevant	nicht relevant		leicht	leicht
45	Utensilienkoffer	Nein	5 bis 20	10 bis 45	leicht	leicht	leicht
46	Walt-Disney-Methode	Ja	1 bis 6	60 bis 120	schwer	mittel	mittel
47	Wandspeicher	Nein	nicht relevant	nicht relevant	leicht		leicht
50	Zufallstechnik	Ja	1 bis 5	30 bis 90	mittel	mittel	mittel

Innovationsbuch Ideen

Dem Innovationsbuch zur Dokumentation einer jeden Idee kommt hier noch eine weitere besondere Aufgabe zu [17]. Es bewahrt jede Idee, auch die Ideen, die zunächst nicht in die nächste Phase übertragen wurden. Es geht letztlich nicht darum, im Ideen-Audit nur die aktuell augenscheinlich vielversprechendste Idee zur Evaluierung auszuwählen und den ganzen Rest zu ignorieren oder gar zu löschen. Wenn die Evaluierung nicht dazu führt, dass die eingebrachte Idee umgesetzt wird, haben auch alle verbliebenen Ideen später immer noch eine Chance auf Weiterentwicklung und Umsetzung.

Versetzen wir uns nun in die Situation, dass Sie soeben mit Ihrem Team ein Kreativmeeting durchgeführt haben, in dem Sie beispielsweise mithilfe des Brainstormings Ideen zu einem Target gefunden haben. Nun ist der Moment gekommen, in dem die ordentliche Dokumentation der Ideen im Innovationsbuch erfolgt. Die Ideen verschwinden also nicht auf irgendwelchen losen Blattbergen auf den Schreibtischen der Kollegen, sondern werden immer an dieser zentralen Stelle dokumentiert.

Mit wenigen Angaben pro Idee ist die Dokumentation ein Kinderspiel, und es geht keine Idee verloren. Nachdem ein Einfall im Innovationsbuch eingetragen wurde, ist der weitere Weg durch die Phasen von FRIES sehr einfach. Wie Sie in der Abbildung 19 zum Innovationsbuch erkennen können, werden in den Spalten 8 bis 11 bei den späteren Audits nur noch Datumsangaben für den weiteren Weg benötigt und eingetragen. Das hier gezeigte Innovationsbuch gibt Ihnen einen Dokumentationsansatz, der so einfach und simpel wie möglich gehalten wurde. Auch hier steht es Ihnen frei, bei der Umsetzung in Ihrem Unternehmen meinen Minimalansatz nach Ihren Wünschen um- oder auszubauen. Aber seien Sie vorsichtig: Ersticken Sie die Innovationsfreude Ihres Teams nicht in zu viel Organisation, Dokumentation und Regeln. Tasten Sie sich langsam an das optimale Ausmaß heran. Das Excel- oder Access-Beispiel auf der beiliegenden CD-ROM ist jetzt eine gute Hilfe, um die Dokumentation konkret nachzuvollziehen. Vielleicht legen Sie hier nun eine kurze Pause ein und installieren und testen unsere Anwendungen.

A	B	C	D	E	F	G	H	I	J	K	L
1	2	3	4	5	6	7	8	9	10	11	12
Ideen ID	Target ID	Ideen-Status	Idee	Ort / Anlass Entstehung	Ideengeber	Datum Erfasst	Datum Ideen Audit	Datum Evaluierung Negativ	Datum Evaluierung Positiv	Datum Umsetzung	Datum Final Audit
1	4	Offene Idee	Ideen Beschreibung Blindtext	Reise am 01.12.2007	Meier	01.07.2007	15.08.2007				
2	4	Ausgewählte Idee	Ideen Beschreibung Blindtext	Ideenwerkstatt	Gruppe am 02.12.20	02.12.2007		16.08.2007			
3	4	Negativ Evaluierung	Ideen Beschreibung Blindtext	Ideenwerkstatt	Gruppe am 02.12.20	03.12.2007		17.08.2007	01.09.2007	01.10.2007	
4	4	Positiv Evaluierung	Ideen Beschreibung Blindtext	Kundenmeeting (Kunde	Müller	04.12.2007					
5	4	Umgesetzte Idee	Ideen Beschreibung Blindtext	Salesmeeting	Meier, Müller, Schul	05.12.2007	04.08.2007		17.08.2007	01.09.2007	01.10.2007
6	4	Offene Idee	Ideen Beschreibung Blindtext	Gartenarbeit	Schmidt	06.12.2007					

Abbildung 19: Innovationsbuch Ideen für Excel

Nun zu den einzelnen Daten, die zu einer Idee dokumentiert werden, wie in Abbildung 19 gezeigt:

Ideen-ID (Spalte 1): Jede Idee, die zu dem fokussierten Target gefunden wurde, erhält zunächst eine eindeutige Nummer. Die Nummer kann einfach fortlaufend sein oder einer für Ihr Unternehmen individuellen Systematik oder Regel folgen. Auszufüllen bei Schritt [17].

Target-ID (Spalte 2): Wählen Sie zu Ihrer Idee, die Sie eintragen, das passende Target aus oder tragen Sie die ID (Nummer) des entsprechenden Targets in Spalte 2 ein. So ist die Verbindung zwischen dem Target und der gefundenen Idee hergestellt. Auszufüllen bei Schritt [17].

Ideen-Status (Spalte 3): Entsprechend der FRIES-Phasen wird zu jeder Idee der passende aktuelle Status gesetzt. So können zum Bespiel auch nicht zur Evaluierung freigegebene Ideen schnell selektiert und überschaubar dargestellt werden. Auszufüllen bei Schritt [17]. Dies gelingt natürlich sehr gut, wenn das Innovationsbuch, wie in unserem Beispiel, über eine Software umgesetzt wird.

- Offene Idee: Neue Idee wartet auf das Evaluierungs-Audit.
- Ausgewählte Idee: Ist für Phase 3 »Evaluierung« freigegeben.
- Positive Evaluierung: Zur Umsetzung in Phase 4 freigegeben.
- Negative Evaluierung: Zur Umsetzung nicht freigegeben.
- Umgesetzte Idee: Dieser Status wird im »Final Audit« der Phase 4 gesetzt.

Idee (Spalte 4): Diese Spalte beinhaltet die Idee selbst und Ihre kurze aber eindeutige Beschreibung. Sollte für eine ausführlichere Beschreibung mehr als ein bis zwei Zeilen nötig sein, dann legen Sie ein Textdokument an, auf welches Sie hier verweisen. Das Textdokument kann zum Beispiel einfach die Ideen-ID im Namen tragen »Idee-4711.txt“, um sie schnell wieder aufzufinden. Auszufüllen bei Schritt [17].

Ort/Anlass der Entstehung (Spalte 5): Tragen Sie hier ein, wo und bei welchem Anlass die Idee entstanden ist. Auszufüllen bei Schritt [17].

- Brainstorming vom 15.05.2007,
- Kundengespräch am 20.06.2007,
- Ideenworkshop zur Messe,
- Gartenarbeit et cetera.

Es ist äußerst spannend für alle an FRIES beteiligten Personen immer wieder einmal nachzusehen oder auszuwerten, ob es eine Häufung von ideenträchtigen Orten und Anlässen gibt.

Ideengeber/Innovationsträger (Spalte 6): Hier kann sowohl eine einzelne Person als auch eine Gruppe vermerkt sein. Eine einzelne Person sollte aber wirklich nur eingetragen werden, wenn diese eindeutig zu benennen ist. Auszufüllen bei Schritt [17]. Mögliche Einträge können sein:

- Anja K.,
- Gruppe vom Kreativmeeting 12.01.2008,
- Reiner D., Dirk S., Patrick McG.

Der Eintrag des oder der Ideengeber ist für die Phase 4 von erheblicher Bedeutung, wenn es darum geht, sich darüber bewusst zu werden, wer denn die Ideengeber der umgesetzten Idee waren. Die Bekanntmachungen und Anerkennungen fokussieren immer die konkret beteiligten Personen. Das ist sowohl für die Person selbst äußerst wichtig, als auch für alle Kollegen, denen das ein Beispiel geben soll.

Datum erfasst (Spalte 7): Halten Sie hier lediglich fest, an welchem Datum die Idee ins Innovationsbuch erfasst wurde. Auszufüllen bei Schritt [17].

Datum Ideen-Audit (Spalte 8): Hier steht das Datum, an dem die Idee zur Evaluierung für Phase 3 vom Ideen-Audit freigegeben wurde. Später gibt auch die Auswertung über die Zeiträume zwischen Eintragung der Idee und deren Freigabe für Phase 3 interessante Erkenntnisse, die dem Team bei der weiteren Ausgestaltung der eigenen Innovationskultur behilflich sind. Auszufüllen bei Schritt [19].

Datum Evaluierung negativ (Spalte 9): Hier wird das Datum des Evaluierungs-Audit eingetragen, an dem ein negatives Urteil für die Umsetzung dieser Idee gefällt wurde. Auszufüllen bei Schritt [27].

Datum Evaluierung positiv (Spalte 10): Hier wird das Datum des Evaluierungs-Audits eingetragen, an dem ein positives Urteil für die Umsetzung dieser Idee gefällt wurde. Auszufüllen bei Schritt [27].

Datum Final-Audit (Spalte 11): Die Mitglieder des Final Audits tragen hier das Datum des Final-Audit ein, an dem diese Idee abschließend betrachtet wurde. Das heißt ein Target hat einen kompletten und erfolgreichen Durchlauf durch alle Phasen von FRIES hinter sich gebracht. Auszufüllen bei Schritt [38].

Ideen-Audit

Das Ideen-Audit am Ende der Phase 2 sichtet die zu den Targets aus Phase 2 entstandenen Ideen [18] und entscheidet, welche dieser Ideen und Lösungsansätze für die Evaluierungsphase freigegeben werden [19]. So findet auch hier eine wichtige Kontrolle der Ideenthemen und Ideenmengen statt, die in die Evaluierung gehen. Ideen, die zunächst nicht für die Phase 3 freigegeben wurden, können natürlich bei jedem weiteren folgenden Ideen-Audit freigegeben werden.

Wir haben zwar davon gesprochen, dass die Phasen 2 und 3 die Ideenfindung und deren Bewertung generell trennen, aber auch schon die Freigabe einer Idee für die Phase 3 ist in sich eine Art Bewertung. Deshalb ist die Empfehlung an die Mitglieder des Ideen-Audits, sehr schnell und ohne eine aufwändige Bewertung, sondern eher mit dem Blick auf die zur Verfügung stehenden Bewertungsressourcen der Phase 3, die Ideen in kleiner oder größerer Stückzahl für die Bewertung freizugeben. Diese Stelle ist eine der sensibelsten im gesamten FRIES-Prozess. Dies wird besonders deutlich vor dem Hintergrund der großen »Irrtümer der Menschheitsgeschichte«, die auf den nächsten Seiten dargestellt werden. Das Ideen-Audit legt nun im Anschluss fest, welche Ideen in die Evaluierungsphase übertragen werden, um diese detailliert zu bewerten und auf ihre Umsetzbarkeit hin zu untersuchen. Eine weitere Aufgabe des Ideen-Audits ist es, einen Blick auf die Einträge im Innovationsbuch zu werfen und zu prüfen, ob die Eintragungen grundsätzlich korrekt, vollständig und eindeutig sind. Werden Ansätze für Verbesserung erkannt, so sind diese mit den entsprechenden Kollegen zu besprechen beziehungsweise nachzuschulen. Die Mitglieder des Ideen-Audits können die gleichen sein, die zuvor die Ideenfindung durchgeführt haben oder eben auch ein neues Team. Hier entscheidet, wie in der ersten Phase, ebenfalls Ihre Unternehmensgröße und ihre Organisationsstruktur, wie der wohl beste und effizienteste Weg ist.

Beispiel einer Agenda für das Ideen-Audit:

- Targets und deren Ideen sichten und für Phase 3 auswählen,
- Freigaben dokumentieren,
- Dokumentation im Innovationsbuch prüfen,
- Kommunikation der Ergebnisse festlegen.

2.4 Evaluierung (Evaluation)

Nun gilt es, die vom Ideen-Audit in Phase 2 freigegeben Ideen zu bewerten und auf Ihre Umsetzbarkeit und Machbarkeit detailliert zu untersuchen. Es ist wichtig, zwischen der Ideenfindung und ihrer Bewertung zu unterscheiden: Wie gut ist diese Idee, wie leicht lässt sie sich realisieren? Wie steht die unmittelbare und weitere Umgebung meiner Organisation dazu? Wie verhält sie sich zu den übrigen Ideen? Was kostet die Realisierung?

FRIES

Auf direktem Weg zu Innovationskultur und Markterfolg

Protokoll Ideen Audit

Ideen Audit vom: ________________

Teilnehmer: ________________________ Verteiler: ________________________

________________________ ________________________

________________________ ________________________

TOP 1 – Sichtung der Ideen für Phase 3

Idee	Finder (Target-ID)	Entscheidung / Grund	Dokumentation erledigt

TOP 2 – Sichtung und Prüfung der Dokumentation

TOP 3 – Kommunikation der Ergebnisse festlegen

Abbildung 20: Protokoll Ideen-Audit

Diese und noch viele andere Fragen müssen systematisch angegangen werden. Hier kommt es noch einmal darauf an, nicht sofort wieder in die alten Verhaltensmuster zu verfallen und ausgefallene Ideen sehr schnell abzuwerten. Besonders wichtig ist dies, wenn im individuellen Fall die Teilnehmer der Evaluierungsphase ganz andere sein sollten als die Teilnehmer der Phase 2.

Totgeglaubte Ideen leben länger

Ein Blick auf die Irrtümer der Menschheitsgeschichte zeigt, dass viele Ideen anfangs für absurd und unsinnig erklärt wurden. Was wäre, wenn sie wirklich verworfen worden wären?

»Nach Öl bohren? Sie meinen Löcher in die Erde bohren und hoffen, dass Öl herauskommt? Sind Sie verrückt?« – Die Reaktion eines Bankers, der eine der ersten Ölbohrungen in den USA finanzieren sollte.

»Das Telefon hat einfach zu viele Mängel, als dass man es für Zwecke der Kommunikation einsetzen könnte. Das Gerät ist wertlos für uns.« – Ein wichtiger Satz aus einem internen Papier der Western Union Company, 1876.

»Wegen der begrenzten Anzahl an Chauffeuren wird die weltweite Nachfrage nach Automobilen die Zahl 5.000 nicht übersteigen.« – Eine zentrale Aussage in einer Marktanalyse von Mercedes-Benz aus dem Jahre 1900.

»Wer zum Teufel will den Schauspieler sprechen hören?« – Ausspruch von Harry Warner, Warner Brothers, 1927, als die Möglichkeit von Tonfilmen diskutiert wurde.

»Ich denke, dass es einen Weltmarkt für vielleicht fünf Computer gibt.« – Aussage von Thomas J. Watson, Vorstandsvorsitzender von IBM, im Jahre 1943 während eines Interviews.

»Das Fernsehen wird sich auf keinem Markt länger als sechs Monate behaupten können. Den Leuten wird es langweilig werden, jeden Abend in so eine kleine Holzkiste zu starren.« – Ausspruch von Daryl F. Zanuck, Chef der Filmgesellschaft 20th Century Fox, im Jahre 1946 in Hollywood.

»Es gibt keinen Grund, warum sich irgendjemand einen Computer in sein Haus stellen sollte.« – Statement und Meinung von Ken Olson, Präsident, Vorsitzender und Gründer von Digital Equipment Corp., 1977.

»Uns gefällt Ihr Sound nicht und Gitarrenmusik ist ohnehin nicht gefragt.« – Begründung der Plattenfirma DECCA im Jahre 1962, warum sie die Beatles nicht unter Vertrag nehmen wollten. Da kann ich nur anmerken: Der Köder sollte dem Fisch schmecken und nicht dem Angler.

Der ungekrönte König aller Innovations-Pessimisten dürfte aber Charles H. Duell bleiben. Der leitende Angestellte des US-Patentamtes machte 1899 einen ungewöhnlichen Vorschlag: Man könne das Patentamt schließen, mit neuen Patentanmeldungen sei nicht mehr zu rechnen:

»Es gibt nichts Neues mehr. Alles, was man erfinden kann, ist schon erfunden.«

Prozessmodell

Wenn Sie sich das Prozessmodell der Phase 3 nun einmal genauer ansehen, dann werden Sie unweigerlich feststellen, dass es dem Modell von Phase 2 äußerst ähnlich sieht. So ist es auch, und das ist gut so – denn es macht die ganze Sache so nur einfacher und nicht unnötig kompliziert. Letztlich ist auch diese Tatsache völlig logisch, denn wir haben ja auch nur den Blickwinkel leicht geändert – wir suchen nun keine Ideen mehr, sondern bewerten und analysieren die gefundenen Ideen. Auch während der Evaluierungsphase bedienen wir uns wieder einzelner Techniken, um die Bewertung der Ideen möglichst schnell, vollständig und nachhaltig durchzuführen, denn wir wollen uns ja keine Irrtümer leisten.

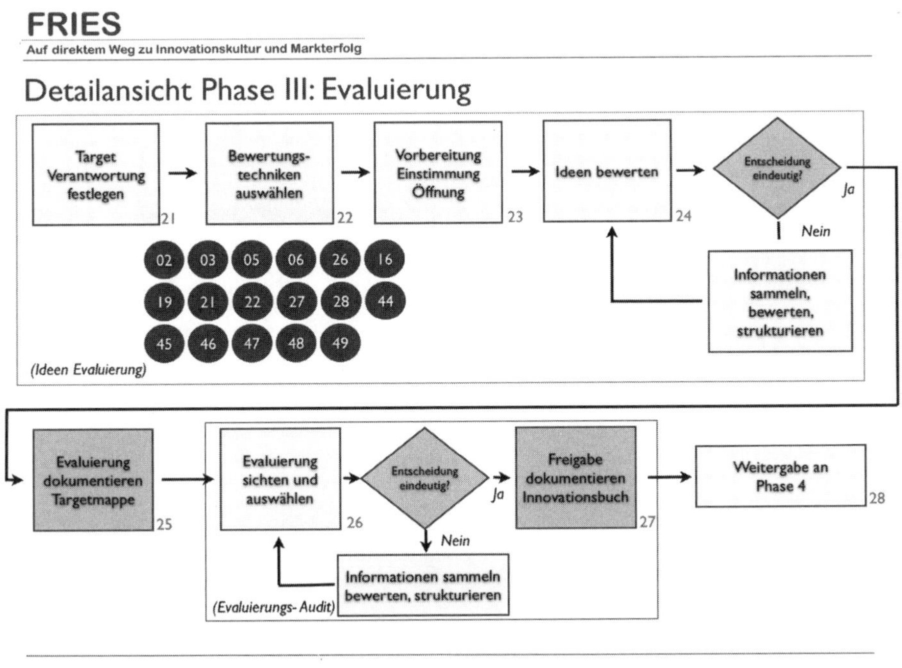

Abbildung 21: Prozessmodell Phase 3

Phase 3 Schritt für Schritt

Auch in Phase 3 wird spätestens zu Beginn des anstehenden Evaluierungsmeetings wieder die Verantwortung für das zu untersuchende Target mit der vorliegenden Idee festgelegt [21]. Nun muss die richtige Evaluierungstechnik ausgewählt und das Meeting als solches vorbereitet werden [22/

23]. Benutzen Sie dazu unser bekanntes Scoreboard und selektieren Sie zunächst alle Techniken, die zur Evaluierung geeignet sind.

Empfohlene Techniken

Nr.	Name	Einzelarbeit	Teilnehmer	Dauer (in Minuten)	Protokollierung	Moderation	Schwierigkeitsgrad
02	6-Hüte-Methode	Nein	6 bis 12	30 bis 180	schwer	mittel	mittel
03	6-W-Methode	Ja	1 bis 5	10 bis 60	leicht	leicht	leicht
05	ABC-Methode	Ja	1 bis 20	10 bis 30	leicht	leicht	leicht
06	Advocatus Diaboli	Nein	2 bis 10	10 bis 30	mittel	mittel	mittel
15	Bull's-Eye-Bewertung	Nein	4 bis 20	10 bis 30	leicht	leicht	leicht
16	Café to Go	Nein	8 bis 20	90 bis 120	mittel	schwer	mittel
19	Entscheidungstorte	Ja	1 bis 8	10 bis 45	leicht	leicht	leicht
20	Knalleffekt	Nein	5 bis 20	10 bis 60	mittel	leicht	leicht
22	Koordinatentechnik	Nein	ab 2	10 bis 30	leicht	leicht	leicht
26	Meinungs-Blitzlicht	Nein	2 bis 20	10 bis 30	leicht	leicht	leicht
27	Mind-Mapping	Ja	ab 1	30 bis 60	leicht		leicht
28	Morphologischer Kasten	Ja	1 bis 10	40 bis 80	leicht	schwer	schwer
31	Pro & Contra	Nein	8 bis 20	30 bis 60	mittel	schwer	leicht
37	SEPO	Ja	1 bis 10	30 bis 90	leicht	leicht	leicht
39	Skalen-Technik	Nein	ab 2		leicht	leicht	leicht
40	SMS	Nein	ab 5	10 bis 30	leicht	leicht	leicht

41	Stolper-stein-Technik	Nein	5 bis 20	10 bis 45	leicht	mittel	leicht
42	Stummes Schreib-gespräch	Nein	4 bis 10	30 bis 60	leicht	leicht	leicht
44	Top 10	Ja				leicht	leicht
45	Utensili-enkoffer	Nein	5 bis 20	10 bis 45	leicht	leicht	leicht
46	Walt-Disney-Methode	Ja	1 bis 6	60 bis 120	schwer	mittel	mittel
47	Wand-speicher	Nein			leicht		leicht
48	Wetter-karte	Nein	1 bis 10	10 bis 30	leicht	leicht	leicht
49	Wolken-Technik	Nein	ab 4	nicht rele-vant	leicht	leicht	leicht

Die Ideenbewertung [24] beziehungsweise das Evaluierungsmeeting kann von sehr unterschiedlicher Dauer und Intensität sein und sich sogar über einen längeren Zeitraum von Tagen und auch Wochen hinziehen – ganz von der Komplexität und der Tragweite der Idee abhängig. Der Ablauf des Evaluierungsmeetings sollte im Ganzen nun etwas straffer sein als der eines Kreativmeetings. Zumal es nicht nur um den Weg der Umsetzung geht, sondern zum Beispiel auch um die detaillierte kalkulatorische und betriebswirtschaftliche Betrachtung. Die nötigen und bewährten Bausteine, aus denen ein Evaluierungsmeeting typischerweise besteht, sind:

1. Vorstellung der Teilnehmer [23]
2. Einstimmung ins Thema und Öffnung [23]
3. Vorstellung des Targets und der Idee zur Lösung [23]
4. Erläuterung der ausgewählten Technik und Vorgehensweise [23]
5. Durchführung der Bewertung und Analyse [24]
6. Protokollierung und Dokumentation [25]

Ziel des Meetings ist es, die Idee umfassend zu bewerten und zu analysieren und alle Aspekte, Blickwinkel und Abhängigkeiten klar zu dokumentieren. Das Team der Evaluierung hat die Idee für das danach anstehende Evaluierungs-Audit optimal aufzubereiten und seine Einschätzung über die Machbarkeit eindeutig zu signalisieren.

Innovationsbuch Evaluation

Die Art, wie die Dokumentation der Ergebnisse erfolgt, wird von FRIES nicht vorgeschrieben. Nutzen Sie die in Ihrem Unternehmen vorhandenen Dokumentationsstandards. Von simplen Mails über ausführliche Projektmappen bis hin zu umfangreichen Präsentationen ist hier alles denkbar. Wichtig ist, dass die Teilnehmer des Evaluierungs-Audit auf Basis der Dokumentation klar und sauber entscheiden können; besonders wenn die Personen andere sind als die des Evaluierungsmeetings.

Evaluierungs-Audit

Die Teilnehmer dieses Audits sichten die dokumentierten Ergebnisse der Evaluierungsmeetings und entscheiden nun final über die Umsetzung der vorgestellten Ideen [26/27]. Erfahrungsgemäß müssen Sie für die Evaluierungsmeetings die meiste Zeit einkalkulieren, besonders wenn es um komplexere oder auch strategisch sehr weitreichende Targets geht. Üblicherweise sollten auch die Kollegen, die die Evaluierungen durchgeführt haben, ihre Ergebnisse dem Evaluierungs-Audit präsentieren und sogar gegebenenfalls vorher die entsprechenden Unterlagen zur Vorbereitung verteilt haben. Die Dokumentation der Freigabe in den FRIES-Büchern beschränkt sich nun lediglich noch darauf, den Status von Target und Idee zu ändern beziehungsweise das Datum entsprechend einzutragen (siehe Abbildung 22, Spalte 9 oder 10). Nach der Dokumentation steht mit Schritt [28] wieder die Übergabe an die nächste Phase an und die damit verbundene Kommunikation an die entsprechenden Kollegen.

Beispiel einer Agenda für das Evaluierungs-Audit:

- Evaluierungen der Ideen sichten und für Phase 4 auswählen,
- Freigaben dokumentieren,
- Dokumentation im Innovationsbuch prüfen,
- Kommunikation der Ergebnisse festlegen.

2.5 Selbstbewusstsein (Self Awareness)

Fangen wir beim Namen für diese vierte Phase an: Self Awareness. Die Bedeutung in den einschlägigen Wörterbüchern lautet Selbstbewusstsein, Selbsterfahrung oder Selbsterkenntnis. Umgangssprachlich wird der Begriff Selbstbewusstsein gewöhnlich im Sinne von Selbstwert benutzt. Wer ein hohes Selbstwertgefühl hat – oder zu haben scheint –, gilt als selbstbewusst. Ich habe diesen Namen gewählt, weil er aus mehreren Blickwinkeln

FRIES

Auf direktem Weg zu Innovationskultur und Markterfolg

Protokoll Evaluierungs Audit

Evaluierungs Audit vom: ________________

Teilnehmer: ________________ ________________ ________________

Verteiler: ________________ ________________ ________________

TOP 1 – Sichtung der Evaluierungen für Phase 4

Idee / Evaluierung	Finder (Target-ID)	Entscheidung / Grund	Dokumentation erledigt

TOP 2 – Sichtung und Prüfung der Dokumentation

TOP 3 – Kommunikation der Ergebnisse festlegen

Abbildung 22: Protokoll Evaluierungs-Audit

zutreffend ist. Zunächst ist es wichtig, sich am Ende eines Ideenfindungsprozesses darüber selbst bewusst zu werden, wer daran beteiligt war und wie alles entstanden ist. Darüber hinaus ist eine neue umgesetzte Idee als Meilenstein etwas sehr Wertvolles und muss richtig gelobt werden. Ein ehrlich gemeintes Lob steigert das eigene Selbstbewusstsein und auch das Selbstbewusstsein des gesamten Teams. Das Selbstbewusstsein oder der gedankliche Wert einer Person oder eines Teams wird generell maßgeblich durch deren Eigenschaften, wie Mitmenschlichkeit, und Fähigkeiten, wie Intelligenz, bestimmt. Selbstbewusstsein kann als eigenes Wertgefühl durch Aneignen neuer Eigenschaften wie Ideenreichtum oder neuer Fähigkeiten wie Kreativität sehr gesteigert werden. Wenn wir uns die Ferrari-Erfolgsgeschichte vor Augen führen, dann kam Michael Schumacher hier eine sehr besondere Rolle zu. Er war maßgeblich dafür verantwortlich, das Selbstbewusstsein seines Teams zu steigern, indem er sich niemals hat allein für die Siege feiern lassen. Er hat dem Team am Ende eines Grandprix durch öffentliches Lob bewusst gemacht, wer die Leistung erbracht hat. Damit hat er die Voraussetzung für neues Engagement und neue Ideen gelegt – denn wie sagte schon ein weiser Motorsportler »Nach dem Rennen ist vor dem Rennen«.

Ein ehrliches Lob für die umgesetzte Idee ist ebenso wichtig wie das gegenseitige Vertrauen bei der Nutzung von Freiräumen. Besonders in Deutschland scheint es unüblich zu sein, ehrlich und ausreichend zu loben. Zu diesem Ergebnis kommt eine Studie der »Initiative Neue Qualität der Arbeit« (INQA) aus dem Jahre 2006. Diese Studie hat über eine Umfrage Faktoren ermittelt, die den Wirtschaftsstandort Deutschland langfristig wieder auf Innovationskurs bringen sollen.

Gute Arbeitsbedingungen und Zufriedenheit am Arbeitsplatz sind die Grundlagen für hohe Produktqualität sowie Produktivität. Deshalb hat INQA mehrere tausend Beschäftigte aufgefordert, ihre Arbeitsbedingungen zu beschreiben, zu bewerten und verbesserungsbedürftige Punkte zu benennen. An erster Stelle steht dabei ein verlässliches Einkommen (92 Prozent), dicht gefolgt von einem sicheren Arbeitsplatz (88 Prozent). Gleich danach wünschen sich 61 Prozent der Befragten mehr Lob bei der Arbeit.

Lob kommt eigentlich kaum vor, so die Befragten, dafür entsteht umso mehr Angst vor Fehlern und den Beschwerden darüber. Was viele besonders ärgert, ist die Selbstverständlichkeit, mit der Vorgesetzte eine höhere Leistungsbereitschaft bei den Angestellten einfordern. Dabei wird erwartet, dass Vorgänge weiterhin ordentlich bearbeitet werden, aber Fehler dürfen auf keinen Fall passieren. Nichts zu sagen, wenn die Dinge gut laufen und dafür übermäßige Kritik zu üben, wenn etwas schiefgeht, gehört wohl leider in vielen Firmen zur Unternehmenskultur. Bleiben positive Rückmeldungen aber auf Dauer aus, tendieren Mitarbeiter dazu, Fehler zu vertuschen, um so wenigstens den Tadel zu umgehen.

FRIES stellt mit Phase 4 Bekanntmachung, Lob und die Anerkennung auf eine gleichberechtigte Stufe mit allen anderen Phasen der Methode. FRIES übt damit direkt und unmittelbar einen positiven Effekt auf das in heutiger Zeit so wichtige Wertegerüst aus. Mit FRIES gehören Ehre, Preis, Prämie, Ruhm, Sieg, Triumph, Achtung, Bewunderung, Ehre, Ehrerbietung, Ehrfurcht, Hochachtung, Respekt, Ruf, Verehrung, Wertschätzung und Würdigung wieder zum festen Bestandteil des Miteinanders am Arbeitsplatz.

Prozessmodell

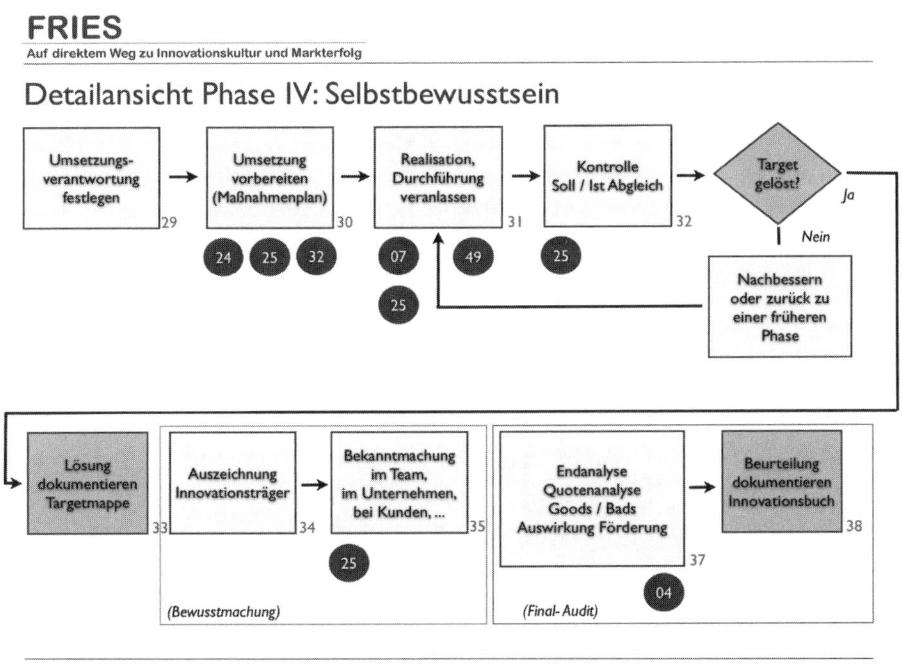

Abbildung 23: Prozessmodell Phase 4

Phase 4 Schritt für Schritt

Mit Phase 4 unserer Methode biegen wir nun auf die Zielgerade ein. Jetzt gilt es, die gefundene Idee umzusetzen und anschließend die Umsetzung auch kundzutun. Eine der schönsten Phase, wie ich finde. Der erste Schritt

[29] besteht darin, einem MITarbeiter die Umsetzungsverantwortung für das entsprechende Target zu übertragen. Mit diesem Prozessschritt beginnt die kleine Kette der Schritte, die Sie auch aus der Umsetzung anderer Projekte in Ihrem Unternehmen kennen. Die Schritte [29] bis [33] können dem entsprechend auch gegen Umsetzungsprozesse ersetzt werden, die in Ihrem Unternehmen bereits definiert sind. So lässt sich FRIES hervorragend mit anderen Methoden und Prozessketten kompatibel verbinden.

Mit Schritt [30], der Vorbereitung und einem Maßnahmenplan, beginnt also die eigentliche Umsetzung. Bitte machen Sie sich bewusst, dass für die Idee, die Sie nun alleine oder mit Ihrem Team umsetzen sollen, durch die einzelnen Phasen von FRIES bereits eine regelrechte Kampagne stattgefunden hat, an der je nach Unternehmensgröße schon viele Ihrer Kollegen beteiligt waren. Deshalb startet auch die Umsetzung mit der guten Vorbereitung. Unser Werkzeugkasten (Kapitel 4) stellt auch hier einige Techniken vor, die sich in diesem Vorbereitungsschritt anbieten. Ebenso verhält es sich mit der eigentlichen Umsetzung [31]. Auch hier verlassen sich Ihre Kollegen auf Sie und Ihr Team. Die erfolgreiche Umsetzung von neuen Ideen basiert immer auch auf vier elementaren Personengruppen: den Mitgliedern der Führungsetage, den Mitarbeitern, den Eigentümern und den nötigen externen Ressourcen und Lieferanten. Aus diesem Grund ist es so wichtig, dass Innovationsträger auch gute Praktiker sind und ihre Ideen vehement verteidigen und sich auch in der Umsetzung nachhaltig engagieren.

Empfohlene Techniken

Kommen wir nun im nachfolgenden Scoreboard zu den Techniken, die Ihnen in Schritt [30] und [31] helfen können. Schauen Sie sich die Techniken in Kapitel 4 in Ruhe an und entscheidend Sie von Fall zu Fall, welche Technik Ihnen nützlich sein kann.

Nr.	Name	Einzelarbeit	Teilnehmer	Dauer (in Minuten)	Protokollierung	Moderation	Schwierigkeitsgrad
04	AAR-Rückblick	Ja	1 bis 10	10 bis 60	leicht	mittel	leicht
07	ALPEN	Ja	1	permanent	leicht		leicht
20	Maßnahmenplan	Ja	ab 1	nicht relevant	leicht	leicht	leicht

21	Meilen-steinplan	Ja	ab 1	nicht relevant	leicht	leicht	leicht
41	Stolper-stein-Technik	Nein	5 bis 20	10 bis 45	leicht	mittel	leicht
49	Wolken-Technik	Nein	ab 4	nicht relevant	leicht	leicht	leicht

Innovationsbuch Self Awareness

Am Ziel der erfolgreichen Umsetzung einer Idee wartet FRIES nun noch mit einer weiteren Sollbruchstelle [33] und kleinen Dokumentationsaufgaben auf. Vermerken Sie, bei erfolgreicher Umsetzung, nun lediglich das Umsetzungsdatum der Idee in der entsprechenden Spalte Ihres Innovationsbuches. Mit diesem Eintrag wird die Umsetzung der Idee abgeschlossen und die Bahn frei gemacht für die schönsten Schritte im ganzen FRIES-Prozess, der Auszeichnung und Bekanntmachung

Auszeichnung und Bekanntmachung

Ihre Innovationsträger und MITarbeiter brauchen, wie jeder andere auch, Lob und Anerkennung für Ihre Leistungen und die gefundenen Targets und Ideen. Darauf bin ich auf einigen Seiten vorher schon eingegangen. Wenn Sie dagegen das Engagement der Innovationsträger nicht beachten oder gar für selbstverständlich halten, ist das der beste Weg, diese langfristig los zu werden. In diesem Kapitel möchte ich Ihnen aufzeigen, wie die Auszeichnungen [34] und die Bekanntmachung [35] konkret aussehen können und wie wichtig auch die Außenkommunikation eines Unternehmens ist. Eine der wichtigsten und stärksten Motivationen, im Unternehmen ein Target aufzuspüren oder eine neue Idee zu entwickeln, ist jedoch das Wissen, von der obersten Führungsebene gesehen und unterstützt zu werden. Dazu ist es auch manchmal nötig, sich als Führungskraft einzumischen und sich bei den einzelnen Mitarbeitern zu zeigen. Eine sehr schöne Möglichkeit der Auszeichnung, die auch die Bekanntmachung quasi implizit enthält, ist sicherlich jede Form von Auszeichnung beziehungsweise Award. Sie eignen sich, egal ob ein einzelner MITarbeiter oder ein Team die Idee hervorgebracht hat. Jürgen Jaworski und Frank Zurlino beschreiben solche Awards unter der Überschrift »Innovations-Champions im Rampenlicht« sehr anschaulich. »Das gute muss belohnt werden. Außer der Reihe. Vielleicht auch auf außergewöhnliche Art. Die üblichen Incentivierungen wie zum Beispiel eine separate, still ausgezahlte

Prämie sind da sicherlich motivationsfördernd. Aber der psychologische Aspekt ist hier nicht zu unterschätzen. MITarbeiter möchten, dass auch das Top-Management ihre Leistung sieht und honoriert. Und sind wir ehrlich, sie sind auch stolz darauf, wenn die Kollegen und das private Umfeld Gelegenheit bekommen, von der besonderen Leistung zu erfahren. Ein in der Unternehmenswirklichkeit sehr verbreiteter Ansatz, Kreativität und Umsetzungsstärke auf dieser Basis zu mobilisieren sind »Innovations-Awards«. Sie zielen auf herausragende Leistungen der MITarbeiter, manchmal aber auch von wissenschaftlichen Einrichtungen, Kunden, Lieferanten und anderen Partnerunternehmen. Diese sind manchmal auch der Höhepunkt von über das Jahr ausgeschriebenen Ideenwettbewerben. Hin und wieder fassen sie auch lediglich besondere Innovationsleistungen des vergangenen Jahres zusammen und stellen sie ins Rampenlicht. Die Ausgestaltung der Innovations-Awards ist dabei sehr unterschiedlich. Generell kann gesagt werden: Die Award-Verleihung muss zum Charakter der Unternehmens passen. Ein an sich stilles mittelständisches Unternehmen mit authentischer Bescheidenheit würde seine MITarbeiter vermutlich überraschen, wenn es eine Award-Veranstaltung aufsetzen würde, die grell, bunt und laut daher käme. Die zu ehrenden Personen würden das in diesem Moment eventuell auch gar nicht honorieren. Ein Forscher, der eine für das Unternehmen wichtige Entdeckung gemacht hat, möchte vielleicht gar nicht Teil einer »Tschaka-Tschaka-Veranstaltung« sein, wie sie die Kollegen aus dem Vertrieb gewohnt sind. Award-Verleihung individualisiert auf das Gesamtklima des Unternehmens – so lautet die Lösung der Aufgabenstellung.

Erfolgreiche Innovationen sind in der Regel das Ergebnis von Netzwerkarbeit, von Teams. Und es gibt natürlich noch den genialen Einzelerfinder. Konsequenterweise sollten Sie mit der Gestaltung von Awards beide Innovatoren-Kategorien ansprechen, vielleicht sogar mit einem leichten Übergewicht für die Team-Awards. Das heißt, je tief gestaffelter die Award-Struktur eines Unternehmens, desto größer ist die Breitenwirkung auf die Organisation. Die Grenze liegt natürlich an der Stelle, an der es »Awards für jedermann« gibt – eine inflationäre Handhabung lässt die innovationsfördernde Wirkung auch verpuffen.«

Dort, wo Jaworski und Zurlino bei den Awards und deren Verleihung aufhören, möchte ich noch ergänzen, dass auch die Publikation von Innovationen in allen vorhandenen Medien eines Unternehmens zum Schritt [35] gehört. Ob Awards oder nicht – eine Innovation muss, getreu dem uralten Spruch »Tue Gutes und rede drüber«, frühzeitig und umfassend bekanntgemacht werden. Das beginnt vielleicht in Ihrem Intranet, auf Ihrer Homepage oder in der MITarbeiter- und Kundenzeitung. Auch

Newsletter bieten sich hervorragend für dieses Thema an. Ihr Kunde soll, genau so wie Ihre Belegschaft, erfahren, welche Innovationen entstanden und umgesetzt sind. Hier zeigen Sie sich dem Kunden gegenüber in einem sehr professionellen Profil, und die Innovationen stärken besonders Ihr Image und festigen die Kundenbeziehungen.

Generell lässt sich beobachten, dass Sie durch eine umfassende Bekanntmachung auch die Diffusionskurve einer Innovation (Abbildung 24) positiv beeinflussen. Die Diffusion an sich ist die Ausbreitung einer Innovation in einem sozialen System. Die Ausbreitung geht aus von der ersten Person, die eine Neuerung aufgreift (nutzt, kauft) bis hin zur letzten, die die Innovation schließlich übernimmt.

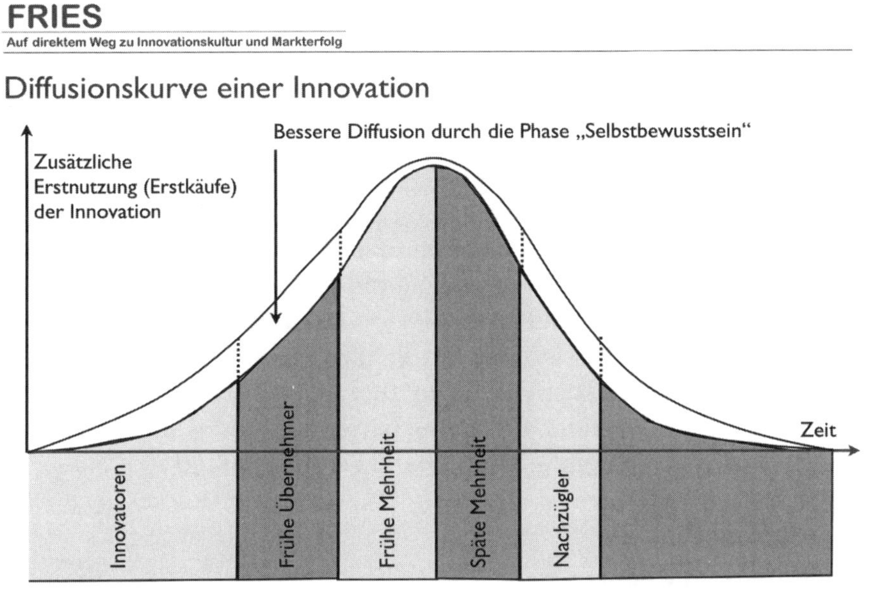

Abbildung 24: Diffusionskurve einer Innovation

Die Diffusionsforschung, die die Regeln für eine Innovationsausbreitung untersucht, belegt, dass die Geschwindigkeit wie auch die flächige Ausdehnung einer Innovation im Wesentlichen von den Kommunikationsimpulsen abhängt. Durch die Phase 4 von FRIES fördern Sie permanent diese Kommunikationsimpulse und verbessern die Akzeptanz bei allen klassischen Verhaltenstypen von den Innovatoren bis hin zu den Nachzüglern. Ein besonders zu erwähnendes Stiefkind, wenn es um die Innovationskommunikation geht, ist die Presse- und Öffentlichkeitsarbeit der meisten Unternehmen. Nur jeder fünfte PR-Manager oder Unternehmer erkennt die Chancen. Kommunikationsmanager sind europaweit viel zu selten in Innovationsprozesse eingebunden, die bei Managern und Unternehmensführung derzeit Priorität Nr. 1 sind. Eine aktive Innovationskultur verlangt letztlich auch eine aktive Kommunikation.

Final-Audit

Das nun noch abschließend stattfindende Final-Audit hat letztlich keine Entscheidungsaufgaben innerhalb der Methode, sondern eher die Aufgabe der Revision, Analyse, Prüfung und des Reporting der Kennzahlen an die Unternehmensführung und an alle anderen Beteiligten [37]. Das Final-Audit ist aber auch für den kulturellen Gesamtkreislauf der Methode das wichtigste Audit.

Zur Betrachtung während des Meetings kommen neben den Kennzahlen zum Beispiel auch die Durchlaufzeiten der Targets innerhalb von FRIES. Auch werden optional einzelne wichtige Targets mit den entsprechenden Mitwirkenden besprochen und eventuelle »Goods and Bads« der einzelnen Phasen diskutiert. Dabei kann und sollte in jedem Bereich und in jeder Phase optimiert werden. Egal, ob eine Kreativitätstechnik noch nicht optimal funktioniert hat oder ob bestimmte Durchläufe eventuell zu lange dauern. Vielleicht sind Sie auf weitere Kollegen und MITarbeiter aufmerksam geworden, die zukünftig ebenfalls als Innovationsträger an FRIES teilnehmen sollen. Ob das geschehen soll und wann die Kollegen eingearbeitet werden sollen, kann ebenfalls Gegenstand der Final-Audit Meetings sein.

Auswertung und Reporting

Besonderer und elementar wichtiger Tagesordnungspunkt im Final-Audit ist natürlich die Auswertung, Analyse und Kommunikation der Methodenkennzahlen.

Fragen, die sich das Team hier stellt, können beispielsweise sein:

- Welche Quoten und Kennzahlen haben sich über welche Vergleichszeiträume wie verändert?
- Welche Maßnahmen hinsichtlich der Effizienzsteigerung der Methode sind daraus resultierend zu treffen?
- Kann und sollte die Zahl der Innovationsträger erhöht werden?

- Sind die zugesprochenen Freiräume und der Aktivitätenkatalog noch optimal oder müssen diese nachjustiert werden?

Auch für das Final-Audit sollten Sie sich und Ihrem Team eine feste Agenda geben. Dies ist aus der Erfahrung besonders wichtig, da das Final-Audit am Ende der Methode steht. Das Final-Audit ist das wesentliche Regulativ in Richtung der Innovationskultur. Die kulturellen Einflüsse der getroffenen Entscheidungen sind hier am größten.

Beispiel einer Agenda für das Final Audit:

- Endanalyse der Target-Durchläufe: Wurde FRIES korrekt durchlaufen? Wie ist der zeitliche Durchlauf zu bewerten? War die Dokumentation korrekt? Wurden die Innovationsträger ausgezeichnet? War die Bekanntmachung in Ordnung?
- Analyse der Kennzahlen/Reporting
- Goods and Bads: Was war besonders gut? Was wäre zu verbessern gewesen?
- Beurteilung und Dokumentation der Targets
- Bekanntmachung der Kennzahlen

Auswertung		Zeitraum 1			
			Targets Gesamt		
			17		
		Anzahl Gesamt	Targets nach FreeSpace Audit	Quote	
Targetquote	Wieviele Target wurden im FreeSpace Audit freigegeben?	17	8	47%	Brutto
			Targets nach Ideen Audit		
Ideenquote 1	Wieviele der freigegebenen Targets (mit Ideen) wurden zur Evaluierung zugelassen?	8	6	75%	Netto
Ideenquote 2	Wieviele der gesamten Targets (mit Ideen) wurden zur Evaluierung zugelassen?	17	6	35%	Brutto
			Targets nach Evaluierungs Audit		
Akzeptanzquote 1	Wieviele Targets mit Ideen Audit haben abgeschlossene Evaluierungen?	6	4	67%	Netto
Akzeptanzquote 2	Zu wievielen aller Targets gibt es abgeschlossene Evaluierungen?	17	4	24%	Brutto
			Targets nach Final Audit		
Realisierungsquote 1	Wieviele abgeschlossene Evaluierungen wurden umgesetzt?	4	2	50%	Netto
Realisierungsquote 2	Wieviele aller Targets wurden gelöst?	17	2	12%	Brutto
		Freiraumeinheiten	Targets nach Final Audit		
„IKU" Innovationskulturindex	Wieviel Freiraum führt zu wieviel umgesetzten Targets?	49	2	0,04	

Abbildung 25: Excel Einfaches Reporting-Beispiel

FRIES

Auf direktem Weg zu Innovationskultur und Markterfolg

Protokoll Final Audit

Final Audit vom: ______________

Teilnehmer: ______________ ______________ ______________

Verteiler: ______________ ______________ ______________

TOP 1 – Endanalyse Target: ______________________________

Wurde F.R.I.E.S. Korrekt durchlaufen?	
Wie ist der zeitliche Durchlauf zu bewerten?	
War die Dokumentation korrekt?	
Wurden die Innovationsträger ausgezeichnet?	
War die Bekanntmachung OK?	

TOP 2 – Analyse der Kennzahlen

TOP 3 – Goods and Bads

Was war besonders gut ?
Was wäre verbesserungswürdig?

TOP 4 – Beurteilung und Dokumentation

Abbildung 26: Protokoll Final-Audit

3 Innovationen von Ikea bis zum Heidestübchen

An dieser Stelle möchte ich Sie nun in einige sehr interessante und spannende Abschnitte mitnehmen, die das Thema noch einmal aus sehr unterschiedlichen Blickwinkeln beleuchten und vertiefen. Die Geschichten von Ikea und Ferrari müssen auch hier erwähnt werden, denn sie sind nicht nur meine Lieblingsgeschichten, sondern auch uneingeschränkt hilfreich, um zu erkennen, welches große strategische Potenzial Sie auch in Ihrem Unternehmen freisetzen können, und dass weitreichende Innovationen nicht immer nur die klassischen Produktinnovationen sind.

Damit wir die strategische Dimension einer Innovationskultur begreifen können, ist es zunächst nötig, sich mit dem Begriff Innovation selbst noch einmal auseinanderzusetzen. Die lexikalische Definition lautet: »Der Begriff ›Innovation‹ (von lat. novus = neu) beschreibt eine zielgerichtete Durchsetzung von neuen technischen, wirtschaftlichen, organisatorischen und sozialen Problemlösungen, die darauf gerichtet sind, die vorhandenen Unternehmensziele auf eine neuartige Weise zu erreichen.« Wer diese Definition aufmerksam gelesen hat, und Sie vor dem Hintergrund der einschlägigen Literatur zu Innovationen und Innovationsmanagement sieht, der wird Erstaunliches feststellen. Innovation steht im Regelfall oft nur als bemühtes Synonym für Produktneuerungen. Aber es gibt wesentlich vielfältigere Dimensionen der Innovation – hier liegt das wirkliche Potenzial von FRIES und einer wirklichen Innovationskultur verborgen.

Wer sich zum Beispiel die Erfolgsgeschichte von Ikea einmal genauer ansieht, wird feststellen, dass dort die Innovationsrate bei den Produkten doch eher klein ist. Es sind schlichtweg Möbel, die verkauft werden – und Möbel wurden schon weit vor der Gründung von Ikea verkauft. Das ist also nicht das umwerfend Neue. Aber die Art und Weise, wie Ingvar Kamprad seine Möbel verkauft ist es. Kamprad hat sein Geschäftsmodell ständig erweitert, umgebaut und in Frage gestellt – das hat ihn erfolgreich gemacht. Er hat seinen Kunden zugehört und das Kaufen und den Umgang mit Möbeln auf einfachste Weise revolutioniert.

Kamprad gründete Ikea 1943 im Alter von 17 Jahren.

Der Name Ikea setzt sich aus den Anfangsbuchstaben seines Vor- und Nachnamens, des elterlichen Bauernhofs und des nächstgelegenen Ortes zusammen:

- **I**ngvar,
- **K**amprad,
- **E**lmtaryd,
- **A**gunnaryd.

Zu Beginn verkaufte Kamprad sehr viele verschiedene Produkte, darunter zum Beispiel Kugelschreiber, Brieftaschen, Bilderrahmen, Tischdecken, Uhren, Streichhölzer, Schmuck und Nylonstrümpfe. 1947 erweiterte er sein Sortiment und beginnt jetzt auch Möbel über Versandhandel zu verkaufen. Der Kundenfokus waren besonders die Bauern aus der Småland-Region, denen er so günstige Möbel beschaffen konnte, weil er die Kosten von Hersteller bis Kunden extrem niedrig hielt.

Den allerersten Ikea-Katalog verschickte Kamprad 1951. Zu dieser Zeit konzentrierte er sich mit seiner Produktpalette schon auf Möbel. Neuartig bei der Kataloggestaltung war auch, dass die Möbel nicht als einzelne Objekte gezeigt wurden, sondern als Teil eines gesamten, fertig eingerichteten Zimmers. Diese Darstellung war zur damaligen Zeit für die Kunden sehr ungewöhnlich. Die Kataloge wurden damit zum echten Bindeglied zu den Kunden und zum wichtigsten Marketinginstrument des Unternehmens.

1955 ging die Optimierung des Geschäftsmodells weiter: Kamprad bot erstmals Möbel an, die eigens für Ikea entworfen wurden. Um die Möbel noch besser verschicken zu können, ließ Kamprad sie ab 1956 in Einzelteilen zusammen mit einer einfachen Bauanleitung in flache Kartons verpacken. Dieses Konzept bringt Ikea endgültig den weltweiten Durchbruch.

Kamprad suchte immer weiter nach Verbesserungspotenzial. Er blieb nahe an seinen Mitarbeitern und seinem Unternehmen und lässt es sich auch heute nicht nehmen, hin und wieder im Lager mit anzupacken. Dabei entdeckte er beispielsweise, dass zur Mittagszeit die Warenhäuser fast leer und die wenigen verbliebenen Kunden hungrig waren. Auf Anregung Kamprads sollte es so von Anfang an in jedem Warenhaus auch ein Restaurant geben. Daraus entstand der Ikea Food Service. Im sogenannten »Schweden Shop« können Kunden außerdem Fertiggerichte kaufen. Die in den Restaurants angebotenen Speisen sind schwedischen Nationalgerichten nachempfunden, werden jedoch länderspezifisch variiert. Der Verzehr mitgebrachter Speisen ist erlaubt und darüber hinaus wird kostenlose Babynahrung angeboten. Ingvar Kamprad entwickelte Fingerspitzengefühl für die Situationen seiner Kunden und ist ein absoluter Meister der großen und dennoch simplen Prozess- und Service-Innovationen. Ingvar Kamprad ist dadurch ein erfolgreicher Global Player geworden. Sie sehen also: Es lohnt sich immer, Prozesse und Wertschöpfungsketten im Unternehmen durch die kreative Brille zu betrachten.

Ein weiteres Beispiel für eine Innovation jenseits von Produktinnovationen ist sicherlich die Ferrari-Story ab 1993. Diese Geschichte ist die Geschichte einer tiefgreifenden Sozial- und Werteinnovation. Wertschätzung, Freundschaft, lang andauernde Identifikation mit dem Unternehmen und mehrjährige Verträge (die es vorher nirgendwo sonst in der Branche gab) sowie die gemeinsame Verpflichtung, über die nächsten Jahre eng zusammenzuarbeiten, sind echte Innovationen – eben Sozialinnovationen – in der schnellen Motorsportbranche. Nicht mehr der kurzfristige Erfolg und das Denken von Saison zu Saison wird gesucht, das neue Denken fördert und verstärkt nachhaltig das Bewusstsein für Exzellenz. Kein Formel 1-Team symbolisiert die Formel 1 so wie Ferrari.

Seit dem Start der Formel 1 im Jahre 1950 sind die Roten aus Maranello in der »Königsklasse des Motorsports« dabei. Seitdem konnte der italienische Traditionsrennstall dreizehnmal die Weltmeisterschaft für sich entscheiden. Als Jean Todt 1993 in Maranello ankam, war die Ferrari-Mannschaft jedoch verwirrt, lethargisch und sehr weit weg von den einstigen glorreichen Siegen. Interne Unstimmigkeiten nach dem Tod von Enzo Ferrari (1988) blockierten regelrecht die gesamte Mannschaft. Todt gelang es, durch kontinuierliche Arbeit und innovative Commitments Ferrari wieder an die Erfolge der Vergangenheit heranzuführen. 1996 wurde zusätzlich ein junger, talentierter Fahrer verpflichtet, der bereits erste, große Erfolge feiern konnte: Michael Schumacher. Er brachte zwei Weltmeistertitel mit, die er mit dem Team Benetton erworben hatte.

Michael Schumacher hat seit Kindestagen den Motorsport fokussiert. Ehrgeiz und Leistungsbereitschaft sind nur einige wenige Aspekte, die seine außergewöhnliche Persönlichkeit beschreiben. Außergewöhnlich – und anders als bei allen anderen Formel-1-Teams – ist bei Ferrari die gemeinsam genossene Freude und Begeisterung über Siege. Dies ist das »Selbstbewusstsein«, das den Kernpunkt der Phase 4 von FRIES darstellt. Abwechselnd stehen Jean Todt, Ross Brawn, Stefano Domenicali und andere neben dem Siegespodest und nehmen den Konstrukteurpreis entgegen. Nach den ersten Spritzduschen werden die Champagnerflaschen an das Team weitergereicht. Kein Siegerinterview verging, in dem Michael Schumacher nicht die Teamleistung und die Teamarbeit a priori in den Vordergrund stellte. Bei Ferrari arbeiten eben wahre MITarbeiter. Dieses Fokussieren auf die Teamarbeit ist nicht bloß leere Worthülse, was zum Beispiel die öffentlichen Umarmungen zwischen Jean Todt und Michael Schumacher zeigen – es sind Zeichen der Wertschätzung und Freundschaft. Die Siege fliegen auch Ferrari nicht einfach zu, sondern werden durch exakte, disziplinierte und innovative Arbeit erreicht. Die permanente Arbeit in der Entwicklungsabteilung oder in der Konstruktion, die einsamen Testfahrten in Maranello (und tausend andere Alltagshandlungen) sind stille, unbeachtete Momente, die am Ende mit einem Platz auf dem Siegertreppchen und der italienischen Nationalhymne belohnt werden.

Schumacher als dienstältester Ferrari-Pilot in der Geschichte der »Scuderia« legte Wert auf langjährige Vertrautheit. »Stabilität ist wichtig für ein Team«, so der Weltmeister über das Erfolgsgeheimnis des Rennstalls. Und dies ist immer noch eine echte Innovation im Motorsport. Schumacher war immer eingeweiht. Ross Brawn hat einmal in einem Interview gesagt: »Manche Teams halten ihre Fahrer auf Distanz, um sie nicht noch größerem Druck auszusetzen. Das ist bei uns anders. Michael will in alles eingebunden sein. Das ist ein großer Vorteil.« Auf dem langen Weg von der einstigen Pannen-Combo zum dominierenden Team hat diese für die Branche neue und außergewöhnliche Kontinuität in der Führungs-Crew entscheidende Vorteile gebracht. Dass die wichtigsten Verantwortlichen schon über viele Jahre zusammenarbeiten, zahlt sich richtig aus. Teamchef Jean Todt äußerte sich einmal so: »Wir sind, wo wir sind, weil wir ein gutes, sehr starkes Team sind. Es ist fast ein Dream-Team, wenn man in unserem Geschäft überhaupt vom Träumen reden kann.« Schumacher hing sehr an den Männern seines Vertrauens, und auch die anderen MITarbeiter hatte der Perfektionist ins Herz geschlossen. »Das Team ist für mich wie eine zweite Familie.«

In der Formel 1 darf man sich nicht auf den Erfolgen ausruhen. Ständige Innovationen sowie sich jährlich verändernde Reglements führen dazu, dass die Autos nie fertig sind. Aber so kennt es ja auch jedes andere Unternehmen von den sich ständig verändernden Marktbedingungen. Ein Formel-1-Wagen ist ein nie zu Ende entwickeltes, technisches Hochleistungspaket. Kaum wird ein neues Auto präsentiert, wird an den nächsten Verbesserungen und Neuerungen getüftelt. Ungefähr vier Monate nach der Präsentation der neuen Fahrzeuge werden die ersten wirksamen Verbesserungen eingebracht. Dies bedeutet für die Entwicklungsabteilung und die Technik viele Stunden Nachtarbeit und für die Testfahrer unzählige Runden auf der hauseigenen Teststrecke – ohne Zuschauer, ohne Applaus und ohne Champagner. Doch gerade diese alltägliche, normale Arbeit fördert den Zusammenhalt. Die Siege und Pokale sind die Höhepunkte im Teamalltag. Die Scuderia Ferrari setzt ihre Tests trotz ihres Erfolges unermüdlich fort, Michael Schumacher sowie die Testfahrer arbeiteten kontinuierlich das geplante Programm ab. Es ist eine Kunst und Teil der Innovationskultur, sich nach einem erreichten Weltmeistertitel nicht auf dem erreichten Erfolg auszuruhen, sondern mit Ehrgeiz und Siegeswillen beständig weiterzuarbeiten.

Einen eben solchen innovativen Ehrgeiz finden wir aber auch in kleinen und großen mittelständischen Betrieben. Das nun folgende Beispiel steht dafür, dass Innovationen und eine echte Innovationskultur auch in kleinen Unternehmen und in sehr regionalen Märkten eine große Kraft entfalten. Das Heidestübchen am Niederrhein ist auf den ersten Blick ein klassisches Schnellrestaurant, oder wie der Niederrheiner sagt: eine »Frittenbude«. Aber schaut man näher hin, entpuppt sich das Heidestübchen als Familienbetrieb, der seit 1967 eine von permanenten Innovationen und Unternehmergeist getriebene Erfolgsgeschichte schreibt. Das Heidestübchen ist heute die Nummer Eins am Niederrheinischen Markt und besonders berühmt für seine Schnitzelvariationen und natürlich für die Haussoße. Der moderne Betrieb bietet insgesamt über 140 Sitzplätze, über 400 verschiedene Produktangebote und eine außergewöhnliche Qualität und Hygiene. Keiner der über 30 örtlichen Wettbewerber, vom Döner-Imbiss bis zur Pizzeria, hätte es je geschafft, das Heidestübchen von Platz Eins zu verdrängen, ganz im Gegenteil, keiner hat über die Jahre so viele Wettbewerber kommen und gehen sehen wie das Heidestübchen. Seit den achtziger Jahren ist Karl-Heinz Terschlüsen, »Schlüsi«, das Gesicht vom Heidestübchen, das 1967 den Betrieb mit dem Straßenverkauf aus Mutters Küchenfenster aufnahm.

Karl-Heinz Terschlüsen steht auch für außergewöhnliche Innovationen und ist in der Gastronomie ein echter Trendsetter. 1974 investierte er in ein erstes Kühl- und Gefrierhaus, was damals in der Branche völlig neu war. Zwanzig Jahre später stattete Karl-Heinz Terschlüsen sein Gastro-Unternehmen mit einem hochmodernen, individuell nach seinen Vorgaben programmierten Warenwirtschaftssystem mit Handyscannern auf Funkbasis aus. »Nicht nur meine Familie, nein, auch unsere Kunden haben mich für verrückt erklärt«, muss Karl-Heinz Terschlüsen immer wieder gestehen. 1995 erfand er die Haftibonrolle mit einem Spezialkleber. Damit bleiben die Bons am Tellerand zuverlässig kleben, egal ob heiß, kalt oder fettig, und der Gast bekommt garantiert den richtigen Teller.

Der innovative Gipfel wurde aber im Jahr 1999 bestiegen mit dem Projekt »Fritten Online«, wie viele überregionale Zeitungen es nannten. Das Heidestübchen war die erste Online-Frittenbude am Markt. Die Stammkunden bestellen online und können garantiert zur kommunizierten Uhrzeit die Speisen heiß und lecker abholen. Spöttische Stimmen waren schon nach Wochen verstummt. Mehrere tausend Passwörter zum

Bestellsystem hat Karl-Heinz Terschlüsen ausgegeben und der Umsatz und Kundendurchsatz sind im zweistelligen Prozentbereich gestiegen. Das Heidestübchen ist ein echtes Erlebnis. Ich selbst favorisiere übrigens das Bombayschnitzel mit Pommes, Mayo und natürlich mit Haussoße. Wer mal am Niederrhein verweilt, sollte unbedingt einen Besuch einplanen, um das Heidestübchen, Karl-Heinz und seine Familie kennenzulernen.

Schauen wir uns nun nach diesen sehr verschiedenen Beispielen für unterschiedlichste Innovationen an, wie sich Innovationen generell einteilen und definieren lassen, um auch eine bessere Wahrnehmung für Innovationstypen zu bekommen. Die übergeordnete Aufteilung sind dabei die nach innen und nach außen gerichteten Innovationsgruppen:

Nach innen gerichtete Innovationstypen:

- Prozessinnovation,
- Sozialinnovation,
- Organisations- und Strukturinnovation,
- Innovation im Mitarbeiterverhalten,
- Strategie- und Managementinnovationen.

Nach außen gerichtete Innovationstypen:

- Produktinnovation,
- Design-Innovation,
- Service-Innovation,
- Preisinnovation,
- Technologie-Innovation,
- Innovation im Verhalten der Marktteilnehmer (Kunden, Lieferanten, Konkurrenten, Partner),
- Innovation ganzer Geschäftskonzepte.

Auch die Reichweiten von Innovationen können zur Definition und Klassifizierung herangezogen werden. Die Reichweiten von Innovationen können in verschiedene Innovationscluster eingeteilt werden:

Innovation nach Reichweite:

- Neu für das Unternehmen,
- neu für den Markt,
- neu für die Branche,
- neu für das Land,
- neu für die Welt.

Die Vorstufe für jede Innovation, egal welchen Typs, ist immer die Kreativität beziehungsweise die Invention oder zu Deutsch die Ideenfindung. Die Vorstufe dazu sind immer Freiräume, egal, ob man Ingvar Kamprad, Michael Schumacher oder Karl-Heinz Terschlüsen heißt. Allen drei Unternehmern ist gemeinsam, dass Sie sich regelmäßig Freiräume aus dem Tagesgeschäft genommen haben, um sich in Ruhe ausführlich mit Ihren Kunden und Kollegen zu unterhalten und deren Ansichten und Probleme zu verstehen. Nutzen auch Sie Ihre Freiräume und gelangen Sie zu neuen Erkenntnissen und Innovationen!

3.1 Unentdeckte Potenziale im Team

Kaum ein Unternehmen nutzt nachhaltig das im Unternehmen vorhandene Wissen und besonders die Kreativität aller MITarbeiter, um Innovationen zu fördern. Mithilfe von FRIES können Sie dieses interne Potenzial zu einem Ihrer schlagkräftigsten Waffen gegenüber der Konkurrenz entwickeln.

FRIES unterstützt in ganz besonderem Maße die Förderung und Ausbildung der intrinsischen Motivation (ein Konstrukt der Motivationspsychologie). Demnach liegt der Anreiz für ein Verhalten in einer Person selbst. Ein Verhalten wird auch dann ausgeübt, wenn mit ihm keine externen Belohnungen (wie zum Beispiel monetäre, materielle Anreize) einhergehen. Die Belohnung erfolgt vielmehr durch (körperinterne) kognitive und affektive Prozesse. Die intrinsische Motivation steigt, wenn die Eigenschaften einer Person und ihrer Aufgaben ähnlich sind und übereinstimmen. So kann man beispielsweise davon ausgehen, dass neugierige und innovative Menschen gerne auch Sachbücher lesen, während Menschen mit einem starken Bedürfnis nach Ordnung und Bewahrung gerne Briefmarken sammeln. Freizeitaktivitäten sind häufig eher intrinsisch motiviert, während arbeitsbezogene Tätigkeiten häufig eher extrinsisch motiviert sind. Dennoch können Personen auch intrinsische Motivation erfahren, obwohl sie für ihre Tätigkeit entlohnt werden. Dies gilt insbesondere dann, wenn sie einer Arbeit nachgehen, die verantwortungsvoll oder bedeutsam ist, und mit der sie sich identifizieren können. Dies ist besonders dann der Fall, wenn die MITarbeiter vom Unternehmen als Innovationsträger gesehen werden und dies auch innerhalb des Unternehmens tatsächlich ausleben können.

An der Spitze der intrinsischen Phänomene steht sicherlich das Flow-Erleben. Intrinsisch nach Csikszentmihalyi (1975) bedeutet die freie Hingabe an eine Sache, ein völliges Absorbiertwerden des Erlebens von der voranschreitenden Handlung, von ihm als sogenanntes »Flow-Erleben« bezeichnet. Hinter diesem Konzept steht weniger ein theoretisches Konstrukt als vielmehr die phänomenologische Beschreibung einer bestimmten Form menschlicher Erfahrung. Flow-Erleben benötigt bestimmte Bedingungen: So muss die Aufgabenschwierigkeit die eigene Tüchtigkeit voll herausfordern. Zu leichte Aufgaben führen zu Langeweile, zu anspruchsvolle rufen Angst hervor. Jedenfalls entspricht diese Bedingung dem Anspruchsniveau erfolgsorientierter und kreativer Menschen. Flow-Erleben bringt den Unterschied zwischen Arbeit und Spiel zum Verschwinden.

Ein Beispiel: Brief Mozarts: »Wenn ich recht für mich bin und guter Dinge, [...], da kommen mir die Gedanken stromweis und am Besten. Woher und wie, das weiß ich nicht, kann auch nichts dazu. Die mir gefallen, die behalte ich im Kopfe, und summe sie auch wohl vor mich hin, wie mir andere wenigstens gesagt haben. Halte ich das nun fest, so kommt mir bald eines nach dem anderen bei, wozu so ein Brocken zu brauchen wäre, um eine Pastete daraus zu machen nach Kontrapunkt, nach Klang der verschiedenen Instrumente et cetera. Das erhitzt mir nun die Seele; wenn ich nämlich nicht gestört werde, da wird es immer größer, und ich breite es immer weiter und heller aus, und das Ding wird im Kopf wahrlich fast fertig, wenn es auch lang ist, so das ich´s hernach mit einem Blick gleichsam wie ein schönes Bild oder einen hübschen Menschen im Geist übersehe, und es auch gar nicht nacheinander, wie es hernach kommen muss in der Einbildung höre, sondern wie gleich alles zusammen. Das ist nun ein Schmaus. Alles das Finden und Machen geht in mir nur wie ein schönstarker Traum vor; aber das Überhören, so alles zusammen, das ist doch das Beste.«

Flow-Erleben existiert aber auch als sogenannter »Microflow« in vielen Tagträumen. Bewusstes Unterdrücken solcher Alltagsepisoden führt häufig zu mehr Abgespanntheit, Kopfschmerz, Irritierbarkeit. Die Freiräume geben oft erst den entscheidenden Raum für Flows und intrinsische Motivation und sind somit der Startfunke zu Erschließung der Potenziale Ihres Teams.

Vertrauen schaffen und begeistern

Ein deutliches Zeichen für das Nichtvorhandensein einer Innovationskultur oder zumindest für das Vorhandensein einer konservativ eingerosteten Unternehmenskultur ist der alte Glaube, dass nur eine bestimmte Abteilung im Hause für die Innovationen zuständig sei. Es ist heute mehr denn je wichtig, sich über die eigene Unternehmenskultur im Klaren zu sein und diese ständig zu beobachten und zu pflegen. MITarbeiter und Ihre versteckten Potenziale definieren und motivieren sich, auch ohne dass sie das Ihrem Chef sagen würden, über die Kultur im Unternehmen. In sich gekehrte Ingenieure, die wie die Glucke auf Ihrem Knowhow sitzen, sollten längst der Vergangenheit angehören, sie schaden dem Unternehmen mehr als sie nützen. Erfolg und Innovation ist heute Mannschaftssport ohne Hierarchiebarrieren, und vor allem generationen-, länder- und abteilungsübergreifend. Die Unternehmenskultur prägt nach innen das Denken, die Entscheidungen, die Handlungen und das Verhalten der MITarbeiter und nach außen die Art und Weise der Interaktion zwischen dem Unternehmen und seiner Umwelt. Die Unternehmenskultur ist heute eine wesentliche Grundlage der strategischen Planung und insbesondere in solchen Unternehmen, deren Kultur bisher wenig innovationsfördernd gewesen ist. Mit FRIES beantworten wir nun die Frage, wie man eine Innovationskultur in die bestehende Unternehmenskultur nachhaltig integrieren kann? Eine Innovationskultur wird einerseits durch eine offene, transparente und ehrliche Unternehmenskommunikation und andererseits durch verschiedene Fördermaßnahmen geschaffen. Kreativität und Innovation lassen sich nicht im nächsten Meeting für alle anordnen. Hier helfen auch keine multimedialen Powerpoint-Präsentationen, die vom Chef in selbstbeweihräuchernder Art und Weise präsentiert werden. Die meisten Anwesenden heucheln ihre innovative Begeisterung exakt so lange, bis der Chef den Meetingraum wieder verlässt. Eine Innovationskultur braucht Vertrauen, und Vertrauen braucht Zeit. Denn Vertrauen entsteht aus der Summe der gemachten Erfahrungen. Versuchen Sie nicht für Ihre Unternehmenskultur zu werben – leben Sie sie und zeigen Sie Gefühle, ganz ohne Powerpoint. Oder können Sie sich vorstellen, dass zum Beispiel die beeindruckende Rede von Martin Luther King am 28. Juli 1963 vor dem Kapitol in Washington mit PowerPoint ebenso im Gedächtnis der Menschen verankert wäre?

An dieser Jahrhundertrede wird ein Wirksamkeitsprinzip deutlich: Es geht oft gar nicht so sehr um den Inhalt einer Rede oder Präsentation – das ist ein Wunschdenken der meisten Redner und Chefs. Man hat herausgefunden, dass den Zuhörern vom Inhalt einer Präsentation gerade einmal magere sieben Prozent im Gedächtnis bleiben! Oft ist nicht der Inhalt für die Wirkung entscheidend – entscheidend sind vielmehr das Gefühl und die Begeisterung, die der Redner bei den Menschen auslöst. Nur darum geht es – und so verhält es sich auch bei der Innovationskultur. Hier werden echte Vorbild- und Führungsqualitäten verlangt – einführen und fördern heißt hier besonders auch vorleben und miterleben. »Die Herausforderung besteht darin, ein Konzept für eine echte Kultur der Innovation zu entwickeln, deren stabile Elemente Anpassung, Lernen und steter

Wandel heißen.« (Edgar Schein 1995). An dieser Stelle sei auch allen Führungskräften und solchen, die es noch werden wollen ergänzend das Buch von Heinz Kaegi *Gesucht: Leader* empfohlen. Es beschreibt, wie Führungspersönlichkeiten bei sich und anderen verborgenes Potenzial freilegen, um eine Zukunft zu schaffen, welche die Mitwirkenden begeistert und deren Produktivität steigert. Die Visionen in den Köpfen der Führungskräfte sind heute ein wichtiges Fundament für eine Innovationskultur. Und wenn diese Visionen im Team auch Visionen auslösen, ist der halbe Weg schon zurückgelegt. Sie, die Vision, ist es, welche uns beseelt und einnimmt – beschreibt Heinz Kaegi. Sie lässt uns Raum und Zeit vergessen. Sie ist es, welche den Träumer in uns in einen Flirt verwickelt, welcher ungeahntes Potenzial in uns zu wecken vermag. Wenn uns die Vision erst einmal geküsst hat, sind wir von nichts und niemanden mehr davon abzuhalten, ihrer mystischen Anziehungskraft nachzugeben, uns hinzugeben, uns den Kopf verdrehen zu lassen, uns auf neue, bisher unerreichte Höhen unseres Daseins entführen zu lassen.

Zu den prinzipiell wichtigsten Fördermaßnahmen zählen die kreativen Freiräume, Ideen- und auch Teamworkshops, Mentoringprogramme, ungezwungene Unternehmens-Stammtische et cetera.

Ideenfreundliches Betriebsklima

Kreative und gute Ideen können nicht erzwungen werden, aber als Führungskraft sind Sie dafür verantwortlich ein Betriebsklima zu erzeugen, in dem gute Ideen florieren können. Das bedeutet auch, neben eigenen Visionen, tolerant gegenüber Fehlern und nicht passenden Ideen zu sein. Denn Experimente bedeuten immer auch die Gefahr von Rückschlägen und Misserfolgen. Wenn Ihre Innovationsträger in diesem Moment nicht mehr auf Ihre Unterstützung bauen können, werden sie sich wahrscheinlich nicht noch einmal engagieren.

Der Mittelstand im Besonderen

Gerade der Mittelstand lebt von seinem Ideenreichtum, seiner Flexibilität und besonders der Schnelligkeit, diese auch umzusetzen. Flache Hierarchien und schnelle Entscheidungswege spielen in diesem Prozess eine wichtige Rolle. Diesen Vorteil können Sie durch die Förderung einer ideenfreudigen und von Vertrauen geprägten Unternehmensatmosphäre und der speziellen Förderung von Ideengebern schnell weiter ausbauen. Damit steigen Ihre Chancen, neue Trends frühzeitig zu erfassen und sich wichtige Marktanteile vor der Konkurrenz zu sichern.

Merkmale einer Innovationskultur

Hier ein stichwortartiger Überblick über die häufig in der Literatur aufgeführten Merkmale einer Innovationskultur, bei denen Vertrauen ganz vorne steht:

- Vertrauen gegenüber Mitarbeitern,
- Verankerung in der Unternehmenskultur,
- Förderung innovativer MITarbeiter,
- Toleranz gegenüber Fehlern,
- Verbesserung des Kommunikationsverhaltens,
- Kooperative Arbeits- und Führungskonzepte,
- Umfassende Aus- und Weiterbildung der MITarbeiter,
- Nutzung der richtigen Methoden und Kreativtechniken.

Im folgenden Absatz habe ich beispielhaft einen möglichen Text für eine Innovationskultur angeführt, wie er in einem Unternehmen – vielleicht in Ihrem – heute für MITarbeiter und Kunden formuliert sein könnte:

Unsere Innovationskultur: Die natürliche Verbindung von Visionen und Leitsätzen
Basis aller Innovationen ist eine klare Vision, die unser Unternehmen seit Jahren konsequent verfolgt. Fundament für diese Vision ist die Tatsache: »Unsere Gesellschaft wandelt sich von einer Industrie- zu einer globalen Informationsgesellschaft, in der Menschen immer weniger unternehmens- als projektorientiert arbeiten; sich also immer stärker vernetzen müssen.« Die damit einhergehenden neuen Anforderungen haben erhebliche Auswirkungen auf unseren Markt und unsere Kunden. Wir sind sicher: »Der Markt für unsere Produkte und Dienstleistungen wird sich zukünftig verstärkt über Innovationen definieren, die noch direkter jeden einzelnen Kunden ansprechen müssen.«
Die Werte unserer Innovationskultur haben wir deshalb in 12 Leitsätze zusammengefasst:

1. Die Interessen unserer Kunden kommen stets zuerst.
2. Wir investieren in unsere Produkte und Dienstleistungen soviel wir können.
3. Wir fordern und fördern Teamwork bei allem, was wir tun.
4. Wir verhalten uns in jeder Beziehung wie »eine Firma«.
5. Unsere Firma ist die Summe ihrer MITarbeiter.
6. Unsere starke Innovationskultur fördert Eigeninitiative und selbstverantwortliches Handeln.
7. Wir gewinnen unsere Innovationsträger nach Möglichkeit innerhalb der Firma.
8. Unsere Firma wird von einer Partnerschaft geführt.
9. Wir schützen die Liquidität unserer Firma.
10. Die Vergütung unserer MITarbeiter richtet sich nach dem Beitrag zum Erfolg unserer Firma.

11. Wir streben nach langfristigem Erfolg.
12. Mit dem Vertrauen in die kreativen Freiräume für unsere MITarbeiter können wir unsere Firma optimal führen und kontinuierlich Innovationen entwickeln.

Unsere Innovationskultur ist der Motor für das Wachstum unseres Unternehmens. Eine Kultur, die Ideen fördert und aus Misserfolgen lernt. Eine Kultur, die die schnelle Umsetzung von Ideen erlaubt. Eine Kultur, die die Investitionsbereitschaft für die Entwicklung und Umsetzung von Ideen sichert. Eine Kultur, die uns hilft, die Richtung zu halten und unsere Vision zu verwirklichen.

Versuchen Sie doch im Verlauf der Arbeit mit FRIES als eigenes Target die Innovationskultur für Ihr Unternehmen mit den Kollegen zu erarbeiten, niederzuschreiben und zu kommunizieren.

3.2 Einführungsbarrieren erkennen und umfahren

In diesem Abschnitt möchte ich Ihnen noch mal einen Überblick über bekannte Einführungsklippen geben, die einer erfolgreichen Einführung von FRIES – oder auch anderen Projekten – oft entgegenstehen. Ich möchte sie in Ihr Bewusstsein rücken und einfache Lösungen dieser Probleme aufzeigen.

Neue Projekte als Störfaktoren

Neue Projekte haben es generell um einiges schwerer als andere Unternehmensvorgänge, Akzeptanz im Team zu finden – diese Erfahrung hat wohl jeder von uns schon einmal gemacht. Denn ein neues Projekt und besonders die Einführung von FRIES zeichnet sich nun einmal dadurch aus, dass es wirklich neu und einmalig ist.

Das heißt zunächst, dass es den Beteiligten abverlangt, mit neuen, vielleicht wechselnden Kolleginnen und Kollegen zu arbeiten, und das in Strukturen und Abläufen, die sich von den gewohnten Routinetätigkeiten deutlich unterscheiden. Es existieren besonders bei Projektbeginn oft ungeklärte Konflikte unter den Beteiligten. Mögliche Gründe: unterschiedliche Interessen, Politik, Arbeitskultur sowie Machtkämpfe, Vertrauensmangel, unpassende Chemie et cetera.

Hier hilft eine früh einsetzende Kommunikation beziehungsweise ein gezieltes Projektmarketing deutlich dieses Problem abzuschwächen.

Unklare Ziele

Nur wenn alle Beteiligten von den Projektzielen überzeugt sind, werden sie einen engagierten Beitrag zu FRIES leisten. Nur wenn sowohl die Innovationsträger als auch alle anderen Kollegen das Projekt verstehen, werden sie die richtigen Entscheidungen treffen und bei unerwarteten Problemen unbürokratisch und zielführend reagieren. Nur wenn die künftigen User den Nutzen von FRIES sehen, werden sie sich weiter für das Projekt stark machen. Klare und verständliche Ziele sind für FRIES genauso wichtig wie für jedes andere Projekt auch. Das Ziel ist voll erreicht, wenn schon in dieser Anfangsphase möglichst viele Kollegen das Gefühl bekommen, das Projekt greift ihre Wünsche auf und bringt ihnen direkte Vorteile. Auch Wortwahl und Stil können in der Kommunikation helfen, das Projekt emotional positiv zu belegen.

Anfängliche Informationslücken

Noch eine Herausforderung ist am Projektanfang oft zu meistern: Wenn wichtige Veränderungen anstehen, ist jeder am meisten daran interessiert, was das für ihn persönlich bedeutet. Doch das wird vielleicht für längere Zeit noch nicht klar sein. Diese Informationslücke gilt es zu überbrücken, indem man sie aktiv aufgreift. In dieser Phase schaffen Information über Vorgehen und Zeitplan das nötige Vertrauen.

Mitarbeiter ohne Berührungspunkte

Auch andere Interessierte im Unternehmen sollen wissen, was im Projekt passiert, warum es passiert, und dass die Ressourcen hier gut angelegt sind. Generell entspricht das dem heutigen Verständnis des mündigen Mitarbeiters, der sich für sein Unternehmen interessiert und mitdenkt. Zudem gilt besonders für FRIES: Wer heute noch nichts mit dem Projekt zu tun hat, kann morgen schon dabei sein! Mitarbeiter ohne aktuelle Berührungspunkte können sich, wenn sie uninformiert sind, schnell als Gegenspieler des Projekts positionieren.

Kritische Stimmen

Vorbehalten, Kritik, Problemen, Misserfolgen und kritischen Fragen einen adäquaten Platz einzuräumen, ist unverzichtbare Voraussetzung für die Glaubwürdigkeit und das so wichtige Vertrauen. Selbst wenn man die geäußerten Klagen nicht angebracht findet – oft ist es wichtig, dass die

Angestellten wissen, dass die Chefetage die Probleme und Argumente durchaus kennt. Nicht zuletzt bietet Kritik eine gute Gelegenheit, Gegenargumente und Lösungsmöglichkeiten zu nennen und zu erklären.

Uninformierte Mitarbeitervertreter

Mitarbeitervertreter wie Betriebs- oder Personalräte sind nicht nur Multiplikatoren, die glaubhafter für neue Projekte sprechen können als jeder andere. In vielen Projekten gibt es Dinge, die zustimmungspflichtig sind, beispielsweise wenn es um Arbeitsplatz- und Arbeitszeitgestaltung sowie Aus- und Fortbildung geht. Ein guter Draht zu Betriebsrat und Gewerkschaften hilft in solchen Fällen, zu pragmatischen Lösungen zu kommen und diese umzusetzen.

Zu viel auf einmal

Gehen Sie die Einführung von FRIES in kontinuierlichen, kleinen Schritten an. Wenn Sie den Erfolg dadurch erzwingen wollen, dass Sie zu viel in kurzer Zeit angehen, wird es sich oft ins Gegenteil umkehren. Falsch wäre es also, mit zu vielen Innovationsträgern auf einmal zu beginnen oder auch zu viele Audit-Meetings in zu kurzer Zeit anzusetzen.

Fehlendes Durchhaltevermögen

Ebenso schädlich wie zu viel auf einmal zu wollen ist es, wenn mangels Durchhaltevermögen die Einführung von FRIES abreißt. Wie schon erwähnt fordert der Umgang mit einer neuen Methode und mit neuen Kreativitätstechniken ein gewisses Maß an Training, Übung und Ausdauer, bevor sich erste Erfolge einstellen. Seien Sie sich darüber im Klaren, dass wir hier über Wochen und Monate sprechen und nicht über Minuten und Stunden.

Dieser Umstand und dessen Kommunikation sind für die erfolgreiche Einführung von FRIES unerlässlich.

Fehlendes Vertrauen

Vertrauen zu den Mitarbeitern ist das Fundament einer funktionierenden Beziehung und erfolgreichen Etablierung einer Innovationskultur. Erst wenn Sie Ihren Mitarbeitern Vertrauen entgegenbringen, kann daraus eine positive und zielführende emotionale Bindung erwachsen. Aus Misstrauen und Kontrolle kann keine emotionale Bindung zwischen Unternehmen und Mitarbeitern entstehen.

Aktives Vorleben und aktive Teilnahme an FRIES sind hier der Schlüssel zum Erfolg.

Saisonale Störfeuer

In vielen Unternehmen sind Tagesgeschäft und Wertschöpfung nicht gleichmäßig über das Jahr verteilt. Saisonale Schwerpunkte und Ereignisse (Messen, Saisonartikelabverkauf, saisonale Betriebspausen et cetera) bringen bekanntermaßen immer wieder Projekte und Methodeneinführungen zum Erliegen. Die Störung und der Abriss im Projekt sind oft so stark, dass anschließend die Wiederaufnahme beziehungsweise Fortführung nicht mehr gelingt.

Bei FRIES können zum Beispiel feste, durchgeplante Termine für Audit-Meetings schon dabei helfen, nach der Unterbrechung wieder in den Tritt zu kommen.

Zusammenfassung
Fasst man alle Aspekte von Einführungsklippen zusammen, steht als oberste Gegenmaßnahme sicherlich die kontinuierliche Kommunikation. »Talk, talk, talk« heißt die Devise. Bleiben Sie mit allen Beteiligten in Kontakt und reden Sie über FRIES, egal ob persönlich, telefonisch, per Mail, per Statusbericht oder über eine Projektplattform. Wenn die Kommunikation stimmt, erledigt FRIES quasi den Rest für Sie. Die in FRIES enthaltenen Kennzahlen und Sollbruchstellen (Audits) sind integrierte Werkzeuge, die Einführungsklippen oft gar nicht erst entstehen lassen. Sie sorgen für die nötige Verbindlichkeit, Messbarkeit und geben schon in der Einführung der Methode die nötigen professionellen Rahmenbedingungen.

4 FRIES-Werkzeugkasten

In diesem Kapitel habe ich alle Techniken und Methoden aufgeführt, die ich in den letzten Jahren in Büchern und Projekten kennengelernt habe, und die Ihnen den Weg zu neuen Ideen und Ihrer Innovationskultur erleichtern können. Da es weder möglich ist noch zielführend wäre, alle nur erdenklichen Techniken in diesem Buch zu beschreiben, habe ich für Sie eine Auswahl getroffen. Alle im Buch beschriebenen Techniken sind in der Übersichtstabelle mit der entsprechenden Nummer in der ersten Spalte gekennzeichnet.

Wenn Sie sich über die übrigen Techniken informieren wollen, dann helfen Ihnen die Bezeichnungen in der folgenden Tabelle bei der Internetrecherche oder der Suche nach weiterführender Literatur.

Hinweis
Alle Arbeitsblätter finden Sie als Vorlage auf der beiliegenden CD-ROM zum Ausdrucken.

Kreativtechniken im Überblick

Nr.	Name	Phase 1: Target-Analyse	Phase 2: Ideensuche	Phase 3: Evaluierung	Phase 4: Realisierung
	»And-also«-Methode		x		
01	6-3-5-Methode		x		
02	6-Hüte-Methode	x	x	x	
03	6-W-Methode	x		x	
04	AAR-Rückblick				x
05	ABC-Methode		x	x	
	ABC-Triage				x
	Ablaufanalyse	x			
06	Advocatus Diaboli	x		x	
	AIDA				x
	Aktions-Timeline				x
	Aktionsmatrix			x	

07	ALPEN				x
08	Analogietechnik		x		
	Anonymes Brainstor- ming		x		
	ARIZ	x			
09	Attribute-Listing		x		
	Auszeit-Methode		x		
	Balanced Scoreboard	x		x	
	BBB-Methode		x		
	BCM			x	
	Bedingungsanalyse			x	
	Bild-Text-Potenz		x		
10	Bionik		x		
11	Bisoziation Reizbild- methode		x		
	Brain-Puzzle		x		
	Brainpoker		x		
	Brainstomping		x		
12	Brainstorming		x		
	Brainstorming Ideen- Tennis		x		
13	Brainwalking		x		
14	Brainwriting-Pool		x		
15	Bull's-Eye-Bewertung			x	
	CAF – Consider all Facts	x			
16	Café to Go		x	x	
17	CATWOE	x	x		
	Chunking	x			
	Circept			x	
	Clustering	x	x	x	
	Commitments				x
	Core-Fragen	x			
	Creative Casting		x		
	Creative Collaboration Technique		x		

	Creative Hero				x
	DATT	x			
	Déjà-vu-Technik		x		
	Delphi-Methode	x			
	Destruktiv-konstruktives Brainstorming	x	x		
	Didaktisches Brainstorming		x		
18	Discussion 66 (BUZZ Session)		x		
	DKB-Methode		x		
	DOCA				x
	Doppelkopf		x		
	Dreiklang		x		
	DS-Check	x			
	EBS			x	
	Einpunktabfrage			x	
	Eisbergfilter			x	
	Elevator-Pitch				x
19	Entscheidungstorte			x	
	Epistemologie-Analyse	x			
	Erzwungene Assoziation		x		
	Expertenrunde			x	
	Factfinding	x			
	FIP				x
	Firmengarten	x			
	Flip-Flop-Technik				
	Force-Fit-Spiel		x		
	Forced Relationship		x		
	Formbildung		x		
	Freewriting				
	Freie Bildassoziation		x		
	Funktionsanalyse	x			
	Funny Association		x		
	Future Pace	x			

	Galeriemethode		x		
	Gestaltimpulse		x		
	GMP	x			
	Goal-Mapping	x			
	Heuristische Prinzipien	x	x		
	Hypothesen-Matrix		x		
	Hypothetische Projekt-landschaft			x	
	Idea-Engineering				
	Ideen-Delphi				
	Ideenfusion		x		
	Ideengenerator		x		
	Ideenketten		x		
	Ideenmosaik		x		
	Identifikation		x		
	Imaginäres Brainstor-ming		x		
	Imagine		x		
	ITA-Checkliste				x
	Kaleidoskop-Methode		x		
	Kartentechnik: Kärt-chen-Befragung	x	x	x	
	Kaskade		x		
	Katalogtechnik		x		
	KFZS				x
	KJ-Methode	x	x		
	Klar-Technik		x		
20	Knalleffekt	x	x	x	
21	Kollektives Notizbuch		x		
	Kompetenzeisberg				x
22	Koordinatentechnik	x		x	
	Kopfstandmethode		x		
	Kraftfeldanalyse	x			
23	Kreuzworträtsel		x		
	KVI	x			

	Lautmalerei		x		
	Lexikonmethode		x		
	Little Technik		x		
24	Maßnahmenplan				x
	Mehrpunktabfrage			x	
25	Meilensteinplan				x
26	Meinungs-Blitzlicht	x		x	
	Meister		x		
	Metapherntechnik		x		
27	Mind-Mapping	x	x	x	
	Mindwalk	x			
	Morphologische Matrix	x	x	x	
28	Morphologischer Kasten	x	x	x	
	Motivationsfeld				x
	Narrenweisheit	x			
	Nebenfeldintegration	x			
	Negativkonferenz				
	Neurologische Ebenen	x			
	NM-Methode		x		
	Open Space	x	x	x	
	Orakel		x		
29	Orange View	x	x		
	Organized Random		x		
30	Osborn Checkliste	x	x		
	P.E.A.K.	x			
	Pareto-Check				x
	Parts-Party				x
	PAS	x			
	Peer Assist				x
	Personale-Analogie		x		
	Phantasie-Analogie		x		
	Phantasie-Reise		x		
	PISCO	x			
	PNI-Check			x	

	Po		x		
	Polarer Dialog				x
	Präsentations-segmentierung				x
	Präsentationsrad				x
	Prioritätsmatrix			x	
31	Pro und Contra	x		x	
	Problemdramaturgie				x
32	Problemlösungsbaum	x	x		
	Problemprävention	x			
	Problemqualität	x			
	Progressiv-Brainstorming		x		
33	Progressive Abstraktion	x	x		
	Provokationstechnik		x		
	RAD	x			
	Rangliste			x	
	Realisierbarkeits-Prüfung			x	
	Reframing			x	
34	Reizworttechnik		x		
	Relevanzbaumanalyse	x			
	Ringtauschtechnik		x		
	S.C.O.R.E.-Raster	x			
	S.M.A.R.T.	x			
	S.O.A.R.-Raster	x			
	Saatbeet		x		
	Salience-Technik			x	
35	SCAMPER		x		
	SCAMPERR		x		
	Schlichtung				x
36	Semantische Intuition		x		
37	SEPO	x		x	
	Sequenzielle Morphologie		x		

	Short Cut	x			
38	SIL-Methode		x		
	Simultanaktion		x		
	SIT	x			
39	Skalen-Technik	x		x	
	SLK-Raster	x			
40	SMS			x	
	Solo-Brainstorming		x		
	Sprungbrett-Technik			x	
41	Stolperstein-Technik	x		x	x
	Storyboard		x		
	Stufen-Brainstorming		x		
42	Stummes Schreibgespräch	x	x	x	
	SWOT-Analyse	x			
	Symbol-Analogie		x		
43	Synektik		x		
	Synektische Konferenz		x		
	Szenarioschreiben		x		
	T.R.A.N.S.F.O.R.M.		x		
	Tear-Down-Technik			x	
	TEC	x			
	Themenspeicher			x	
	Tilmag-Methode		x		
44	Top 10		x	x	
	Tradition und Fortschritt	x			
	Trigger-Technik		x		
	TRIZ	x	x		
	Tune in		x		
	Umkehrmethode		x		
	Ursache-Wirkungs-Diagramm	x			
	USP-Check				x
45	Utensilienkoffer	x	x	x	

	Verantwortliches Nein		x		
	Visualisierung		x		
	Visuelle Konfrontation		x		
	Visuelle Synektik		x		
	Vulkantechnik		x		
46	Walt-Disney-Methode	x	x	x	
47	Wandspeicher	x	x	x	
	Was wäre, wenn ...		x		
	WD-Quickcheck			x	
	Wertanalyse				
	Werte-Check	x			
48	Wetterkarte			x	
	Wirkungs-Mapping			x	
	WO-Check	x			
49	Wolken-Technik			x	x
	Wortsprudel		x		
	Wunder		x	x	
	ZAK		x		
	ZB-M	x			
	Zielmatrix	x			
	Zielrahmen	x			
	Zielsatz	x			
	Zieltreppe	x			
	Zielwaage	x			
50	Zufallstechnik		x		
	Zukunftsschlagzeilen		x		
	Zukunftswerkstatt	x	x	x	
	Zwei-Stufen-Brainstorming	x			
	Zweifelstechnik			x	

Auf den folgenden Seiten lernen Sie die fünfzig Techniken kennen, die in den Scoreboards der einzelnen Phasen aufgeführt wurden. Dabei folgen die Beschreibungen und Anleitungen der Techniken einem immer etwa gleichen Schema:

- *Beschreibung:* Eine kurze Darstellung und Beschreibung der Technik, zum Beispiel auch mit historischen Aspekten über den Erfinder oder andere Entstehungsumstände.
- *Feature-Card:* Die Auflistung der wichtigsten und charakterisierenden Eigenschaften der Technik für den schnellen Überblick.
- *Eignung:* Ein Hinweis oder eine Empfehlung, für welche Phasen, Target-Typen oder Situationen sich die Technik am ehesten eignet.
- *Material/Ressourcen:* Die Nennung und Beschreibung aller zur Durchführung nötigen Materialen und Ressourcen.
- *Vorbereitung:* Welche besonderen Vorbereitungen sind zur Durchführung zu treffen?
- *Anleitung:* Die Anleitung, wie die Technik richtig durchzuführen ist.
- *Vorteile:* Alle bekannten Vorteile der Technik.
- *Nachteile:* Mögliche oder bekannte Nachteile der Technik.
- *Hinweise/Tipps:* Weitere ergänzende und vertiefende Ausführungen, Hinweise und Beispiele
- *Methode/Technik im Anschluss:* Auflistung von Techniken, die sich im Nachhinein oder auch in der Kombination gut eignen oder auch häufig so eingesetzt werden.
- *Arbeitsblatt:* Die Vorlage eines Arbeitsblattes, wie es für diese Technik eingesetzt werden kann.

Dieses Schema soll Ihnen eine schnelle Übersicht über die entsprechende Technik geben und Ihnen die Arbeit sowie die Vorstellung der Technik in der Gruppe erleichtern.

Hinweis
Alle Angaben zu einer Technik oder Methode, besonders zum Beispiel Angaben über Teilnehmerzahl und durchschnittliche Dauer, sind hier als durchschnittliche Erfahrungswerte zu verstehen. In Ihrem ganz individuellen Einzelfall kann natürlich immer von diesen Werten abgewichen werden. In gleicher Weise sollten Sie auch die Vorlagen der Arbeitsblätter für sich anpassen. Auch hier gilt, dass das beste Ergebnis nur aus Methoden resultiert, die nach mehrfacher Übung routiniert und individuell durchgeführt werden.

4.1 6-3-5-Methode

Die 6-3-5-Methode wurde im Jahre 1968 von Professor Bernd Rohbach entwickelt und vorgestellt. Sie ist unter den Kreativitätstechniken der Gruppe der Brainwriting-Techniken zuzuordnen. Was mich an dieser Technik begeistert, ist die sehr große Schnelligkeit, die man mit ihr erreichen kann. Sie funktioniert auch meistens sehr spontan mit noch ungeübten Teilnehmern. Diese Technik fördert als Problemlösungsverfahren besonders die Erzeugung von neuen, ungewöhnlichen Ideen in einer Gruppe von Menschen.

Innerhalb von kurzer Zeit entstehen mit der 6-3-5-Methode maximal 108 Ideen: 6 Teilnehmer mal 3 Ideen mal 6 Reihen.

Feature-Card	
Methodentyp	Kreativtechnik
Methodengruppe	Brainwriting-Methode
Verfahren/Prinzip	Intuitiv – Freie Assoziation
Target-Analyse	Nein
Ideensuche	Ja
Evaluierung	Nein
Realisierung	Nein
Einzelarbeit möglich	Nein
Empfohlene Teilnehmer	6 Teilnehmer
Dauer	30 bis 50 Minuten
Protokollierung	Leicht
Moderation	Leicht
Schwierigkeitsgrad	Leicht

Eignung

Diese Technik eignet sich zur Ideenfindung auf Basis konkreter Fragestellungen zu Targets von einfacher bis mittlerer Komplexität.

- Zuordnung zu FRIES-Prozess-Element: [14]
- Besonders hilfreich bei: Allen Innovationstypen

Material/Ressourcen

Moderator, Arbeitsblatt 01 oder ein eigenes für jeden Teilnehmer, Schreibutensilien, Karten und Pinnwände für die Zusammenfassung und Protokollierung

Vorbereitung

Das Problem beziehungsweise die Fragestellung muss vorliegen. Pro Teilnehmer wird ein Arbeitsblatt mit der Fragestellung ausgefüllt.

Anleitung

Jeder Teilnehmer erhält ein vorbereitetes Arbeitsblatt. Das Arbeitsblatt enthält im Kopf die Fragestellung zum Target, sowie die Felder für die Ideen. Das Arbeitsblatt besteht aus sechs Zeilen zu je drei Spalten. Je nach Schwierigkeitsgrad der Fragestellung legt der Moderator nun eine Zeitspanne für die Weitergabe der Arbeitsblätter fest (zum Beispiel drei bis fünf Minuten). Jeder der 6 Teilnehmer verfasst nun 3 Ideen und trägt diese in die Felder der ersten Zeile ein. Nach Ablauf der Zeitspanne werden die Arbeitsblätter im Uhrzeigersinn an den nächsten Nachbarn weitergegeben. Jeder Teilnehmer soll nun versuchen, die bereits genannten Ideen aufzugreifen, zu ergänzen oder weiterzuentwickeln. Seine drei neuen Ideen trägt er in die nächste freie Zeile ein. Nun wird der Weitergabezyklus bis zur letzten Zeile des Arbeitsblattes wiederholt.

Die Bezeichnung der Methode ergab sich aus den 6 Teilnehmern, die je 3 erste Ideen produzieren und dann 5-mal jeweils drei erste beziehungsweise daraus abgeleitete Ideen weiterentwickeln.

Methode im Vorfeld

Die 6-3-5-Methode ist als Folgeaktion auf ein Brainstorming zur systematischen Vertiefung der Grundideen sinnvoll und effizient.

Hinweise

Es ist nicht verpflichtend, jeweils drei weitere Ideen beizusteuern. Wenn einem Teilnehmer nichts (mehr) einfällt, fällt ihm eben nichts mehr ein. Punkt. Das wird dann auch von allen anderen Teilnehmern akzeptiert. Im Gegensatz zum Brainstorming kann die Methode 6-3-5 auch bei komplexeren Problemen eingesetzt werden, die an der Spontaneität und unsystematischen Herangehensweise einer Gruppendiskussion scheitern würden.

FRIES

Auf direktem Weg zu Innovationskultur und Markterfolg

01

Arbeitsblatt: Methode 6-3-5

Target / Fragestellung / Idee:

Idee Nr. 1	Idee Nr. 2	Idee Nr. 3

Abbildung 27: Arbeitsblatt 01 zur Methode 6-3-5

Vorteile

Es gibt ein sehr direktes Feedback und viele Ideen in relativ kurzer Zeit. Die Ideen werden nicht frühzeitig zerredet, und auch stillere Teilnehmer werden bei dieser Methode ideal eingebunden.

Nachteile

Die etwas schwierigere Handhabung und der etwas starre Ablaufmechanismus kann die Kreativität unter Umständen auch ein wenig stören. Es kann auch vorkommen, dass missverständliche Ideen erzeugt werden.

4.2 6-Hüte-Methode

Diese Kreativitätstechnik ist eine meiner liebsten. Unter dem Namen »Denkhüte von De Bono« (engl. Six Thinking Hats) ist sie von Edward de Bono 1986 entwickelt worden. Diese Technik ist eine Art Gruppendiskussion, oder man könnte auch Rollenspiel sagen. Dabei ist mit den richtigen Leuten und in aufgelockerter Runde nicht nur das Potenzial dieser Technik sehr groß, sondern besonders auch der Spaßfaktor. Die Teilnehmer nehmen dabei unterschiedliche Rollen ein, die durch verschiedenfarbige Hüte symbolisiert werden.

Jeder Hut entspricht einer bestimmten charakteristischen Denkweise oder einem Blickwinkel, wodurch eine effiziente Diskussion beziehungsweise ein Austausch über ein Target erreicht werden soll und gleichzeitig kein Blickwinkel außer Acht gelassen werden soll.

Eignung

Diese Methode eignet sich besonders zur Bearbeitung und Beleuchtung komplexerer Targets und zur Bewertung und Optimierung von bereits erarbeiteten Lösungen oder Ideen aus unterschiedlichen Perspektiven.

- Zuordnung zu FRIES-Prozess-Element: [8], [14], [22]
- Besonders hilfreich bei: Allen Innovationstypen

Material/Ressourcen

Hüte (oder alternativ Karten) in den Farben Weiß, Rot, Schwarz, Gelb, Grün und Blau, Pinnwände, Moderator.

Feature-Card	
Methodentyp	Kreativtechnik
Methodengruppe	Methoden der systematischen Problemspezifizierung
Verfahren/Prinzip	Kombimethode-intuitiv/diskursiv
Target-Analyse	Ja
Ideensuche	Ja
Evaluierung	Ja
Realisierung	Nein
Einzelarbeit möglich	Nein
Empfohlene Teilnehmer	6 bis 12 Teilnehmer
Dauer	30 bis 180 Minuten
Protokollierung	Schwer
Moderation	Mittel
Schwierigkeitsgrad	Mittel

Anleitung

Den Teilnehmern wird entsprechend der Art oder Rolle, in der sie nun denken und diskutieren sollen, ein Hut (beziehungsweise Armband, Tischkärtchen oder ähnliches) in der zugehörigen Farbe zugeteilt. Wichtig ist es, sich vor der Diskussion auf die zugeordnete Farbe mit den geforderten Eigenschaften einzustellen und in der Diskussion »in der Farbe« zu bleiben. Dem Moderator kommt hier bei der Vorstellung der Technik eine äußerst bedeutende Rolle zu. Neben der nüchternen Erläuterung ist besonders die Öffnung und Einstimmung der Teilnehmer wichtig. Der Moderator ist im Idealfall in der Lage, die einzelnen Rollen auch schauspielerisch vorzustellen.

Beginnen Sie das Meeting damit, dass alle Beteiligten nacheinander die verschiedenen Hüte aufsetzen und jeder dann laut äußert, was er unter dem jeweiligen Hut zum Target zu sagen hat. Die Äußerungen werden schriftlich – am besten für alle sichtbar auf Pinnwänden – gesammelt. Im Prozess kann es auch förderlich sein, die Aufzeichnung der jeweils anderen Hüte zu verdecken, damit die Aussagen sich nicht zu sehr beeinflussen.

Hier nun die einzelnen Rollen beziehungsweise Hüte:

Weißer Hut

- Analytisches Denken,
- Konzentration auf Tatsachen,
- objektive Haltung.

Der weiße Hut steht dafür, **Informationen zu sammeln**, ohne sie schon zu bewerten. Wer den weißen Hut aufsetzt, ist einem Computer sehr ähnlich: Es zählen nur die nackten Fakten und Zahlen. Versuchen Sie mit dem weißen Hut auf dem Kopf, sich konsequent freizumachen von allen Emotionen oder Vorurteilen – keine Angst, Sie müssen Ihre Gefühle ja nicht für immer wegschieben, denn mit einem anderen Hut können Sie alle Ihre Gefühle rauslassen!

Der Träger des weißen Huts verschafft sich einen objektiven Überblick über alle verfügbaren Daten und Informationen – vollkommen unabhängig von der persönlichen Meinung.

Dieser weiße Hut wird meistens zu Beginn einer Diskussion oder eines Prozesses aufgesetzt, um einen ersten neutralen Überblick zu erhalten.

Roter Hut

- Emotionales Denken und Empfinden,
- Konzentration auf Gefühle und Meinungen,
- subjektive Haltung.

Ganz im Gegensatz zum weißen Hut steht der rote Hut nun für **Emotionen**. Lassen Sie alle Gefühle zu, die in Ihnen sind. Gemeint sind sowohl positive als auch negative Gefühle, wie zum Beispiel Ängste, Freude, Zweifel, Hoffnungen, Frustration oder was auch immer.

Zusätzlich geht es hier aber auch um »allgemeinere« Ansätze, wie zum Beispiel **Intuition**. Lassen Sie mit dem roten Hut immer Ihren Bauch sprechen, nicht den Kopf.

Als Träger des roten Hutes können Sie alles äußern, was Sie aktuell in sich fühlen, unabhängig davon, wie klar Sie es formulieren können, oder ob die anderen in der Gruppe etwas damit anfangen können oder nicht. Alles Diffuse, alles Gefühlsmäßige kann mit dem roten Hut auf dem Kopf ausgesprochen werden, ohne dass Sie sich rechtfertigen müssen.

Schwarzer Hut

- Kritisches Denken,
- Risikobetrachtung, Probleme, Skepsis, Kritik und Ängste beschreiben,
- objektive Haltung.

Beim schwarzen Hut geht es darum, die **objektiv negativen Aspekte** des Targets zu finden. Dazu gehören Bedenken, Zweifel, Risiken – also alle sachlichen Argumente, die gegen ein Projekt beziehungsweise eine Entscheidung sprechen oder die eine Fragestellung verneinen.

Wer den schwarzen Hut aufsetzt, strebt an, objektiv (!) alle negativen Aspekte eines Themas herauszufinden, zum Beispiel: »Gegen dieses Projekt spricht…«, »Die objektiv erkennbaren Gefahren unseres Vorhabens sind…«.

Besonderer Hinweis: Bringen Sie hier aber bitte wirklich nur objektive Bedenken an und nicht Ihre persönlichen negativen Gefühle – diese werden von der Person unter dem roten Hut geäußert.

Gelber Hut

- Optimistisches Denken,
- Was ist das Best-Case-Szenario,
- spekulative Haltung.

Der gelbe Hut steht für das Gegenteil des schwarzen Huts: Hier geht es darum, das **objektiv Positive** zu entdecken.

Wer den gelben Hut aufsetzt, hat die Aufgabe, Chancen oder Pluspunkte zu finden, aber auch realistische Hoffnungen und erstrebenswerte Ziele zu formulieren.

Auch hier geht es wieder darum, die positiven Aspekte aus einer möglichst objektiven Sicht zu erkennen und nicht aus einer persönlichen Gefühlsstimmung heraus (so gehört zum Beispiel Euphorie zum roten Hut).

Hier geht es auch noch nicht darum, Ideen zu entwickeln (grüner Hut), sondern um das Erkennen aller Aspekte, die für ein Target sprechen.

Grüner Hut

- Kreatives, assoziatives Denken,
- neue Ideen, Kreativität,
- konstruktive Haltung.

Dieser Hut steht für die Kreativität, für Wachstum und für **neue Ideen**. Wer diesen Hut trägt, begibt sich auf die Suche nach allen möglichen Alternativen.

Der grüne Hut befähigt, über das hinauszudenken, was bereits getan wird oder angedacht ist.

Mit dem grünen Hut können Sie Kreativitätstechniken einsetzen oder zum Beispiel auch das Mittel der Provokation nutzen, um andere zum Widerspruch zu reizen.

Träger des grünen Huts dürfen alles formulieren, was zu neuen Ideen und Ansätzen führt, unabhängig davon, wie verrückt oder unrealistisch die Ideen sind.

Besonderer Hinweis: Mit dem grünen Hut auf dem Kopf sind kritische Bemerkungen untersagt (dafür steht der schwarze Hut).

Blauer Hut

- Ordnendes, moderierendes Denken,
- Überblick über die Prozesse,
- Big-Picture-Haltung.

Der blaue Hut steht für Kontrolle und für die **Organisation des gesamten Denkprozesses**. Wer den blauen Hut trägt, begibt sich auf die sogenannte Meta-Ebene, blickt also sozusagen von einem übergeordneten Punkt auf den gesamten Prozess und erlangt so einen Überblick.

Die Aufgaben des Trägers des blauen Hut bestehen zum Beispiel daraus, die Ergebnisse zusammenzufassen oder Entscheidungen darüber zu treffen, welche Hüte im weiteren Prozess überhaupt oder noch einmal aufgesetzt werden müssen.

Sinnvollerweise wird der blaue Hut am Ende einer Sitzung aufgesetzt.

Hinweise

Es bietet sich aber alternativ auch an, dass eine Person den blauen Hut über den ganzen Prozess hinweg aufbehält und somit Moderator in der Besprechung, Diskussion oder Problemlösung ist.

Vorteile

Da alle Teilnehmer nur eine Rolle spielen, sind offenere Diskussionen möglich, als wenn jeder Teilnehmer »er selbst« ist.

Nachteile

Der Gewinn an Offenheit wird zum Teil durch theatralisches Verhalten erkauft, da die Rollen gerne übersteigert dargestellt werden.

4.3 6-W-Methode

Wer hat was, wann, wo, wie, warum getan? – Diese klassischen W-Fragen sind Teil einer Technik, mit der wir die Idee zu einem Target evaluieren wollen. Besonders ergiebig wird die Methode, wenn Sie an Ihre ganz eigene, kindliche Neugierde appellieren. Denn zu dieser Methode fällt mir immer auch spontan der Refrain aus dem Kultlied der allseits bekannten Sesamstrasse ein: »Wieso, weshalb, warum – wer nicht fragt bleibt dumm!« Gerade in der Einzelarbeit kann diese Methode sehr helfen – ich greife selber immer wieder zu dieser hilfreichen Methode.

Feature-Card	
Methodentyp	Analysetechnik
Methodengruppe	Methoden der systematischen Analyse
Verfahren/Prinzip	Strukturierte Analyse – Perspektiverweiterung
Target-Analyse	Ja
Ideensuche	Nein
Evaluierung	Ja
Realisierung	Nein
Einzelarbeit möglich	Ja
Empfohlene Teilnehmer	1 bis 5 Teilnehmer
Dauer	10 bis 60 Minuten
Protokollierung	Leicht
Moderation	Leicht
Schwierigkeitsgrad	Leicht

Eignung

Mit den sechs W-Fragen »Wer, was, wann, wo, wie, warum« können Sie Ihr Target, Ihre Ideen und Informationen gut in einzelne Teile zerlegen, ihre wesentlichen Bestandteile erkennen, Verbindungen ziehen und Zusammenhänge verstehen und neues Wissen besser verarbeiten.

- Zuordnung zu FRIES-Prozess-Element: [8], [22], [37]
- Besonders hilfreich bei: Allen Innovationstypen

Material/Ressourcen

Arbeitsblatt 03 oder ein eigenes für jeden Teilnehmer, Schreibutensilien, eventuell Pinnwände.

Vorbereitung

Eine gute Aufbereitung des Targets und des umgebenden Themas hilft, um mit dem ersten, wichtigen Schritt 1 zu beginnen.

FRIES 03

Auf direktem Weg zu Innovationskultur und Markterfolg

Arbeitsblatt: 6-W Methode

Target / Fragestellung / Idee:

____

Erarbeiten Sie Ihr Thema mit der 6-W-Methode

Wer (hat) **was**, **wann**, **wo**, **wie**, **warum** (getan)?

____

____

____

Perspektive ausweiten (Optional)

Wer war alles beteiligt? oder **Wer** soll es benutzen?

____

Wo findet die Idee ihre praktische Anwendung?

____

Warum war die Idee in der anderen Branche
von Anfang an so erfolgreich?

____

Abbildung 28: Arbeitsblatt 03 zur 6-W-Methode

Anleitung

1. Verschaffen Sie sich einen Überblick (Vorwissen aktivieren): Sehen Sie sich Ihr Target und dessen Themenstoff genau an. Worum geht es? Was sollen Sie überhaupt bewerten? Stimmen Sie sich und auch Ihr Team gedanklich darauf ein: Wo haben Sie sonst schon von ihrem Thema gehört? (Vielleicht im Kino, oder beim Sport.) Was fällt Ihnen dazu ein? So bereiten Sie »Anker« vor, mit denen Sie das neue Wissen verknüpfen können. Alles, was Sie jetzt erfahren, wird Ihnen nicht mehr völlig fremd sein, und Sie können es deshalb leichter erschließen.
2. Stellen Sie Fragen mit der 6-W-Methode (Zusammenhänge erkennen): Erarbeiten Sie sich Ihr Thema detailliert mit der 6-W-Methode. Nehmen Sie die sechs W-Fragen und richten Sie an Ihr Target die Frage: Wer (hat) was, wann, wo, wie, warum (getan)? Sie könnten Ihre Perspektive aber auch ausdehnen und Ihr Target fragen: Wer war alles beteiligt? oder Wer soll es benutzen? Wo findet die Idee ihre praktische Anwendung? Warum war die Idee in der anderen Branche von Anfang an so erfolgreich? So nehmen Sie das neue Target und die neue Idee Stück für Stück auseinander und können Details besser erkennen und Zusammenhänge herstellen. Ihr Target ist keine abstrakte Größe mehr, sondern in viele kleine Informationshäppchen heruntergebrochen, deren Struktur Sie viel leichter aufnehmen und verstehen können.
3. Fassen Sie Ihre Ergebnisse zusammen (Wiedergeben können): Egal, ob Sie Stichpunkte herausschreiben, Markierungen nutzen oder ein Target nur gedanklich aufarbeiten – fassen Sie Ihre Ergebnisse zusammen und üben Sie, Ihr Target mit eigenen Worten wiederzugeben. Damit fügen Sie die Teile Ihres Puzzles zu einem Ganzen, bis sie ein neues, konkretes Bild ergeben. Ein Bild, das Sie selbst geschaffen haben und das all die Verbindungen in sich trägt, die Sie gezogen haben. Denn erst das, was wir mit eigenen Worten wiedergeben können, haben wir verstanden. Erst das, was wir greifbar vor Augen haben, können wir immer wieder aus unserem Gedächtnis holen. So haben Sie nicht nur die klassische Journalistenfrage »Wer (hat) was, wann, wo, wie, warum (getan)?“ beantwortet. So haben Sie Ihre Informationen auch wahrgenommen und verarbeitet, altes mit neuem Wissen vereint.

Mit anderen Worten: Sie haben nun gute Karten, dieses neue Wissen auch zu behalten und im täglichen Business umzusetzen.

Hinweise

Wenn Sie möchten, können Sie hier auch mit einer Tabelle, Mind-Map oder Ähnlichem arbeiten und die 6 Ws ganz wortwörtlich herausschreiben, sammeln und untersuchen, so lange bis Sie ein Gefühl für die Sache bekommen haben und neue Inhalte grundsätzlich mit dieser Brille wahrnehmen.

Vorteile

Die 6-W-Methode ist eine geführte Evaluierungs-Methode mit Lerneffekt für das Themengebiet, welches das Target umgibt.

4.4 AAR-Rückblick

Rückblick (After Action Review, AAR): »Suche nicht nach Fehlern, sondern verstehe, was war und gehe weiter« – das ist das Credo dieser speziellen Technik. Ein After Action Review ist ein methodischer Rückblick auf ein Target, dessen Lösung und Umsetzung. Ziel dieses Reviews ist es, Fehler und Erfolgsfaktoren des Targets für alle Mitglieder im Team sichtbar zu machen, weitere Potenziale zu erkennen, wichtige Stärken auszubauen und offensichtliche Schwächen abzubauen. Aus Erfahrung mit vielen Projekten kann ich sagen, dass Rückblicke schon zum Tagesgeschäft in vielen Unternehmen gehören, aber die Nachhaltigkeit ist sehr oft nicht gegeben, weil die methodische Komponente und das Know-how fehlen.

Feature-Card	
Methodentyp	Analysetechnik
Methodengruppe	Methoden der systematischen Analyse
Verfahren/Prinzip	Strukturierte Analyse – Konfrontation
Target-Analyse	Nein
Ideensuche	Nein
Evaluierung	Nein
Realisierung	Ja
Einzelarbeit möglich	Ja
Empfohlene Teilnehmer	1 bis 10 Teilnehmer
Dauer	10 bis 60 Minuten
Protokollierung	Leicht
Moderation	Mittel
Schwierigkeitsgrad	Leicht

Eignung

Diese Technik sollte fester Bestandteil in Ihren Final-Audits sein, um den gesamten Weg eines Targets während des Durchlaufs von FRIES zu analysieren und daraus für die nächsten Targets und deren Umsetzung zu lernen, zu justieren und zu optimieren.

- Zuordnung zu FRIES-Prozess-Element: [37]
- Besonders hilfreich bei: Allen Innovationstypen

Material/Ressourcen

Unterlagen und Informationen, die das Projekt gut beschreiben, Arbeitsblatt 04 oder ein eigenes für jeden Teilnehmer, Moderator.

Vorbereitung

Aufbereitung der Projektunterlagen und Bestimmung der Teilnehmer. Dies ist besonders wichtig, wenn über die verschiedenen Phasen immer wieder verschiedene Kollegen am Target-Prozess beteiligt waren. Beim AAR-Meeting sollten Kollegen aus allen Phasen anwesend sein.

Anleitung

AAR ermöglicht den Teilnehmern Ihres Teams, Verlauf und Resultate eines ganzen Target-Weges bis zum Final-Audit schnell und realistisch zu erkennen, die Gründe dafür zu verstehen, festzustellen, was sich bewährt hat und was einer Anpassung bedarf und schließlich daraus zu lernen. Ein solcher Rückblick ist stets getragen von Offenheit und Lernbereitschaft – es geht nicht um Problemanalyse oder gar Schuldzuweisung.

Alle Teilnehmer ziehen unmittelbar aus dem Rückblick ihre Erkenntnisse. Sie können diese Erkenntnisse dokumentieren und mit einem weiteren Kollegenkreis teilen. Ein Rückblick kann verschieden aufwändig sein, von einem kurzen Rückblick einer Person allein oder zu zweit nach einem Meeting bis zu einem eintägigen Rückblick eines Projektteams am Schluss eines größeren Target-Projekts.

- Laden Sie die richtigen Leute ein. Bestimmen Sie den Moderator und sorgen Sie für ein gutes Klima.
- Formulieren Sie den Fokus: Was wollten wir erreichen? Stellen Sie die Ziele und die erwarteten Resultate in den Raum.

- Stellen Sie die Kernfragen: Was geschah wirklich? Was ging gut? Warum? Was hätte besser sein können?
- Nennen Sie die gewonnenen Einsichten für zukünftige Targets und Projekte.
- Stellen Sie sicher, dass alle sich verstanden fühlen, bevor Sie den Rückblick abschließen.
- Dokumentieren Sie kurz alle wichtigen Einsichten und geben diese an Kollegen weiter, die davon profitieren können.

Hinweise

Ein Rückblick eignet sich für alle Aktivitäten, die einen klaren Anfang und Abschluss, ein klares Ziel und definierte Kriterien zur Erfolgsmessung haben. Geeignete Momente für einen Rückblick sind der Abschluss eines Projekts und das Erreichen von Meilensteinen (Abschluss von Projektschritten).

Vorteile

AAR ist eine sehr wichtige Technik, damit sich der »Methoden-Kreis« schließt und aus dem abgeschlossenen Target wichtige Erkenntnisse in neue Targets schneller eingehen können. Ebenso essenziell wie die regelmäßigen Freiräume ist dieser Rückblick, regelmäßig angewandt, ein elementarer Baustein für eine lebendige Innovationskultur.

Nachteile

Man muss sich erfahrungsgemäß schon etwas aufraffen, um ein AAR-Meeting regelmäßig durchzuführen, besonders auch wenn ein Target sehr gut und euphorisch abgeschlossen wurde.

FRIES

Auf direktem Weg zu Innovationskultur und Markterfolg

04

Arbeitsblatt: AAR – Rückblick (After Action Review)

Target:

____

Was wollten wir erreichen ?

____

Kernfragen:

Was geschah wirklich ?

Was ging gut?

Warum?

Was hätte besser gehen können ?

Unsere Einsichten für zukünftige Targets:

____

____

Noch mal nachdenken:

Bin ich richtig verstanden worden ?

Abbildung 29: Arbeitsblatt 04 zum AAR-Rückblick

4.5 ABC-Methode

Diese Technik findet meist Anwendung in der Evaluierungsphase eines Targets, aber auch in der Ideenfindung setze ich sie hin und wieder gerne ein. Durch Impulse werden provozierte Statements zu einer präsentierten Idee von den Teilnehmern vorgestellt.

Feature-Card	
Methodentyp	Feedbacktechnik
Methodengruppe	Methoden zur systematischen Analyse
Verfahren/Prinzip	Impulsgetriebene Reflektion und Ideenfindung
Target-Analyse	Nein
Ideensuche	Ja
Evaluierung	Ja
Realisierung	Nein
Einzelarbeit möglich	Ja
Empfohlene Teilnehmer	1 bis 20 Teilnehmer
Dauer	10 bis 30 Minuten
Protokollierung	Leicht
Moderation	Leicht
Schwierigkeitsgrad	Leicht

Eignung

Das Verfahren eignet sich sehr gut als Feedback-Methode in der Evaluierungsphase einer Idee, wie im unten stehenden Beispiel deutlich wird. Es kann aber auch dazu verwendet werden, spontane Anmerkungen zu Targets zu provozieren oder Erfahrungen einfacher zu verbalisieren.

- Zuordnung zu FRIES-Prozess-Element: [14], [22]
- Besonders hilfreich bei: Allen Innovationstypen

Material/Ressourcen

Arbeitsblatt 05 oder ein eigenes für jeden Teilnehmer, Moderator.

Vorbereitung

Vorbereitung der Arbeitsblätter und gute Vorbereitung der Target- beziehungsweise Ideenpräsentation zu Beginn des Meetings.

Anleitung

Alle Teilnehmer erhalten ein Arbeitsblatt mit den Buchstaben des Alphabets in vertikaler Richtung. Daneben befindet sich eine längere Spalte für die gefundenen Anmerkungen.

Die Buchstaben des Alphabets stellen jeweils einen Impuls dar. Die Teilnehmer schreiben die gefundenen Anmerkungen ihrem Anfangsbuchstaben entsprechend in die nebenstehende, längere Spalte. Es ist ein ähnlicher Ansatz, den Sie vielleicht aus dem alten »Stadt – Land – Fluß«-Spiel kennen. Es soll möglichst zu jedem Buchstaben eine Anmerkung gefunden werden.

Anschließend referieren die Teilnehmer nacheinander in der gebotenen Kürze ihre gefundenen Anmerkungen.

Der Moderator reagiert auf die Inhalte der Statements, zum Beispiel, indem er kurze Notizen macht und anschließend sofort oder aber in einer Pause Stellung nimmt, die für das Team wichtigsten Informationen zusammenfasst und diese den Teilnehmern zurückspiegelt und mit Ihnen weiter diskutiert.

Beispiel

Die Teilnehmer werden gebeten, die Idee zu betrachten und Ihre ersten Eindrücke und Statements stichwortartig in der Liste zu dokumentieren:

A	Anfangsphase sehr wichtig
B	Budgetgenehmigung nicht verpassen
C	
D	Dauer problematisch
E	
F	
G	Gruppenarbeit nötig
H	Hohes Anspruchsniveau, wenig KnowHow
I	
J	

K	Kommunikation braucht gute Bilder
L	Lob
M	
N	
O	Oberste Priorität
P	Preiskampf
Q	
R	
S	Schulungssituation
T	
U	unverwechselbar
V	
W	Würde ich auch kaufen
X	
Y	
Z	Zeitfaktor berücksichtigen

Hinweise

Hier empfiehlt sich eventuell die Möglichkeit, zunächst in kleineren Untergruppen zu arbeiten, deren Ergebnisprofile anschließend in der großen Runde behandelt werden können.

Vorteile

Die ABC-Methode ist durchaus eine schnelle Technik, die sowohl Spontaneität als auch einfache Dokumentation gut verbindet.

Nachteile

Bei größeren Gruppen besteht die latente Gefahr der Monotonie, wenn alle Teilnehmer nacheinander referieren.

FRIES **05**

Auf direktem Weg zu Innovationskultur und Markterfolg

Arbeitsblatt: ABC – Methode

Target:

A	
B	
C	
D	
E	
F	
G	
H	
I	
J	
K	
L	
M	
N	
O	
P	
Q	
R	
S	
T	
U	
V	
W	
X	
Y	
Z	

Abbildung 30: Arbeitsblatt 05 zur ABC-Methode

4.6 Advocatus Diaboli

Ein Teilnehmer oder eine Gruppe übernimmt zu einem vorgegebenen Thema oder zu einer Idee die Rolle des Advocatus Diaboli und versucht, die anderen Teilnehmer oder Gruppen durch seine kontroverse Argumentation zu überzeugen. Anschließend diskutieren alle Teilnehmer, an welcher Stelle überzeugt wurde und wo nicht und warum das vielleicht so war. Diese Methode hat durchaus Ähnlichkeiten mit den 6 Hüten von De Bono, ist aber sehr viel einfacher gestrickt. Durch die Advocatus-Diaboli-Haltung sollen verschiedene Sichtweisen zu einem Target entwickelt werden. Die Teilnehmer sollen dabei Standpunkte ändern und auch bewusst wechseln. Das geplante Target beziehungsweise die Idee wird bewusst kontrovers diskutiert.

Feature-Card	
Methodentyp	Feedback- und Analysetechnik
Methodengruppe	Methoden zur systematischen Problemspezifizierung
Verfahren/Prinzip	Konfrontation – Assoziation
Target-Analyse	Ja
Ideensuche	Nein
Evaluierung	Ja
Realisierung	Nein
Einzelarbeit möglich	Nein
Empfohlene Teilnehmer	2 bis 20 Teilnehmer
Dauer	10 bis 30 Minuten
Protokollierung	Mittel
Moderation	Mittel
Schwierigkeitsgrad	Mittel

Eignung

Die Technik eignet sich typischerweise sehr gut für die Evaluierungsphase einer Idee.

- Zuordnung zu FRIES-Prozess-Element: [8], [22]
- Besonders hilfreich bei: Allen Innovationstypen

Material/Ressourcen

Moderator

Hinweise

Ein Advocatus Diaboli ist eine Person, die ganz bewusst eine Gegenposition vertritt und so häufig auch Partei für die eher kritische Seite ergreift. *Advocatus Diaboli* (Anwalt des Teufels) ist ein alter lateinischer Ausdruck und bezeichnet ursprünglich in der römisch-katholischen Kirche die Person, die im Verfahren einer Selig- oder Heiligsprechung einer Persönlichkeit Gegenargumente sammelte und präsentierte. Der Gegenspieler hieß entsprechend *Advocatus Angeli*, welcher *für* die Seligsprechung argumentierte. Das Konzept lässt sich auf die Rhetorik übertragen. Hier ist mit Advocatus Diaboli jemand gemeint, der mit seinen Argumenten die Position der Gegenseite vertritt, ohne ihr selbst anzugehören.

Vorteile

Da die Teilnehmer nur eine Rolle spielen, sind offenere Diskussionen möglich, als wenn jeder Teilnehmer »er selbst« ist.

Nachteile

Der Gewinn an Offenheit wird zum Teil durch theatralisches Verhalten erkauft, da die Rollen gerne übersteigert dargestellt werden. Auch werden etwas höhere Anforderungen an den Moderator gestellt, da die Technik keinem exakten Leitfaden oder Anweisungen folgt. Der individuellen Ausgestaltung sind hier letztlich keine Grenzen gesetzt.

4.7 ALPEN-Methode

Die ALPEN-Methode ist keine Kreativitätstechnik, sie ist eine Methode, die hilft, das tägliche Zeitmanagement schneller in den Griff zu bekommen. Diese Methode habe ich deswegen in dieses Buch aufgenommen, weil besonders in der Umsetzungsphase die Targets häufig im Tagesgeschäft untergehen, da das Zeitmanagement der meisten Teilnehmer noch nicht optimal und synchron läuft. Außerdem ist die Methode über das Wort »Alpen« kinderleicht und ohne großen Aufwand zu merken, und sie funktioniert einfach und gut. Generell spielt heute ein gutes und effizientes Zeitmanagement in allen innovativen Unternehmen eine sehr große Rolle, da der Takt unseres Business nun einmal nicht langsamer wird, sondern jeden Tag schneller und vielschichtiger schlägt.

Zeitmanagement darf aber keine Theorie mit einer täglich aufs Neue, frustrierend langen Liste unerledigter Aufgaben sein. Das einfache Merk-

Schema »Alpen«, das auch mir schon sehr oft wieder auf den Pfad eines guten Zeitmanagements geholfen hat, hilft mit, diese Planung realistisch zu machen.

Feature-Card	
Methodentyp	Zeitmanagement-Technik
Methodengruppe	Methoden zur systematischen Organisation
Verfahren/Prinzip	Konfrontation – Assoziation
Target-Analyse	Nein
Ideensuche	Nein
Evaluierung	Nein
Realisierung	Ja
Einzelarbeit möglich	Ja
Empfohlene Teilnehmer	1
Dauer	Permanent
Protokollierung	Leicht
Moderation	Leicht
Schwierigkeitsgrad	Leicht

Eignung

Werkzeug zum eigenen Zeitmanagement in allen Phasen von FRIES.

- Zuordnung zu FRIES-Prozess-Element: [31]
- Besonders hilfreich bei: Allen Innovationstypen

Material/Ressourcen

Arbeitsblatt 08

Anleitung

Zeitmanagement darf nicht in exzessive Zeitplanung münden, die selber wieder nur Zeit verschlingt. Mit vielen anderen Methoden treibt man quasi nur den Teufel mit dem Beelzebub aus. Planen Sie daher nicht genauer als notwendig – das ist die Kunst beziehungsweise der effiziente und zielführende Kompromiss. Auch jede Planung kostet ihre Zeit.

Versuchen Sie Zeitplanung einfach zu halten. Simple, banale Regeln sind dafür das richtige Mittel.

Zunächst die Kernregel für permanent einzuplanende Pufferzeiten:

- Pufferzeiten werden meist mit vierzig Prozent veranschlagt.
- Pufferzeiten sind stark von der Berufsgruppe abhängig.
- Versuchen Sie zunächst Ihren konkreten Bedarf an Pufferzeiten festzustellen.

Entscheidend für das Gelingen der Tagesplanung ist nicht, diese Zusammenhänge zu kennen. Morgen schon wäre das wieder vergessen. Wichtig ist, die Zusammenhänge ins Bewusstsein einzupflanzen. Dazu dient als einfache Merkregel eben die vielzitierte ALPEN-Methode:

- **A**ktivitäten und Aufgaben notieren.
- **L**änge, also Zeitdauer, abschätzen.
- **P**ufferzeit reservieren (typisch vierzig Prozent für Unvorhergesehenes).
- **E**ntscheidungen über Weglassen und Prioritäten treffen.
- **N**achkontrolle und Unerledigtes auf nächsten Tag übertragen.

Konzentrieren Sie sich nicht ausschließlich auf die Aufgaben der Tagesarbeit. Planen Sie Erfolge. Legen Sie fest, welche Ziele Sie dafür setzen müssen. Fangen Sie mit dem wichtigsten Teilziel an. Bringen Sie das Merkblatt zur ALPEN-Methode in Sichtweite Ihres Arbeitsplatzes an und Sie werden sehen, dass diese Methode fast automatisch zu funktionieren beginnt. Denn jedes Mal, wenn Sie auf das Merkblatt schauen, ist es leichter, einfach nur die nächsten fünf Punkte abzuarbeiten.

Hinweise

Wie wird eine Tagesplanung realistisch? Eine realistische Planung setzt immer voraus, dass alle wichtigen Aktivitäten schriftlich notiert werden, egal ob auf Papier oder im Computer. Von jeder dieser Aktivitäten müssen wir wissen, wie lange sie dauern. Dazu benötigen wir dann noch Pufferzeiten von etwa vierzig Prozent (Faustregel), bei vielen Berufsgruppen ist es allerdings auch deutlich mehr oder deutlich weniger. Entscheiden Sie nach Ihrem Gefühl.

Je stärker man sich an »Aktivitäten« statt an »Zielen« orientiert, desto mehr Pufferzeiten braucht man. Denn was man einmal begonnen hat, macht unser Unterbewusstsein erst »ganz perfekt«, bevor es eine neue und noch unbekannte Aufgabe angeht.

Dann erst legen wir Prioritäten fest und entscheiden, was wir weglassen. Wie Sie Prioritäten setzen entscheidet maßgeblich über den Erfolg Ihres Zeitmanagements. Geben Sie niemals Lieblingsaufgaben den Vorzug. Stufen Sie niemals unangenehme Aufgaben unangemessen zurück!

Klar, dass wir am Ende prüfen, was erledigt ist und was wieder auf eine neue Liste für den nächsten Tag übernommen werden muss.

Prüfen Sie, ob Sie sich an Ihre Vorsätze gehalten haben, oder ob Sie doch wieder angenehmen Aufgaben den Vorzug vor Wichtigem eingeräumt haben. Wenn es Ihnen hier gelingt, ehrlich zu sich zu sein, dann ist mehr als der halbe Weg zum Erfolg schon gemacht.

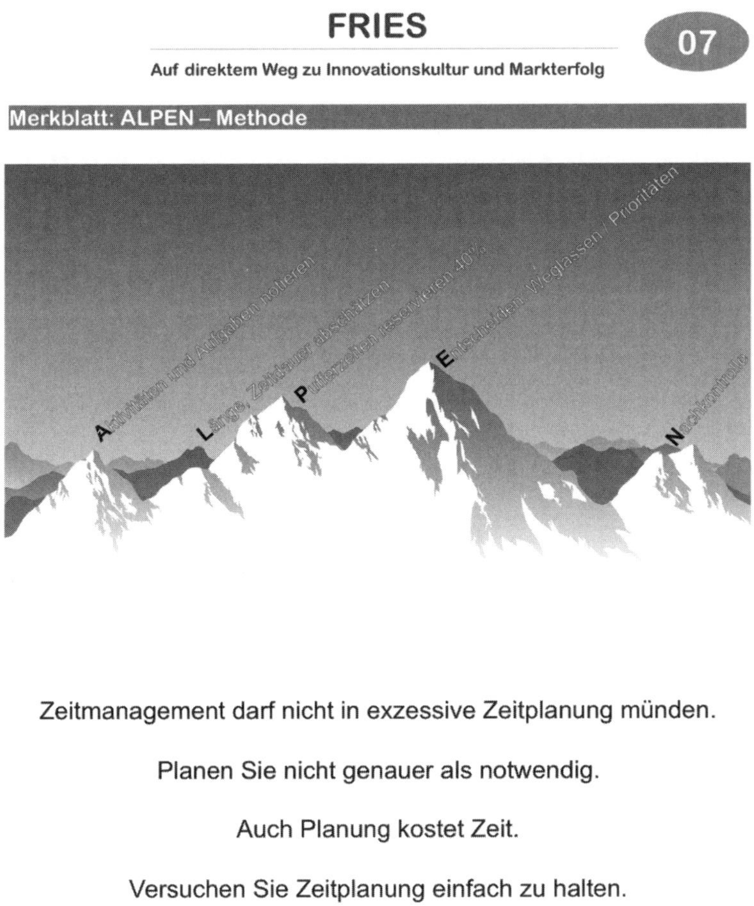

Abbildung 31: Merkblatt 07 zur ALPEN-Methode

4.8 Analogietechnik

Bei der Analogie-Technik wird mithilfe von Analogien die Betrachtungsweise auf das Target verändert, um neue Ideen zu provozieren. Dazu werden Parallelen zu strukturell ähnlichen Dingen des täglichen Lebens ausgenutzt. Man geht davon aus, dass sich Erkenntnisse bei der Betrachtung analoger Situationen auf das ursprüngliche Target rückübertragen lassen. Aus der Erfahrung kann ich berichten, dass diese Technik besonders bei eher technisch orientierten Teams gut ankommt, weil diese sowohl eine straffe Methode und als auch ihre Freiräume schätzen.

Feature-Card	
Methodentyp	Kreativtechnik
Methodengruppe	Methoden der schöpferischen Orientierung
Verfahren/Prinzip	Geführt intuitiv – Analogietechnik
Target-Analyse	Nein
Ideensuche	Ja
Evaluierung	Nein
Realisierung	Nein
Einzelarbeit möglich	Ja
Empfohlene Teilnehmer	1 bis 10 Teilnehmer
Dauer	10 bis 90 Minuten
Protokollierung	Leicht
Moderation	Mittel
Schwierigkeitsgrad	Mittel

Eignung

Die Analogietechnik ist im Besonderen eine Kreativitätstechnik zur Ideenfindung, die Merkmale (Eigenschaften, Attribute) der Aufgabenstellung beziehungsweise des Targets benutzt, um verwandte Situationen aufzudecken.

- Zuordnung zu FRIES-Prozess-Element: [14]
- Besonders hilfreich bei: Produktinnovationen, Design-Innovationen, Service-Innovationen, Technologie-Innovationen

Material/Ressourcen

Arbeitsblatt 08 oder ein eigenes für jeden Teilnehmer, Moderator, eventuell Pinnwände.

Anleitung

Bei den Analogie-Techniken wird zunächst eine passende Analogie für das Target gesucht. Anschließend wird die Analogie analysiert. Dadurch, dass das Problem in einen anderen Bereich verschoben wird, können sich ganz andere und völlig neue Lösungsansätze ergeben als im Ursprungsbereich.

Die gewonnenen Ansatzpunkte können die nachfolgende Ideenproduktion in neue Richtungen lenken. Die Ansatzpunkte, die während der Analyse der Analogie gefunden wurden, werden in die Target-Realität zurückübertragen. Dort können sie helfen, aus Denkstrukturen auszubrechen, die sich durch langjährige Erfahrung gefestigt haben oder sogar direkt als Lösungsansätze für das Problem dienen.

Bildung von Analogien: Zur Bildung einer Analogie wählt man ein Merkmal der Target-Aufgabenstellung. Die Analogien sind dann andere »Inhaber« (zum Beispiel Dinge, Personen oder Organisationen) die dieses Merkmal ebenfalls besitzen.

1. Ein Merkmal des vorhandenen Systems wählen.
2. Weitere Inhaber dieses ausgewählten Merkmals sammeln.
3. Die Aufgabenstellung aus der Sicht dieser Inhaber lösen.
4. Die so gefundenen Lösungen auf die Aufgabenstellung übertragen.

Beispiel 1: Analogien zu Universität

- Theater, Flughafen, Tagungszentrum: Organisationen, die große Säle besitzen.
- Kindergarten, Tanzschule, Flugsimulator: Orte, an denen gelernt wird.
- Finanzamt, Rathaus, Polizei, öffentliche Toilette: Einrichtungen des Öffentlichen Dienstes.
- Unternehmen, Verein, Handwerker, Kirche: Arbeitgeber.
- Labor, Archiv, Südpol, Klinik: Orte, an denen geforscht wird.

Beispiel 2: Neue Marketingideen für ein Einkaufszentrum

1. Was ist ein Merkmal eines Einkaufzentrums? Antwort: Ein Einkaufszentrum hat viele Gänge und Räume.

2. Wo gibt es sonst viele Gänge und Räume? Antwort: In einem Museum oder in einer Galerie.
3. Was wird den Menschen dort angeboten? Antwort: Kunst, Bilder und Skulpturen.
4. Wie können wir diese Lösung auf unsere Aufgabe übertragen? Antwort: Wir könnten im Einkaufszentrum die Gänge nutzen, um Bilder von Künstlern der Region oder von Kindern der örtlichen Schule auszustellen.

FRIES 08

Auf direktem Weg zu Innovationskultur und Markterfolg

Arbeitsblatt: Analogietechnik

Target:

Vorgehensweise:	**1. Merkmal des vorhandenen Systems wählen**	**2. Weitere Inhaber dieses Merkmals sammeln**	**3. Die Aufgabenstellung aus der Sicht dieser Inhaber lösen**	**4. Die so gefundenen Lösungen auf das Target übertragen**
Beispiel einer Analogiekette: Target: Event-Ideen für unseren Supermarkt suchen	Frage: *Was ist ein Merkmal eines Supermarktes?* Antwort: *Ein Supermarkt hat ganz lange Wände*	Frage: *Wo gibt es sonst ganz lange Wände?* Antwort: *In einer Kunstgalerie*	Frage: *Was wird dort den Menschen angeboten?* Antwort: *Bilder und Skulpturen*	Frage: *Wie können wir diese Lösung auf unsere Aufgabe übertragen?* Antwort: *Wir könnten die Wände nutzen, um Bilder von Künstlern der Region oder von Kindern der örtlichen Schule auszustellen.*
Ihre erste Analogiekette:				

Abbildung 32: Arbeitsblatt 08 zur Analogietechnik

Hinweise

Im Rahmen von Analogie-Techniken wird häufig eine Vielzahl von Analogien gebildet und analysiert, bevor die eigentliche Ideenproduktion beginnt. Die nachfolgend vorgestellte Bionik ist ein wichtiger Spezialfall der Analogietechnik, bei der die Analogien aus der Natur gesucht werden.

Vorteile

Die Analogietechnik ist sehr vielseitig, da es nahezu immer unendliche Möglichkeiten zur Bildung von Analogien gibt. Durch die Wahl der Merkmale kann die Methode ebenfalls sehr frei gestaltet werden. Die Methode ist auch leicht verständlich und für »logisch« denkende Menschen zugänglich. Man kann außerdem die Merkmale auch immer sehr systematisch sammeln.

Nachteile

Eignet sich nicht so sehr für komplexe und sehr technische Targets.

4.9 Attribute-Listing

Die Methode Attribute-Listing steht mit dem Morphologischen Kasten (siehe Kapitel 4.28) in enger Verwandtschaft. Sie hat jedoch im Vergleich dazu einen etwas engeren und detaillierteren Anwendungsbereich.

Mit Attribute-Listing wird systematisch versucht, alle Ansatzmöglichkeiten für Produkt- und Prozessverbesserungen aufzuzeigen. Es ist eine ideale Methode, wenn man zum Beispiel die »Lebenskurve« eines Produktes verlängern will, indem man es mit einer interessanten Neuerung ausstattet, ohne dass eine grundsätzliche Neuentwicklung durchgeführt werden müsste. Das dominante Prinzip von Attribute-Listing ist das der systematischen Variation.

Von der Schwierigkeit her stellt die Anwendung von Attribute-Listing geringere Anforderungen als der Morphologische Kasten. Es ist daher eher möglich, in Gruppen zu arbeiten und Teilnehmer in den Ideenfindungsprozess einzuschalten, die nicht als ausgesprochene Fachleute für die Problematik gelten. Es ist sinnvoll, wenn der Aufgabensteller die ersten Bearbeitungsschritte allein vorbereitet, das heißt die Ausarbeitung des Ist-Zustandes (Auflistung der Merkmale des weiter zu entwickelnden Produktes oder Verfahrens, sowie die derzeitigen Gestaltungsausführungen).

Die Teilnehmer der Ideenfindungssitzung können dann gemeinsam Variationsmöglichkeiten für jedes Merkmal suchen. Dies kann sehr effizient auch nach den Regeln des Brainstorming erfolgen.

Feature-Card	
Methodentyp	Kreativtechnik
Methodengruppe	Methoden der systematischen Strukturierung
Verfahren/Prinzip	Kombinationstechnik
Target-Analyse	Nein
Ideensuche	Ja
Evaluierung	Nein
Realisierung	Nein
Einzelarbeit möglich	Ja
Empfohlene Teilnehmer	1 bis 10 Teilnehmer
Dauer	30 bis 60 Minuten
Protokollierung	Leicht
Moderation	Mittel
Schwierigkeitsgrad	Mittel

Eignung

Attribute-Listing eignet sich in Phase 2 besonders für die Ideenfindung im Bereich der Weiterentwicklung von Produkten als auch von Prozessen und Verfahren.

- Zuordnung zu FRIES-Prozess-Element: [14]
- Besonders hilfreich bei: Prozessinnovationen, Produktinnovationen, Design-Innovationen, Service-Innovationen, Technologie-Innovationen

Material/Ressourcen:

Arbeitsblatt 09 oder ein eigenes für jeden Teilnehmer.

Anleitung

Wie erwähnt geht die Methode von einem bestehenden Objekt oder Prozess aus. Dieses Objekt – zum Beispiel ein Produkt – wird nun in alle seine Merkmale aufgelöst und deren Ist-Zustand genau beschrieben. Dann sucht man nach allen Möglichkeiten, wie jedes Merkmal anders gestaltet oder ausgeführt werden könnte. Findet man dabei die eine oder andere interessante Variation, dann kann diese Bestandteil einer Neukonzeption werden.

Die Schritte von Attribute-Listing sind demnach so zu beschreiben:

- Zerlegung eines Produktes, Verfahrens oder einer Leistung in seine beziehungsweise ihre einzelnen Merkmale,
- Beschreibung der derzeitigen Ausführungen aller Merkmale (IST-Zustand),
- Systematische Suche nach Variationsmöglichkeiten der Gestaltung eines jeden Merkmals,
- Auswahl und Realisation interessanter Variationen.

Beispiel: Attribute-Listing für einen Füller

Merkmal (Attribute)	Aktuelle Lösung	Mögliche andere Variante
Einzelteile	Patrone, Feder, Oberteil, Unterteil, Kappe	Integrierte Patrone Ober- und Unterteil ein Teil
Querschnitt	Rund	Oval mit Längsrillen
Durchmesser	gleichbleibend	Veränderung des Durchmessers
Verschluss	Klickverschluss	Gewindeverschluss, Bajonet-Verschluss
Material	PVC	Aluminium, metallisiert, eloxieren
Farbanzeige	Durch Kappenfarbe	Fenster für Patrone, Aufkleber
Halterung	Clip an der Kappe	Metallclip, Klettband

Vorteile

Eine schnell und einfach anzuwendende Technik, die ohne großen Trainingsaufwand eingesetzt werden kann.

Nachteile

Die Methode lässt sich nur für Produkt- und Prozessinnovationen einsetzen und ist für sehr komplexe Targets nicht besonders gut geeignet.

FRIES **09**

Auf direktem Weg zu Innovationskultur und Markterfolg

Arbeitsblatt: Attribute-Listing

Target:

Merkmal	Aktuelle Lösung	Mögliche andere Variante

Abbildung 33: Arbeitsblatt 09 zu Attribute-Listing

4.10 Bionik

Die Bionik ist eine atemberaubende und spannende Technik, mit der man versucht, schwierige technische Probleme und Herausforderungen zu lösen, indem man sich das Wissen über die Natur und Biologie zunutze macht. Die Bionik wird auch gerne als eine eigenständige interdisziplinäre Wissenschaft bezeichnet. Unmittelbar biologische Vorgänge werden auf ein vorliegendes Problem übertragen und daraus völlig neue Lösungsmöglichkeiten abgeleitet.

Feature-Card	
Methodentyp	Kreativtechnik
Methodengruppe	Methoden der schöpferischen Orientierung
Verfahren/Prinzip	Kein näher beschriebenes Verfahren
Target-Analyse	Nein
Ideensuche	Ja
Evaluierung	Nein
Realisierung	Nein
Einzelarbeit möglich	Nein
Empfohlene Teilnehmer	Keine Empfehlung möglich
Dauer	Keine Empfehlung möglich
Protokollierung	Keine Empfehlung möglich
Moderation	Keine Empfehlung möglich
Schwierigkeitsgrad	Keine Empfehlung möglich

Eignung

Die Bionik wird typischerweise zur Problemlösung und Ideenfindung im technischen und verfahrenstechnischem Bereich eingesetzt.

- Zuordnung zu FRIES-Prozess-Element: [14]
- Besonders hilfreich bei: Produktinnovationen, Design-Innovationen, Technologie-Innovationen

Anleitung

Biologische Funktionsweisen, Mechanismen, Phänomene, Prozesse und Strukturen werden analysiert und erforscht. Warum sie in welcher Weise wirken und in Analogie werden diese Erkenntnisse auf die Entwicklung von technischen Lösungen übertragen. Die Technik selbst hat keine detailliert beschriebene Vorgehensweise. Oft wird versucht, die analysierten und erforschten Erkenntnisse mit anderen Techniken, wie Brainstorming oder Analogietechnik, auf das anstehende Target zu übertragen.

Hinweise

Eine wichtige Forderung der Bionik ist die Betrachtung eines lebendigen Systems als Modell – nicht das Kopieren von Details dieses Systems. Es ist die Frage zu stellen, warum die Dinge in der Natur so sind oder so reagieren, und daraus sind Schlussfolgerungen zu ziehen.

Beispiele

- Bodengeschwindigkeitsmesser von Flugzeugen: Als biologische Analogie dazu diente die Wirkungsweise eines Käferauges.
- Für die Herstellung von Papier, Pappe und Karton diente der Nestbau der Wespe als Vorbild.
- Werkstoffsparende Konstruktionen optimaler Festigkeit haben zahlreiche Vorbilder in der Natur.

Vorteile

Besonders bei ausweglos erscheinenden Situationen in der Produktweiter- oder Neuentwicklung liegen die Vorteile dieser Technik. Sie kann völlig neue Ansätze generieren.

Nachteile

Das Verfahren ist aufwändig und stellt hohe Anforderungen an die Beteiligten und den Moderator.

Methode/Technik im Anschluss

Brainstorming, Analogietechnik, 6-3-5-Methode und prinzipiell jede andere Technik, mit der sich Ableitungen und neuen Ideen finden lassen.

4.11 Bisoziation/Reizbildtechnik

Die Technik Bisoziation bezeichnet den kreativen Vorgang, in dem Bilder, Begriffe oder auch Vorstellungen aus sehr unterschiedlichen begrifflichen Bezugsrahmen miteinander verknüpft werden. Der Begriff Bisoziation wurde von Arthur Koestler in Anlehnung an das Wort »Assoziation« eingeführt und gilt heute als einer der Basisbegriffe in der Kreativitäts- und auch in der Humorforschung. Als kreativer Grundbegriff beschreibt Bisoziation das Durchbrechen etablierter geistiger Routinen. Während die Assoziation gedankliche Verknüpfungen auf einer Ebene bezeichnet, geht die Bisoziation darüber hinaus, indem sie Begriffe aus zwei einander üblicherweise nicht zugeordneten Ebenen miteinander verbindet. Die Ergebnisse einer Bisoziationssitzung können bis zu drei wesentlichen Entdeckungen führen:

- Witz: Aus dem Zusammentreffen nicht zusammengehörender Dinge kann Komik entstehen.
- Erkenntnis und Entdeckung: Das Zusammentreffen zweier bislang nicht zusammen vorstellbarer Elemente kann zu einer überraschenden und neuen Einsicht führen.
- Verstehen: Das Zusammentreffen neuer Elemente kann auch zu einem tieferen Verständnis von Zusammenhängen führen.

Bei der Bisoziation werden also zwei vorher unverbundene »Denk-Dimensionen« zusammengebracht. Die Effektivität der Methode ist aber stark abhängig von der Wahl der beiden Denk-Dimensionen, die zusammengebracht werden müssen, das heißt, man muss vorher genau wissen, wo man suchen muss, denn auf jede brauchbare Analogie kommen hunderte unbrauchbare, daher bedarf es der sorgfältigen Prüfung.

Feature-Card	
Methodentyp	Kreativtechnik
Methodengruppe	Methoden der schöpferischen Konfrontation
Verfahren/Prinzip	Intuitiv
Target-Analyse	Nein
Ideensuche	Ja
Evaluierung	Nein
Realisierung	Nein
Einzelarbeit möglich	Ja
Empfohlene Teilnehmer	1 bis 8 Teilnehmer
Dauer	30 bis 60 Minuten
Protokollierung	Leicht
Moderation	Mittel
Schwierigkeitsgrad	Mittel

Eignung

Die Bisoziation eignet sich besonders für die Ideenfindung in den Bereichen Werbung und Marketing. Hier ist die Zahl von brauchbaren Ergebnissen immer sehr hoch, da auch verrückteste Analogien zur Anwendung kommen.

- Zuordnung zu FRIES-Prozess-Element: [14]
- Besonders hilfreich bei: Produktinnovationen, Design-Innovationen, Service-Innovationen, Technologie-Innovationen

Material/Ressourcen

Reizbilder, Blankoblätter für jeden Teilnehmer, Flipchart zum Sammeln der Ideen, Moderator.

Vorbereitung

Recherchieren und zusammenstellen der Bilder, Motive oder Zeitungsausschnitte für die Sitzung.

Anleitung

- Definition des Targets,
- Finden der zweiten »Denk-Dimension« über die Reizbilder,
- Finden von Analogien: Man sucht nach Analogien und gemeinsamen Prinzipien und ermittelt dann, ob sie sich in die 2. »Denk-Dimension« übertragen lassen.
- Übertragung: Meistens muss die Idee verändert werden, um zu funktionieren und kann nicht einfach übernommen werden.

Es gibt viele verschiedene Arten, wie man an eine Bisoziationssitzung herangehen kann, deshalb hier ein Beispiel, das einen relativ einfachen Einstieg erlaubt:

1. Eine Gruppe betrachtet zum Beispiel fünf Bilder (oder Zeitungsausschnitte oder kurze Videos), die mit der eigentlichen Problemstellung (beziehungsweise dem eigentlichen Target) nichts zu tun haben. Beispielsweise werden reale oder abstrakte Bilder eines bekannten Malers betrachtet.

2. Jeder Teilnehmer läßt sich von den Eindrücken und Motiven inspirieren und versucht nun die vorher genannte Fragestellung, das Target, mit Aspekten oder Ausschnitten aus den Bildern zu assoziieren und schreibt seine durch die Bilder angeregten Ideen auf.
3. Die neuen Ideen werden im Anschluss gesammelt und auf Ansätze mit Potenzial zur Umsetzbarkeit hin untersucht und diskutiert.

Hinweise

Eine Variante der Bisoziation ist die sogenannte Katalogmethode. Durch die Konfrontation eines Problems mit zwei problemfremden Artikeln sollen neue Lösungsideen gefunden werden. Nachdem das Problem erläutert wurde, geht man wieder vom Problem weg, indem man es willkürlich mit zwei Artikeln aus Katalogen konfrontiert. In einem Brainstorming werden Gemeinsamkeiten der Artikel gesucht und daraus Lösungsideen für das Ursprungsproblem entwickelt. Abschließend werden diese auf ihre Umsetzbarkeit bewertet und geprüft.

Vorteile

Die Technik kann sehr effektiv sein, weil sie zu völlig neuen Ansätzen und Innovationen führen kann.

Nachteile

Brauchbare Analogien zu finden ist oft schwierig und gelingt nicht immer im ersten Anlauf. Die Idee kann auch oft nicht übernommen werden, sondern muss verändert werden.

4.12 Brainstorming

Brainstorming ist natürlich der Klassiker unter allen Kreativtechniken und wohl auch am beliebtesten. Diese von Alex Osborn erfundene und von Charles Hutchison Clark weiterentwickelte Methode zur Ideenfindung soll die Erzeugung von neuen und ungewöhnlichen Ideen in einer Gruppe von Menschen fördern. Alex Osborn orientierte sich dabei an der indischen Technik Prai-Barshana, die es seit etwa 400 Jahren gibt. Er benannte sie nach der Idee dieser Methode, nämlich »using the brain to storm a problem« (wörtlich: Das Gehirn zum Sturm auf ein Problem verwenden).

Feature-Card	
Methodentyp	Kreativtechnik
Methodengruppe	Brainstorming und Varianten
Verfahren/Prinzip	Intuitiv – Freie Assoziation
Target-Analyse	Nein
Ideensuche	Ja
Evaluierung	Nein
Realisierung	Nein
Einzelarbeit möglich	Nein
Empfohlene Teilnehmer	2 bis 12 Teilnehmer
Dauer	30 bis 120 Minuten
Protokollierung	Schwer
Moderation	Mittel
Schwierigkeitsgrad	Leicht

Eignung

Brainstorming kann sehr vielfältig und in sehr vielen Situationen eingesetzt werden, zum Beispiel zum Einstieg in ein Target, zur Ideenfindung in der Werbung, zur Produktentwicklung, als Ausweg bei festgefahrenen Kreativmeetings, zur Vorbereitung kreativer Meetings und als Grundlage oder Vorstufe für weitere, nachfolgende Kreativitätstechniken. Brainstorming funktioniert immer optimal für Targets, Problemarten und Fragestellungen einfacher Komplexität. Diese allgemein bekannte und gern angewendete Technik funktioniert auch sehr gut in Kombination mit anderen Techniken.

- Zuordnung zu FRIES-Prozess-Element: [14]
- Besonders hilfreich bei: Allen Innovationstypen

Material/Ressourcen

Moderator, Protokollant, eventuell Anschauungsmaterial zur Einstimmung.

Vorbereitung

Es wird eine Gruppe aus fünf bis zwölf Personen zusammengestellt. Je nach Problemstellung kann sie aus Experten/Mitarbeitern, Laien oder Experten andersartiger Fachgebiete bestehen. Der Moderator bereitet das Anschauungsmaterial vor. Ein Protokollant wird ernannt.

Anleitung

1. Den Teilnehmern wird das Problem vorgestellt und gegebenenfalls mit Anschauungsmaterial vertieft sowie der erwartete Verlauf des Brainstormings erläutert.
2. Dann nennen die Teilnehmer spontan Ihre Ideen zur Lösungsfindung, wobei sie sich im optimalen Fall gegenseitig inspirieren und untereinander Gesichtspunkte in neue Lösungsansätze und Ideen einfließen lassen.
3. Alle Ideen werden protokolliert.

Wichtiger noch als ein bestimmter Ablauf sind beim Brainstorming Regeln, die unter allen Umständen eingehalten werden müssen.

Brainstorming-Regeln
- Keine Kritik an anderen Beiträgen, Ideen und Lösungsvorschlägen.
- Auch Unmögliches aussprechen.
- Ideen anderer aufgreifen.
- Befangenheit verdrängen.
- Je kühner und phantasievoller desto besser.
- Keine Angst vor Blamage.

Möglichkeiten für das Sammeln der Ideen

- Der Moderator notiert auf Zuruf alle Ideen und Anregungen (bei vielen Ideen kann der Moderator mit dem Schreiben in Schwierigkeiten geraten).
- Jeder Teilnehmer hat selbst einen Stift und geht nach vorn, um seine Idee selbst auf dem Flipchart zu notieren.
- Jeder Teilnehmer bekommt Kärtchen und Stifte und schreibt jede seiner Ideen auf ein Kärtchen und heftet es an die Pinnwand.
- Tonbandmitschnitt – Allerdings fehlt die Visualisierung der Ideen, Teilnehmer haben nicht den Blick auf Ideen, die am Beginn einge-

bracht wurden. Deshalb sollte das Tonband unterstützend eingesetzt werden, aber nicht ausschließlich.

Hinweise

Die Teilnehmer sollen in eine möglichst produktive und empfindungsreiche Stimmung versetzt werden. Die Methode ist äußerst gut geeignet für Problemlösungen auf rein sprachlicher Ebene (zum Beispiel Namens- und Slogan-Findung). Ebenfalls geeignet für Zielformulierungen und Aussagen mit Symbolcharakter. Brauchbar auch als Einstieg in ein neues Thema, um das Feld der Lösungsansätze abzustecken. Quantität geht vor Qualität, denn es geht zunächst nur darum, Ideen zu produzieren.

Vorteile

Einfache Handhabung, ermöglicht Finden von innovativen Ideen und ausgefallenen Lösungen, Ausnutzung von Synergieeffekten infolge der Gruppenbildung.

Nachteile

Oftmals viele Lösungsansätze unbrauchbar (>90 Prozent), Gefahr der Abschweifung, aufwändige Selektion geeigneter Ideen, Gefahr von gruppendynamischen Konflikten.

Methode/Technik im Anschluss

Nach einer Pause werden nun sämtliche Ideen (vom Moderator) vorgelesen und von den Teilnehmern bewertet und sortiert. Hierbei geht es zunächst nur um bloße thematische Zugehörigkeit und das Aussortieren von target-fernen Ideen. Die Bewertung kann in derselben Diskussion durch dieselben Teilnehmer erfolgen oder die Auswertung der Ergebnisse erfolgt getrennt durch Fachleute.

FRIES

Auf direktem Weg zu Innovationskultur und Markterfolg

12

Merkblatt: Brainstorming

Target:

Diese Regeln müssen Sie einhalten!

1. Keine Kritik an anderen Beiträgen, Ideen und Lösungsvorschlägen
2. Überhaupt keine Kritik
3. Auch unmögliches aussprechen
4. Ideen anderer aufgreifen
5. Befangenheit verdrängen
6. Je kühner und phantasievoller desto besser
7. Keine Angst vor Blamage

Abbildung 34: Arbeitsblatt 12 zum Brainstorming

4.13 Brainwalking

Brainwalking ist eine sehr schöne und effiziente Kreativitätstechnik, die durch ihren Bewegungsanteil das Gehirn auf Trab bringt und viel Dynamik entstehen lässt. Sie ist eine besondere Form des Brainwriting und wurde von Eduard G. Kaan formuliert. Eine gute Durchblutung des Gehirns fördert nämlich den Ideenfluss im Gehirn ganz entscheidend. Daher ist Bewegung durchaus ein wesentliches Element im Zusammenhang mit kreativem Denken. Wenn ein Team schon längere Zeit gesessen hat, lockert diese Methode auf. Da es sich um eine Sonderform von »Brainwriting« handelt, sollen dessen Vorteile (ungestörte Assoziationsmöglichkeiten, keine Bewertung durch Kollegen) übernommen, dessen Nachteile (statisch, etwas komplizierte Nachbearbeitung) aber vermieden werden. Die Teilnehmer bringen auch hier eigene Ideen ein und bauen auf den Ideen der übrigen Teilnehmer auf, beziehungsweise entwickeln diese weiter.

Feature-Card	
Methodentyp	Kreativtechnik
Methodengruppe	Brainwriting-Methode
Verfahren/Prinzip	Intuitiv – Freie Assoziation – Anknüpfung
Target-Analyse	Nein
Ideensuche	Ja
Evaluierung	Nein
Realisierung	Nein
Einzelarbeit möglich	Nein
Empfohlene Teilnehmer	4 bis 8 Teilnehmer
Dauer	30 bis 60 Minuten
Protokollierung	Leicht
Moderation	Mittel
Schwierigkeitsgrad	Leicht

Eignung

Wie das Brainstorming eignet sich auch das Brainwalking innerhalb der Ideenfindung für nahezu alle Innovations- und Target-Typen. Wobei man sich auf Targets leichter bis mittlerer Komplexität beschränken sollte.

- Zuordnung zu FRIES-Prozess-Element: [14]
- Besonders hilfreich bei: Allen Innovationstypen.

Material/Ressourcen

Moderator, jeweils 1 Flipchart-Blatt für 2–3 Teilnehmer, schwarze Filzschreiber für alle Teilnehmer.

Vorbereitung

Vorbereitung der Target-Präsentation sowie Beschriften und Aufstellen der Flipcharts und Pinnwände.

Anleitung

Für je zwei bis drei Teilnehmer wird ein Flipchart-Blatt im Raum angebracht. Auf jedem Blatt wird oben das gleiche Target als Headline niedergeschrieben. Während der ersten Minuten schreiben die Teilnehmer spontane Einfälle auf das Flipchart-Blatt, bei dem sie stehen. Anschließend gehen sie im Raum herum, sehen sich auf anderen Flipchart-Blättern die Einfälle der anderen Teilnehmer an und schreiben dort neue Assoziationen dazu. Jeder Teilnehmer schreitet so nach und nach den Raum ab und entwickelt immer wieder neue Assoziationen, die auf den Gedanken der anderen aufbauen.

Die Blätter werden nach der Ideensammlung von den Wänden genommen und die Flipchart-Blätter werden vorsichtig, ideenweise in Streifen gerissen, sodass jeder Beitrag zu einem eigenen Papierstreifen wird. Überschüssiges weißes Papier wird entfernt. Die Streifen werden nun an den Pinnwänden oder am Boden weiter sortiert, ausgewertet und bearbeitet.

Wichtig: Während der Ideensammlung wird nicht gesprochen, um den spontanen Assoziationsfluss nicht zu unterbrechen.

Möglichkeiten zur Auswertung

An dieser Stelle möchte ich noch einige Möglichkeiten zur Auswertung und weiteren Bearbeitung darstellen.

- *Cherry Picking:* Die Gruppe kann sich zum Beispiel für das Cherry Picking entscheiden. Jeder Teilnehmer wählt intuitiv die drei Ideenstreifen aus, die ihm am vielversprechendsten erscheinen. Anschließend muss sich jeder Teilnehmer von zwei Ideenstreifen trennen und sich für seinen Favoriten entscheiden. Jeder Teilnehmer muss nun diese Wahl begründen, wenn er seine Auswahl bekannt gibt. Die Gruppe entscheidet dann eventuell durch eine Priorisierung, welche Themen weiter bearbeitet werden. Positiv ist, dass für die Bewertung die Hintergründe jeder Auswahl bekannt sind.

- *Blitzsortierung:* Die 2. Möglichkeit ist eine sogenannte Blitzsortierung. Hierfür werden alle Papierstreifen auf den Boden gelegt. Alle Teilnehmer der Gruppe engagieren sich und bilden Ideen-Cluster, die auf Gemeinsamkeiten der jeweiligen Streifen hinweisen. Am Boden werden nun verschiedene Kolonnen aufgebaut (zunächst noch ohne Überschriften). Sobald die Sache etwas unübersichtlich wird, sollten die Kolonnen beschriftet werden. Erfahrungsgemäß werden damit bestimmte Kolonnen wieder aufgelöst beziehungsweise Streifen umsortiert. Der erste Sortiervorgang dauert meist nur circa fünf Minuten, Beschriftung und Umreihung nochmals circa 10-15 Minuten. Anschließend findet ein neuer Ideenfindungsvorgang statt, indem zu jeder Kolonne (je nach Überschrift) weitere Ideen entwickelt werden sollen. Wenn vorher eine saubere Zieldefinition stattgefunden hat, was mit den neuen Ideen erreicht beziehungsweise gelöst werden soll, dann ist eine systematische Bewertung der entwickelten Ideen nicht mehr so schwer.

Vorteile

Einfache Methode, die auch dem eher introvertierten Teilnehmer auf Augenhöhe zum Zuge kommen lässt. Durch das Umhergehen entsteht zudem eine grundsätzlich lockere Atmosphäre.

Nachteile

Es wird bei größeren Gruppen ein sehr großer Raum benötigt. Die Auswertung muss gut moderiert werden, sonst besteht schnell die Gefahr des endlosen Diskutierens und Zerredens.

4.14 Brainwriting-Pool

Der Brainwriting-Pool ist als Kreativitätstechnik der großen Gruppe der Brainwriting-Techniken zuzuordnen. Brainwriting ist besonders geeignet, Targets und deren Themenumfeld zu erkunden und zu durchleuchten und dazu, Ideen und Stoffsammlungen zu generieren. Wie bei anderen Brainwriting-Techniken, beispielsweise Brainwriting-635 oder Kartentechnik, werden in einer Gruppensitzung Ideen schriftlich fixiert und dann unter den Teilnehmern ausgetauscht, um diese Ideen gegebenenfalls weiter auszubauen und zu verbessern.

Feature-Card	
Methodentyp	Kreativtechnik
Methodengruppe	Brainstorming und Varianten
Verfahren/Prinzip	Intuitiv – Freie Assoziation
Target-Analyse	Nein
Ideensuche	Ja
Evaluierung	Nein
Realisierung	Nein
Einzelarbeit möglich	Nein
Empfohlene Teilnehmer	2 bis 12 Teilnehmer
Dauer	30 bis 120 Minuten
Protokollierung	Schwer
Moderation	Mittel
Schwierigkeitsgrad	Leicht

Eignung

Erstellung spontaner Stoffsammlungen, besonders bei wenig strukturierten Themen, lassen sich schnell erstellen. Aber auch für Kreativleistungen in Werbung und Journalismus eignet sich diese Methode. Im Fokus sollte man Targets und Fragen geringerer bis mittlerer Komplexität haben.

- Zuordnung zu FRIES-Prozess-Element: [14]
- Besonders hilfreich bei: Allen Innovationstypen

Material/Ressourcen

Moderator, Pinnwände, Poolkarten/Moderationskarten, etwa DIN A5.

Anleitung

Alle Teilnehmer sitzen um einen Tisch, optimal sind Teams von fünf bis maximal acht Personen. In der Mitte des Tisches wird ein Stapel leerer Poolkarten positioniert. Jeder Teilnehmer nimmt sich eine Poolkarte und notiert eine Idee. Dann reicht man die Karte seinem rechten Nachbarn, nimmt sich eine weitere Karte, notiert eine weitere Idee und reicht die Karte ebenfalls nach rechts weiter. Dies führt man nun für jede Idee aus. Vom Nachbarn erhaltene Karten werden kurz gelesen, gegebenenfalls ergänzt und wie eigene Karten weitergereicht. Alternativ, wenn man gerade mit der Formulierung einer Idee beschäftigt ist, kann die Karte auch ungesehen durchgereicht werden. Erhält man eine seiner eigenen Karten zurück und möchte man diese nicht weiter ergänzen, so wandert sie auf einen Stapel/Haufen (Pool) in der Mitte des Tisches.

Teilnehmern, denen gerade keine eigene neue Idee einfällt, können sich von diesem Stapel willkürlich eine Karte nehmen, diese eventuell ergänzen und die Karte wieder in Umlauf bringen. Nach einer gewissen Zeit, wenn allen Teilnehmer die Ideen ausgegangen sind und die Karten aus dem Stapel schon mehrfach die Runde gemacht haben, ohne dass Ergänzungen erfolgten, ist das Brainwriting beendet.

Hinweise

Eine andere mögliche Vorgehensweise für die Brainwriting-Pool-Technik ist: Jeder Teilnehmer legt zwei Blätter an, auf die er die gemeinsame Fragestellung notiert. Dann notiert er auf beiden Blättern (unterschiedliche) Ideen. Wenn ihm keine mehr einfallen, legt er beide Blätter in die Mitte und nimmt sich eines der Blätter von den anderen Teilnehmern. Er lässt sich durch die Ideen, die er auf dem Blatt liest, anregen und ergänzt sie um weitere.

Vorteile

- Die Sitzungen sind meist sehr rege.
- Die schriftliche Fixierung der Ideen fördert die Verbesserung durch andere Teilnehmer.
- Auch stillere Teilnehmer werden gut eingebunden.

Nachteile

Es entstehen eventuell missverständliche Ideen.

4.15 Bull's-Eye-Bewertung

Bull's Eye ist eine weitere sehr schöne, einfache und anschauliche Methode, einzelne Ideen effizient und schnell zu bewerten und im weiteren Verlauf des Evaluierungs-Meetings weiter zu optimieren. Sie gibt dem einzelnen Teilnehmer die Möglichkeit zu einem Feedback, macht aber auch die Gesamtbefindlichkeit des Teams sehr deutlich. In der Diskussion können sofort Verbesserungsvorschläge oder Wünsche zu Änderungen der Idee eingebracht werden.

Feature-Card	
Methodentyp	Feedbacktechnik
Methodengruppe	Methoden der Visualisierung
Verfahren/Prinzip	Visuelle Konkretisierung
Target-Analyse	Nein
Ideensuche	Nein
Evaluierung	Ja
Realisierung	Nein
Einzelarbeit möglich	Nein
Empfohlene Teilnehmer	4 bis 20 Teilnehmer
Dauer	10 bis 30 Minuten
Protokollierung	Leicht
Moderation	Leicht
Schwierigkeitsgrad	Leicht

Eignung

Evaluierung und Bewertung von Ideen in leichter bis mittlerer Komplexität, sowie schnelle Veranschaulichung der gesamten Teambefindlichkeit.

- Zuordnung zu FRIES-Prozess-Element: [22]
- Besonders hilfreich bei: Allen Innovationstypen

Material/Ressourcen

Moderator, Arbeitsblatt 42, beziehungsweise eigene, vorbereitete Zielscheiben, eventuell mit Schaumstoff oder Dämmplattenmaterial unterlegt, Pinnwandstecker.

Vorbereitung

Vorbereitung der Target-Präsentation und Beschriften der Zielscheibe.

Anleitung

Den Teilnehmern wird die zu bewertende Idee ausführlich vorgestellt und anschließend wird die Zielscheibe präsentiert und erläutert. Wie eine echte Zielscheibe ist sie in Kreisringe und zusätzlich in Kreissegmente aufgeteilt.

Die konzentrischen Ringe enthalten von innen nach außen Ziffern von 10 bis 1.

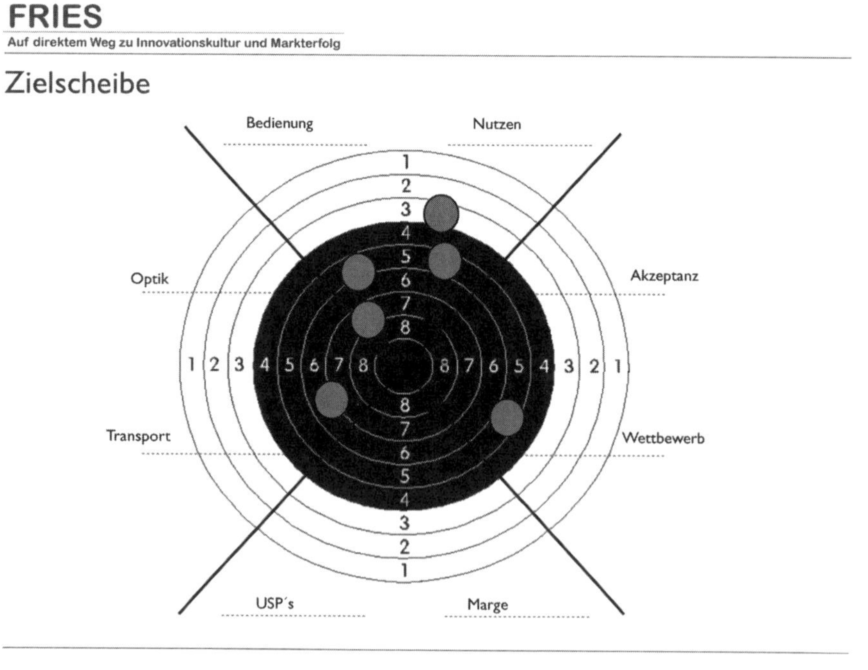

Abbildung 35: Beispiel der Bull's-Eye-Zielscheibe

Die Kreissegmente sind mit Stichworten und Eigenschaften zur Idee gekennzeichnet. Die Teilnehmer werden gebeten, mit Pinnwandsteckern Bewertungen zum Ausdruck zu bringen. Sie bekommen für jedes Kreissegment (= Bewertungsfeld) einen Stecker. Wie beim bekannten Dartspiel liegt die beste Bewertung in der Mitte (Bull's Eye) und die geringste im äußeren Ring.

Hinweise

Der Moderator könnte die Bewertungshinweise erläutern oder auch zusätzlich als Wandtafel aushängen, zum Beispiel: 5 = optimal, 4 = gut, 3 = zufriedenstellend, 2 = verbesserungswürdig, 1 = muss geändert werden. Die Hinweise sollten immer situationsabhängig gestaltet werden (10 = Ziel voll erreicht ...).

Ein spielerisches und auflockerndes Element kommt in das Meeting, wenn die Teilnehmer eine zweite gleichartig gestaltete Zielscheibe tatsächlich als Dart-Scheibe benutzen dürfen. Sie werfen also tatsächlich mit Dartpfeilen. Es entsteht natürlich ein Zufallsergebnis, das man aber neben dem tatsächlichen Ergebnis auch einmal diskutieren könnte. (Achtung: Unfallverhütung!).

Vorteile

Die Methode ist sehr schnell und äußerst anschaulich.

FRIES

15

Auf direktem Weg zu Innovationskultur und Markterfolg

Arbeitsblatt: Bull´s Eye Bewertung

Target:

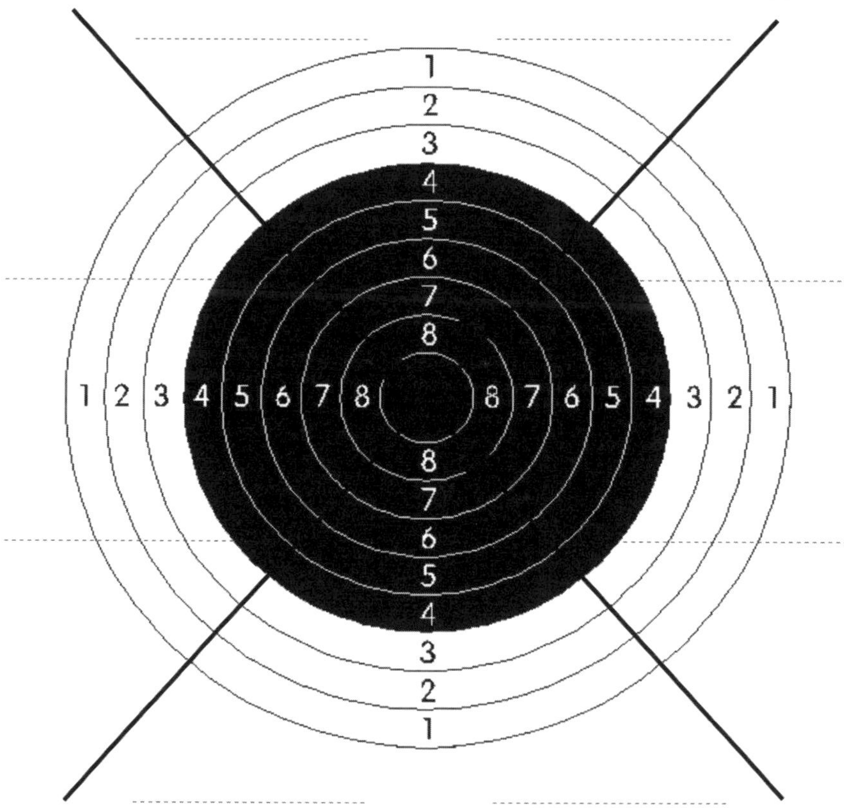

Abbildung 36: Arbeitsblatt 15 zur Bull's-Eye-Bewertung

4.16 Café to Go

Diese Methode richtet sich an Gruppen von 8 bis vielleicht 20 Personen und fokussiert sowohl die Ideenfindung als auch die Evaluierung. Unter den Methoden für größere Gruppen ist diese mein absoluter Favorit. Die Teilnehmer können mit dieser Methode sehr eindeutig Positionen beziehen, unterschiedliche auch abteilungsübergreifende Perspektiven optimal austauschen und sehr gut eigene Ideen, Ansichten und Sichtweisen beitragen. Zusammen mit den anderen Teilnehmern werden so umfassend wertvolle Erkenntnisse erarbeitet und verknüpft. Kollektives Wissen wird schnell und einfach sichtbar und greifbar gemacht.

Feature-Card	
Methodentyp	Kreativtechnik
Methodengruppe	Brainstorming und Varianten – Brainwriting-Aspekte
Verfahren/Prinzip	Intuitiv – Freie Assoziation
Target-Analyse	Nein
Ideensuche	Ja
Evaluierung	Ja
Realisierung	Nein
Einzelarbeit möglich	Nein
Empfohlene Teilnehmer	8 bis 20 Teilnehmer
Dauer	90 bis 120 Minuten
Protokollierung	Mittel
Moderation	Schwer
Schwierigkeitsgrad	Mittel

Eignung

Diese Methode eignet sich hervorragend für die Target-Analyse und für die Ideen-Evaluierung, aber auch zur Ideenfindung. Besonders zu empfehlen für komplexere Targets mit Teilnehmern aus den verschiedensten Abteilungen Ihres Unternehmens.

- Zuordnung zu FRIES-Prozess-Element: [14], [22]
- Besonders hilfreich bei: Prozessinnovationen, Organisationsinnovationen, Produktinnovationen, Service-Innovationen, Technologie-Innovationen

Material/Ressourcen

Große Tische, Papiertischdecken, Stifte, Moderator.

Vorbereitung

Aufstellen der Tische und Auslegen der Papiertischdecken und Stifte.

Anleitung

Je nach vorhandener Gruppengröße sitzen optimalerweise vielleicht vier bis fünf Personen an einem – nach Möglichkeit runden – und großen Tisch. Der Moderator stellt das Target und die erste Frage vor und startet die erste Gesprächsrunde (20 bis 30 Minuten).

An jedem Tisch wird diese Frage gleichzeitig diskutiert. Die erarbeiteten Thesen und Ideen werden direkt auf die »Papiertischdecke« notiert und festgehalten.

Der Moderator beendet die erste Gesprächsrunde. Jeweils eine Person bleibt am Tisch als Gastgeber sitzen, während die anderen zu Reisenden werden oder zu Meinungs-Botschaftern und sich an einen anderen Tisch begeben.

Zu Beginn der nächsten Runde stellt der Gastgeber die wichtigsten Themen und Ideen der vergangenen Runde kurz vor. Im Anschluss ermuntert er die Gäste, die Ideen von ihren vorherigen Tischgesprächen zu verlinken und zu verbinden. Die Ergebnisse werden wieder direkt auf der Tischdecke notiert (eine eigene Farbe pro Gruppe wäre sinnvoll).

In der dritten Gesprächsrunde können die Menschen zu ihren ursprünglichen Tischen zurückkehren, um ihre Entdeckungen zusammenzubringen oder sie reisen weiter zu neuen Tischen. Auch die Gastgeber können ausgetauscht werden.

Nach den geplanten Gesprächsrunden werden alle erarbeiteten Erkenntnisse in der gesamten Runde besprochen. Hierbei können die Tischdecken an die Wände des Raumes gehängt werden, um die Ergebnisse auch optisch greifbar zu machen.

Hinweise

Wer sich die Mühe macht und den Meetingraum tatsächlich auch wie ein Café dekoriert, sorgt im Sinne der Methode für eine sehr lockere, entspannte »Café-Haus«-Atmosphäre, die deutlich die Wahrnehmung der

Teilnehmer ändert und das soeben noch bestimmende Tagesgeschäft in den Hintergrund treten lässt.

Vorteile

In den kleinen, intimen Runden fällt das Diskutieren oft sehr viel leichter als in großen Runden.

Nachteile

Nur für mittlere Gruppenstärken gut geeignet. In den einzelnen Gruppen finden sich oft zu schnell dominante Mitglieder, die der Gruppe ihre Meinung aufdrücken.

Methode/Technik im Anschluss oder in Kombination

Lässt sich sehr gut mit Brainstorming oder auch Mind-Mapping kombinieren. Auch Walt Disney und die 6-Hüte-Methode wurden schon kombiniert.

4.17 CATWOE

Bei CATWOE haben wir es mit einer sehr klassischen Analysetechnik zu tun. CATWOE ist ein Kunstwort für eine Checkliste zur Problem- oder Zieldefinition. Sie wurde von Peter Checkland und Jim Scholes publiziert. Bei dieser Methode steht nicht das Target selbst, sondern das Umfeld oder das umgebende System im zentralen Blickpunkt der Methode. So würde eine Überschrift über eine CATWOE-Betrachtung etwa lauten:

- Ein Prozess, der dazu dient …,
- Eine Einrichtung, die …,
- Ein System, das … oder
- Eine Vorrichtung, die zur … dient.

Feature-Card	
Methodentyp	Analysetechnik
Methodengruppe	Methoden der systematischen Strukturierung
Verfahren/Prinzip	Systematisch – Checkliste
Target-Analyse	Ja
Ideensuche	Nein

Evaluierung	Ja
Realisierung	Nein
Einzelarbeit möglich	Ja
Empfohlene Teilnehmer	1 bis 12 Teilnehmer
Dauer	120 bis 180 Minuten
Protokollierung	Leicht
Moderation	Mittel
Schwierigkeitsgrad	Mittel

Eignung

CATWOE ist sicherlich besonders geeignet, um Targets im Bereich von Prozess- oder Service-Innovationen zu analysieren und zu beschreiben. Wenn zum Beispiel Ihrer Meinung nach der Prozess der Angebotserstellung in Ihrem Hause nicht mehr optimal läuft, wäre diese Technik einen Versuch wert.

- Zuordnung zu FRIES-Prozess-Element: [8], [22]
- Besonders hilfreich bei: Prozessinnovationen, Service-Innovationen, Technologie-Innovationen

Material/Ressourcen

Checkliste für jeden Teilnehmer, bei Gruppenarbeit ein Moderator/Protokollant, der die Antworten niederschreibt.

Vorbereitung

Lediglich die Vorbereitung der Checklisten und die Target-Präsentation.

Anleitung

Ist ein Target ausgemacht, werden die Schritte beziehungsweise Fragen der Checkliste nacheinander gestellt, beantwortet und niedergeschrieben, um das Target sehr effizient zu analysieren.

C = Customers	**Kunden des Systems:** In diesem Zusammenhang wird die Position von Nutzern betrachtet. • Wer ist letztendlich der Nutzer oder Kunde? • Welches Problem haben diese derzeit, und wie wird es gelöst? • Wie sind ihre möglichen Reaktionen? • Welche Gewinner und Verlierer werden sich ergeben?
A = Actors	**Darsteller des Systems:** Das betrifft die Personen, von denen die tatsächlichen Tätigkeiten ausgeführt werden müssen. • Was ist der Einfluss auf die Darsteller? • Wie werden sie reagieren, wenn das System wie geplant eingeführt wird?
T = Transformation process	**Was führt das System aus?** • Wie wandelt es Input in Output um? • Wie geht es mit veränderndem Input um? • Wohin geht der Output? • Welche Stadien durchläuft der Output? • Welche Schritte gibt es innerhalb des Systems?
W = World View	**Weltanschauung:** Das Einbetten in einen größeren Zusammenhang. • Welches wirkliche Problem soll angegangen werden? • Welche Implikationen ergeben sich aus seiner Einführung? • Welche Implikationen ergeben sich aus seinem Ausfall oder einer Fehlfunktion?
O = Owners	**Eigentümer:** Betrachtet die Position der Personen, die die formale Macht über Einführung oder Ablehnung des Systems haben. • Welches sind ihre Beweggründe? • Was ist ihre Teilhaberschaft?
E = Environmental constraints	**Grenzen:** Diese können ethischer, gesetzlicher, juristischer, personeller, finanzieller und anderer Natur sein. • Wie betreffen die Grenzen das System und wie können sie überwunden werden?

Vorteile

Der Vorteil von Checklisten – als Mittel strukturierten Vorgehens – wird in dieser Technik kombiniert mit einer die eigentliche Fragestellung in einen größeren Zusammenhang stellenden Sicht. So betrachtet man sehr schnell und effizient das Target mit einiger Distanz und damit wahrscheinlich auch immer etwas objektiver. Die verkürzte Form »CATWOE« ist eine sehr gute Eselsbrücke, vor allem für Personen oder Gruppen mit Übung in der Anwendung dieser Technik. So lässt sich CATWOE auch immer schnell und ohne großen Aufwand in andere Techniken, Methoden und Diskussionen einbauen.

FRIES

Auf direktem Weg zu Innovationskultur und Markterfolg

17

Arbeitsblatt: CATWOE

Target:

C = Customers	Die "**Kunden des Systems**". In diesem Zusammenhang wird die Position von Nutzern betrachtet, wer ist es letztendlich, welches Problem haben diese derzeit und wie wird es gelöst, wie sind ihre möglichen Reaktionen, welche Gewinner und Verlierer werden sich ergeben.
A = Actors	Die "**Darsteller des Systems**". Das betrifft die Personen von denen die tatsächlichen Tätigkeiten ausgeführt werden müssen, was ist der Einfluss auf sie, wie werden sie reagieren, wenn das System wie geplant eingeführt wird.
T = Transformation process	**Was führt das System aus**, wie wandelt es Input in Output um, wie geht es mit verändertem Input um, wohin geht der Output, welche Stadien durchläuft er, welche Schritte gibt es innerhalb des Systems.
W = World View	Die "**Weltanschauung**". Einbetten in einen größeren Zusammenhang, welches wirkliche Problem soll angegangen werden, welche Implikationen ergeben sich aus seiner Einführung, welche aus seinem Ausfall oder seiner Fehlfunktion.
O = Owners	Die "**Eigentümer**". Betrachtet die Position der Personen, die die formale Macht über Einführung oder Ablehnung des Systems haben, ihre Beweggründe und Teilhaberschaft.
E = Environmental contraints	Die "**Grenzen**". Diese können ethischer, gesetzlicher, juristischer, personeller, finanzieller und anderer Natur sein. Wie betreffen diese das System und wie können sie überwunden werden.

Abbildung 37: Arbeitsblatt 17 zu CATWOE

4.18 Discussion 66 (BUZZ-Session)

Discussion 66 (auch als Buzz-Session oder Philipps 66 bekannt) ist eine Variante des Brainstormings, bei der sehr viele Teilnehmer einbezogen werden können. Die Zahl 66 ergibt sich hier zum einen aus der Gruppengröße (6 Personen) und zum anderen aus dem Zeitraum für das Brainstorming (6 Minuten). Der Vorteil der Aktivierung von vielen Köpfen in sehr kurzer Zeit tritt aber in der Erfahrung nur dann ein, wenn auch die Fähigkeiten eines sehr eloquenten Moderators genutzt werden, der die Gruppe für das Target begeistern und mitreißen kann.

Feature-Card	
Methodentyp	Kreativtechnik
Methodengruppe	Brainstorming und Varianten
Verfahren/Prinzip	Intuitiv – Freie Assoziation
Target-Analyse	Nein
Ideensuche	Ja
Evaluierung	Ja
Realisierung	Nein
Einzelarbeit möglich	Nein
Empfohlene Teilnehmer	18 bis 40 Teilnehmer
Dauer	30 bis 60 Minuten
Protokollierung	Schwer
Moderation	Schwer
Schwierigkeitsgrad	Leicht

Eignung

Discussion 66 ist besonders geeignet, wenn schnell eine Vielzahl von Ideen auf den Tisch muss, um zum Beispiel neue Nischen für Produkte oder neue Nischen für Dienstleistungen zu finden, Produktverbesserungen voranzutreiben sowie neue Produkte und Verfahrenstechniken anzudenken. Aber auch Bereiche wie Technische Konstruktion, Werbung, Verkaufsförderung, Namensfindung, Führungsprobleme und organisatorische Probleme sind hier passend.

- Zuordnung zu FRIES-Prozess-Element: [14], [22]
- Besonders hilfreich bei: Produktinnovationen, Design-Innovationen, Service-Innovationen, Technologie-Innovationen

Material/Ressourcen

Entsprechend großer Raum für die Diskussionen und das Plenum, Moderator, Projektionstechnik.

Anleitung

In der Discussion 66 wird eine Brainstorming-Sitzung mit sehr vielen Teilnehmern durchgeführt, sodass eine Aufteilung in Kleingruppen erforderlich ist. Die Teilnehmer werden daher in Sechser-Gruppen eingeteilt. Jede dieser Kleingruppen führt ein kurzes, sechsminütiges Brainstorming durch. Die Teilnehmer aus der Kleingruppe wählen ihre besten Ideen aus und präsentieren diese anschließend im Plenum.

Die Angabe der Gruppengröße sowie die Zeitangabe stellen nur Richtwerte dar. So ist eine »Discussion 89« beispielsweise eine Gruppe mit 8 Teilnehmern, welche ein 9-minütiges Brainstorming durchführen. Die Durchführung beruht auf demselben Prinzip, welches der Methode Discussion 66 zugrunde liegt und ist genauso denkbar und durchführbar.

Hinweise

- Der Einsatz eines eloquenten Moderators oder Diskussionsleiters ist erforderlich, um die Teilnehmer zu begeistern und den Ablauf optimal zu organisieren. Die in den Kleingruppen erarbeiteten Ideen werden im Plenum vorgestellt – dabei sind koordinierende und moderierende Tätigkeiten eines Diskussionsleiters notwendig.
- Die Räumlichkeiten sollten eine Einteilung der Gruppe in Teilgruppen ermöglichen. Die Einteilung in Untergruppen sollte nach sinnvollen Kriterien erfolgen (zum Beispiel Abteilungsmix), damit unnötige Spannungen vermieden werden. Vor einer Gruppenbildung nach Sympathie ist immer eine Einteilung nach dem Zufallsprinzip vorzuziehen. Hier kann auch die Knalleffekt-Methode (siehe Kapitel 4.20) genutzt werden.

Vorteile

Durch den zeitlich festgelegten Ablauf dieser Technik kommt es zu einer starken Aktivierung der Teilnehmer, da es ein Anreiz sein kann, in der festgesetzten Zeit möglichst viele Ideen zu produzieren. Die Wettbewerbssituation zwischen den Untergruppen ist zusätzlich ein spürbarer Ansporn, die meisten oder besten Ideen zu sammeln. Diese Technik funktioniert optimal bei einer Teilnehmerzahl von zwanzig und mehr

Personen. Der Vorteil liegt in dem großen Ideenspektrum, das in kurzer Zeit herausgearbeitet werden kann.

Nachteile

Ein Nachteil dieser Methode besteht darin, dass das Target nicht vertiefend behandelt werden kann. Dieser Nachteil verringert sich aber deutlich, wenn mehrere Runden der Discussion 66 durchgeführt werden oder im Nachgang andere Methoden ergänzt werden. Der als aktivierend empfundene Zeitdruck kann sich unter Umständen auch als nachteilig erweisen – das hängt aber stark von den konkreten Teilnehmern und der Grundstimmung ab.

4.19 Entscheidungstorte

Bei dieser Feedbacktechnik geht es nicht nur um Meinungen, sondern auch um Schwerpunkte und Gewichtung. Die Meinungen und Schwerpunkte – zu einem Target oder zu einer Idee – des gesamten Teams kommen mit dieser Technik sehr schnell und anschaulich zum Ausdruck. Denn hier wird auch deutlich, wie intensiv sich einzelne Teilnehmer die Fokussierung oder Bearbeitung des einen oder anderen Punkts wünschen. Die Teilnehmer gewichten ihre inhaltlichen Prioritäten zum Beispiel für ein nächstes Meeting oder auch ihre Kritik an einem vorausgegangenen Meeting und seinen Ergebnissen.

Feature-Card	
Methodentyp	Feedbacktechnik
Methodengruppe	Methoden der Visualisierung
Verfahren/Prinzip	Visuelle Konkretisierung
Target-Analyse	Nein
Ideensuche	Nein
Evaluierung	Ja
Realisierung	Nein
Einzelarbeit möglich	Ja
Empfohlene Teilnehmer	1 bis 8 Teilnehmer
Dauer	10 bis 45 Minuten
Protokollierung	Leicht
Moderation	Leicht
Schwierigkeitsgrad	Leicht

Eignung

Die Technik eignet sich besonders zur Planung oder Evaluierung und ist ebenfalls in den Audit-Meetings sehr gut einsetzbar. So kann sie auch zur rückblickenden Bewertung im Final-Audit eingesetzt werden, ähnlich beziehungsweise in Kombination mit dem AAR-Rückblick

- Zuordnung zu FRIES-Prozess-Element: [8], [22], [26], [37]
- Besonders hilfreich bei: Allen Innovationstypen

Material/Ressourcen

Moderator, mehrere Pinnwände oder Flipcharts, Stifte, vorbereitete Papierkreise (zum Beispiel Tortenspitzen), Scheren, eventuell Klebstoff oder Klebestreifen.

Anleitung

Zu einem Target oder einer Idee werden verschiedene Teilaspekte gesammelt, die bewertet werden sollen.

Die einzelnen Aspekte werden durchnummeriert und pro Teilnehmer wird eine Pinnwand mit einer »Torte« (kreisrundes Papierstück) erstellt.

Die Teilnehmer gewichten diese Aspekte, indem sie entsprechend ihrer Einschätzung ihre »Torte« in Tortenstücke (Kreissegmente) einteilen und mit den entsprechenden Aspekte-Nummern versehen (Abbildung 38).

Die einzelnen Tortenstücke aller Torten werden anschließend ausgeschnitten, nach den Themen sortiert und auf einer Pinnwand zu neuen Torten zusammengeklebt.

Anschließend findet nach freier Formatwahl die abschließende Diskussions- und Abstimmungsrunde statt.

Beispielaspekte zu Abbildung 38:
1 = Detailkonzeption
2 = Kommunikation
3 = Kalkulation
4 = Lieferantenrecherche
5 = Prozessdefinition

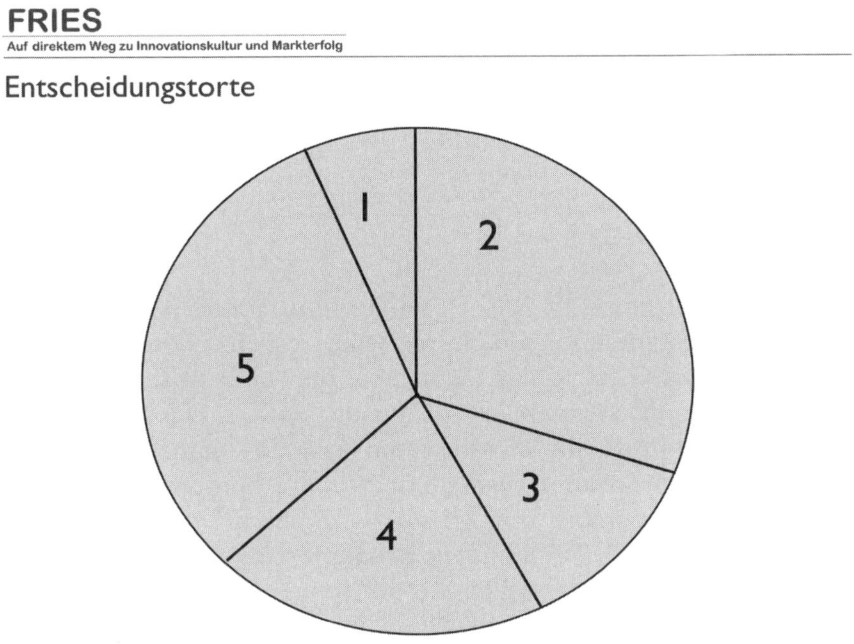

Abbildung 38: Beispiel einer Entscheidungstorte

Hinweise

Es existiert auch noch eine schöne, andere Variante der Entscheidungstorte. Anstelle eines Kreises kann jedem Teilnehmer auch ein genau 100 cm langer Klebestreifen gegeben werden. Dieser kann von den Teilnehmern, je nach Gewichtung, in beliebig lange Teile zerteilt werden. Diese Teilstreifen werden dann unter die gewünschten Aspekte geklebt, die als Überschrift auf Pinnwänden stehen. Wenn die Teilstreifen unter einem bestimmten Aspekt untereinander geklebt werden, entsteht wieder ein durchgehender Streifen, an dessen Länge die Intensität der Zuwendung zu diesem Thema gemessen werden kann.

Vorteile

Die Entscheidungstorte ist eine sehr anschauliche, schnelle und einfache Technik.

Nachteile

Da die Gewichtungen eines jeden Teilnehmers keinem genormten Messverfahren entsprechen, sind die Gewichtungen nicht absolut vergleichbar. Damit es nicht zu Verzerrungen kommt, sollte nur der Gewichtungstrend beurteilt werden.

4.20 Knalleffekt

Diese Technik ist keine direkte Kreativtechnik, sondern eine sehr gute Ergänzung zu anderen Techniken. Im Fokus des Knalleffekts steht die Auflockerung und Öffnung des Teams über die zufällige Teilnehmer- und Begriffsauswahl mittels zufällig zerplatzender Ballons. Das Bild der vielen aufgeblasenen Ballons im Meetingraum und das immer wieder laute Zerplatzen einzelner Ballons bringt ungewohnte Komponenten und eine veränderte Wahrnehmung des Meetinggeschehens und sorgt für eine lockere Atmosphäre. Böse Stimmen behaupten, damit verhindern langweilige Moderatoren das Einschlafen der Teilnehmer. Ich selbst genieße immer sehr den Spannungsbogen, wenn aus der Kindergeburtstagsanmutung ein effizientes und kreatives Arbeiten entsteht.

Feature-Card	
Methodentyp	Öffnungstechnik
Methodengruppe	Methoden zur Wahrnehmungsänderung
Verfahren/Prinzip	zufällige Konfrontation
Target-Analyse	Ja
Ideensuche	Ja
Evaluierung	Ja
Realisierung	Nein
Einzelarbeit möglich	Nein
Empfohlene Teilnehmer	5 bis 20 Teilnehmer
Dauer	10 bis 60 Minuten
Protokollierung	Leicht
Moderation	Mittel
Schwierigkeitsgrad	Leicht

Eignung

Als Methode zur Auflockerung und Ergänzung verschiedener anderer Techniken. Besonders auch bei der Evaluierung einzusetzen.

- Zuordnung zu FRIES-Prozess-Element: [8], [14], [22]
- Besonders hilfreich bei: Allen Innovationstypen

Material/Ressourcen

Kleine Zettel, verschiedenfarbige Ballons, Pinnwände oder Wäscheleine, Nadeln oder Dartpfeile, Moderator.

Vorbereitung

Beschriften aller Zettel sowie Aufblasen und Aufhängen aller Ballons.

Anleitung

Alle Teilnehmer sollen sich reihum zu einem Aspekt eines Targets oder eines Prozesses oder der Eigenschaft eines Produktes äußern. Dabei sollen die Begriffe und die referierenden Personen zufällig gemischt sein. Es kann sowohl der Aspekt der Analyse als auch der Aspekt der Ideenfindung dabei im Vordergrund stehen.

Der Moderator erstellt für jeden Teilnehmer des Meetings einen (oder mehrere) Zettel mit dessen Namen und bugsiert diesen sodann in einen Ballon. Der Ballon wird aufgeblasen und alle Namenballons werden zum Beispiel an eine Pinnwand oder Wäscheleine gehängt.

Der Moderator erstellt für jeden Aspekt oder Begriff ebenfalls einen Zettel und verfährt damit anschließend wie in Schritt 1. Die Begriff-Ballons werden separat an einer extra Pinnwand aufgehängt.

Nachdem alle Teilnehmer den Raum betreten haben, wird nach einem freien Verfahren jeweils immer ein Namensballon und ein Begriffsballon zerstochen. Das kann auch sehr sportlich mittels Dartpfeilen geschehen, die geworfen werden (Sicherheit der Teilnehmer hat immer Priorität).

Der so zufällig ermittelte Teilnehmer muss über den zufällig ermittelten Begriff referieren beziehungsweise seine Sicht oder Erfahrung kundtun oder auch ein kurzes Brainstorming abhalten.

Vorteile

Guter Effekt, der schnell und günstig herzustellen ist, und eine extrem gute Kombinationsmöglichkeiten zu anderen Techniken und Methoden bietet.

Nachteile

Etwas aufwändigere Vorbereitung.

Methode/Technik zur Kombination

- Als Variante des Meinungs-Blitzlichts,
- im Nachgang zum ersten Schritt der ABC-Methode,
- in Kombination mit Brainstorming anwendbar.

4.21 Kollektives Notizbuch

Das von Charles Clark erfundene *Collective Notebook* ist eine Kreativitätstechnik, die zu den Brainwriting- und Assoziationstechniken gehört. Es stellt eigentlich eine besondere Form des Brainstormings dar, bei dem die gegenseitige Anregung zur Ideenproduktion nicht bei gleichzeitiger Anwesenheit der Teilnehmer/-innen vonstatten geht. Für Umstände also, die ein gemeinsames Arbeiten zur Ideenfindung in einer Gruppe aus bestimmten Gründen nicht zulassen, kann man das Kollektive Notizbuch als schriftliche Brainstorming-Methode einsetzen. Der Ideenfindungsprozess dauert dann durchaus auch schon einmal sehr viel länger. Zwei bis vier Wochen sind da keine Seltenheit. Bei einem gemeinsamen Meeting werden die Ideen dann gesichtet und ausgewertet.

Feature-Card	
Methodentyp	Kreativtechnik
Methodengruppe	Brainwriting-Methode
Verfahren/Prinzip	Intuitiv – Freie Assoziation
Target-Analyse	Nein
Ideensuche	Ja
Evaluierung	Nein
Realisierung	Nein
Einzelarbeit möglich	Ja
Empfohlene Teilnehmer	ab 1

Dauer	Bis zu vier Wochen
Protokollierung	Leicht
Moderation	Leicht
Schwierigkeitsgrad	Leicht

Eignung

Lösungssuche komplexer Fragestellungen. Diese Methode ist besonders dann anzuwenden, wenn von einem Team Ideen gefunden werden müssen, das Team aber nicht zeitgleich und am gleichen Ort arbeiten kann. Diese Technik ist aber auch geeignet, zusätzliche Ideen, die häufig durch die Entspannung nach einem Kreativmeeting, in einer Inkubationsphase, als Geistesblitze entstehen, zu sammeln.

- Zuordnung zu FRIES-Prozess-Element: [14]
- Besonders hilfreich bei: Prozessinnovationen, Sozialinnovationen, Organisationsinnovationen, Produktinnovationen, Service-Innovationen, Technologie-Innovationen

Material/Ressourcen

Notizblöcke oder Notizbücher, Moderator für Schritt 1 und Schritt 3.

Anleitung

Jeder Teilnehmer erhält den Auftrag, zu einem Target über einen nach oben offenen Zeitraum (oft zwei bis vier Wochen) seine Ideen und Gedanken schriftlich festzuhalten. Dazu wird ein Notizblock oder Notizbuch genutzt, das auf den ersten Seiten eine Beschreibung des Targets enthält. Das Notizbuch liegt an zentral erreichbarer Stelle im Unternehmen oder in der Abteilung aus. Häufig werden auch die Teilnehmer verpflichtet täglich das Notizbuch zu sichten und einen Sichtvermerk anzubringen, auch wenn sie keine neue Idee oder Weiterentwicklung beitragen konnten.

Die prinzipiellen Schritte in dieser Methode:

Schritt 1: Vorbereitungsphase

- Problemstellung formulieren,
- Teilnehmer auswählen,
- Notizblöcke/Notizbücher vorbereiten.

Schritt 2: Durchführungsphase

- Notizbücher nutzen und Ideen, Gedanken und Anregungen notieren,
- Spontane Eintragungen,
- Tägliche Eintragungen und tägliche Sichtung.

Schritt 3: Resümee

- Auswertung: Zusammenfassungen abgleichen,
- Notizen durchsehen,
- Basisvorschläge zur Problemlösung erarbeiten,
- Konzepterstellung in gemeinsamer Gruppensitzung.

Hinweise

Als Variante der ursprünglichen Methode erhält jeder Teilnehmer ein persönliches Notizbuch als täglichen Begleiter. Die Teilnehmer sollten dann das Notizbuch nach Möglichkeit immer bei sich tragen, um auch spontan aufkommende Einfälle festhalten zu können.

Vorteile

Der große Vorteil ist, dass sich die Teammitglieder nicht gegenseitig beeinflussen. Es ist ebenfalls nicht erforderlich, dass das Team zusammen an dem Problem arbeitet. Die Ideen können über einen längeren Zeitraum unmittelbar dann gesammelt werden, wenn sie entstehen.

Nachteile

Die Methode dauert sehr lange und ist wirklich nur dann effizient, wenn alle Teilnehmer sich jeden Tag weiter mit dem Target und dem Notizbuch auseinandersetzen – das verlangt schon eine sehr gute Disziplin und auch ein gutes Zeitmanagement.

4.22 Koordinatentechnik

Diese Technik ist eine klassische Hilfs- oder Analysetechnik. Ich liebe diese Technik, da sie mit sehr einfachen Mitteln Stimmungen und Werte sozusagen in Bilder umwandelt, die das weitere Arbeiten sehr erleichtern. Mit der Koordinatentechnik werden klassisch zwei Werte, Aspekte oder Eigenschaften schnell und einfach in eine Beziehung gesetzt. Alle Teilnehmer können sehr schnell und einfach ihre Einschätzung klar und unmissverständlich darstellen.

Feature-Card	
Methodentyp	Analysetechnik / Feedbacktechnik
Methodengruppe	Methoden der Visualisierung
Verfahren/Prinzip	Visuelle Konkretisierung
Target-Analyse	Ja
Ideensuche	Nein
Evaluierung	Ja
Realisierung	Nein
Einzelarbeit möglich	Nein
Empfohlene Teilnehmer	ab 2
Dauer	10 bis 30 Minuten
Protokollierung	Leicht
Moderation	Leicht
Schwierigkeitsgrad	Leicht

Eignung

Die Analyse und auch die Evaluierung von Targets werden mit dieser Methode optimal unterstützt.

- Zuordnung zu FRIES-Prozess-Element: [8], [22]
- Besonders hilfreich bei: Allen Innovationstypen

Material/Ressourcen

Pinnwand oder Flipchart, Stifte, ausreichend Klebepunkte.

Vorbereitung

Erstellen der blanken Koordinatensysteme und Aufbau der nötigen Pinnwände oder Flipcharts.

Anleitung

Der Moderator hat auf einen Plakatkarton ein Koordinatenkreuz gezeichnet. Ordinate und Abszisse sind durch ein gegensätzliches Eigenschaften- oder Begriffspaar (zum Beispiel *Größe* und *Preis*) gekennzeichnet.

Der Moderator bittet die Teilnehmer, ein Kreuz in das Koordinatensystem zu zeichnen, um so auszudrücken, wie sie zum Beispiel das Produkt oder die Verpackung nach den beiden vorgegebenen Kriterien beurteilen.

Beispiel in Abbildung 39: Wenn die »große« Verpackung für einen Teilnehmer mit einem sehr hohem Preis verknüpft war, würde er das Kreuz im Koordinatensystem nach oben rechts rücken.

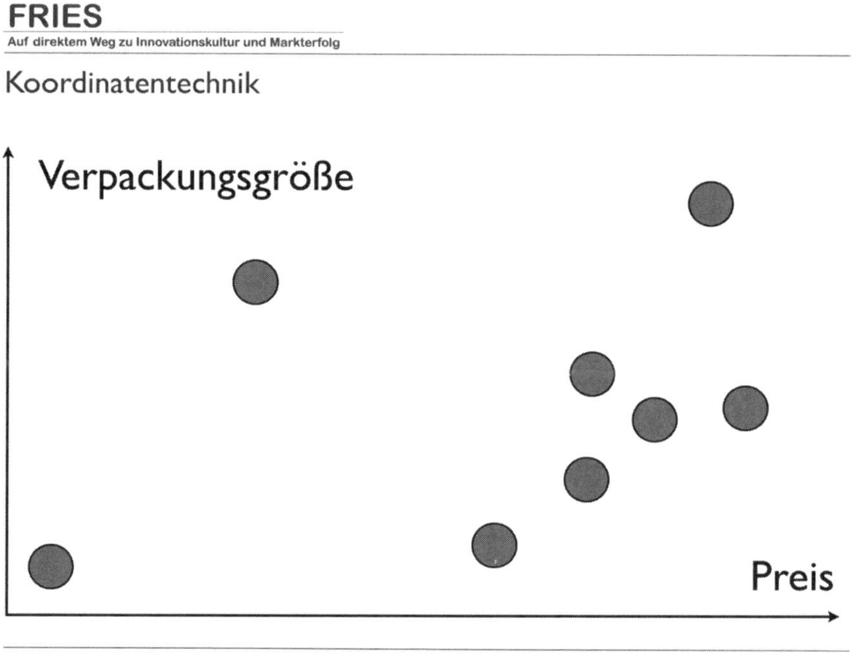

Abbildung 39: Beispiel Koordinatentechnik

Hinweise

Statt der Kreuzchen können selbstverständlich auch Klebepunkte gesetzt werden. Eine gemeinsame Auswertung könnte sich erübrigen, wenn alle noch einmal Gelegenheit haben, das Ergebnis insgesamt zu betrachten. Gewisse Ballungen und Streuungen könnten aber auch noch im Team erörtert werden.

Bei den Koordinaten sollten im Regelfall keine genaueren Maßeinheiten angegeben werden (zum Beispiel plus 10 bis minus 10), da es sich nur um Impressionen und nicht um eine wissenschaftlich genaue Messung handelt.

Um Trends zu vermeiden, die vorgegeben und dann von anderen aufgegriffen werden, sollten alle Teilnehmer eventuell vorher auf einem Notizzettel ihr Kreuz selbst setzen. Oft ist es auch sinnvoll, wenn der Moderator sich beim Ankreuzen so abwendet, dass er nicht sieht, wer welches Kreuz macht.

Vorteile

Mit dieser Technik können sehr schnell eine große Zahl von Koordinatensystemen und Eigenschaftsbeziehungen anschaulich dargestellt werden. Man kann seine Einschätzung abgeben, ohne große Reden zu schwingen. Besonders introvertierten Kollegen kommt diese Methode immer zugute.

4.23 Kreuzworträtsel

Die Kreuzworträtsel-Technik ist weniger eine eigenständige Technik als eine Art Vehikel, um eine andere Technik sinnvoll anzureichern. Das Kreuzworträtsel lässt sich mit den allermeisten Brainstorming- und Brainwriting-Varianten kombinieren. Durch die Nutzung des für alle Teilnehmer vertrauten Kreuzworträtselrasters entsteht sehr schnell die nötige, lockere Atmosphäre, die für ein Kreativmeeting gebraucht wird. Außerdem lässt sich sehr leicht zusätzlich der sportliche Ehrgeiz wecken, denn beim Ausfüllen des Rasters muss man SUDOKU-ähnlich vorgehen und all seine grauen Zellen mobilisieren. Durch die deutliche Konzentrationsleistung gerät das sonst so präsente Tagesgeschäft sehr schnell in den Hintergrund.

Feature-Card	
Methodentyp	Kreativtechnik, Hilfstechnik
Methodengruppe	Brainstorming und Varianten
Verfahren/Prinzip	Intuitiv – Freie Assoziation
Target-Analyse	Nein
Ideensuche	Ja
Evaluierung	Nein
Realisierung	Nein
Einzelarbeit möglich	Ja
Empfohlene Teilnehmer	1 bis 10 Teilnehmer
Dauer	30 bis 60 Minuten
Protokollierung	Leicht
Moderation	Leicht
Schwierigkeitsgrad	Leicht

Eignung

Besonders eignet sich das Kreuzworträtsel für Brainstormings und für die Erstellung themenbezogener Ideensammlungen. Auch für die erste Einführung in ein geplantes Thema und die Basisanalyse lässt es sich gut nutzen. Auch die Erwartungen an ein Thema lassen sich mit dieser Technik herausfiltern.

- Zuordnung zu FRIES-Prozess-Element: [8], [14], [22]
- Besonders hilfreich bei: Allen Innovationstypen

Material/Ressourcen

Arbeitsblatt 23 oder ein eigenes für jeden Teilnehmer, alternativ Flipchart für ein großes Kreuzworträtsel, Moderator.

Vorbereitung

Vorbereitung der Target- oder Themenpräsentation sowie der Aufgabenstellung. Eventuelle Vorbereitung von kleinen Preisen, wenn Sie sich für eine Wettkampfvariante der Technik entscheiden.

Anleitung

Auf einem großen Arbeitsblatt werden Kästchen wie bei einem Kreuzworträtsel vorgegeben. Das Target oder ein Aspekt wird waagerecht oder senkrecht in die Mitte des Blattes geschrieben. Alle Teilnehmer suchen nun Begriffe, die sie mit dem Thema assoziieren. Diese Begriffe werden dann wiederum von anderen Teilnehmern weiter ergänzt. Es kann ein großes Arbeitsblatt verwendet werden oder viele kleine, an denen aber auch alle mitarbeiten dürfen.

Varianten dieser Technik

- Alle Teilnehmer arbeiten an einem großen Kreuzworträtsel.
- Jeder Teilnehmer arbeitet an einem eigenen Kreuzworträtsel.
- Gruppen treten gegeneinander an. Wer in einer bestimmten Zeit die meisten Begriffe unterbringen kann, gewinnt.
- Wer zum Schluss die geringste Anzahl Blindfelder hat, gewinnt.
- Es kann nur mit einzelnen Worten, aber auch mit Stichwortkombinationen gearbeitet werden.

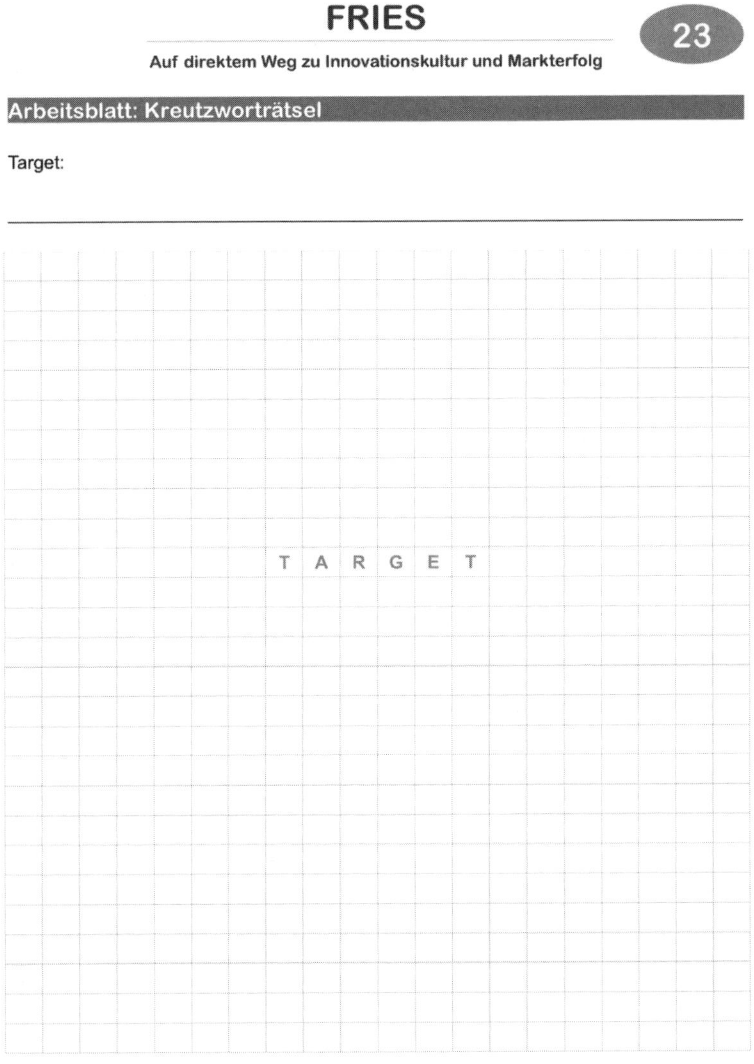

FRIES

Auf direktem Weg zu Innovationskultur und Markterfolg

23

Arbeitsblatt: Kreutzworträtsel

Target:

T A R G E T

Abbildung 40: Arbeitsblatt 23 zum Kreuzworträtsel

Hinweise

Lassen Sie Ihrer Fantasie freien Lauf und nutzen Sie auch andere Verwandte des Kreuzworträtsels, wie zum Beispiel das Silbenrätsel. Hier werden anstelle der Buchstaben ganze Silben in die Kästchen eingetragen.

Rückblick
Das erste Kreuzworträtsel der Welt erschien am 21. Dezember 1913 in der Weihnachtsbeilage der Zeitung New York World und enthielt 31 Suchbegriffe. Erfunden haben soll es der aus Liverpool stammende Journalist Arthur Wynne. Das Kreuzworträtsel von Wynne enthielt keine schwarzen Felder und war rautenförmig. Anfang der 1920er Jahre gab es die ersten Kreuzworträtsel in europäischen Zeitungen und Zeitschriften. Das erste Kreuzworträtsel in einer deutschen Zeitung druckte die Berliner Illustrierte 1925.

Vorteile

Einfache Methode, die zusätzlich auch anspornenden Wettkampfcharakter haben kann.

Nachteile

Bestimmte wichtige Begriffe und Ideen müssen eventuell umformuliert werden, damit man sie passend in das Kreuzworträtsel einbauen kann.

4.24 Maßnahmenplan

Mithilfe eines Maßnahmenplans kann Ihr Team zielgerichteter entscheiden, welche Aktivitäten wann, in welcher Reihenfolge, mit welchem Aufwand, von wem, bis wann und unter welchen Prämissen ausgeführt werden müssen. Für den klassischen Maßnahmenplan wird prinzipiell nur eine einfache Tabelle erstellt, welche die geplanten Aktivitäten übersichtlich aufführt und organisiert. Der Maßnahmenplan, als sinnvolles und sehr universelles Werkzeug, soll auch gewährleisten, dass Meetings, besonders auch unsere Audits, nicht ergebnislos bleiben, sondern zu konkreten Beschlüssen führen, die mittels konkreter Maßnahmen auch zuverlässig realisiert werden. Dadurch, dass der Maßnahmenplan festlegt, wer, was, bis wann erledigen wird, garantiert er ein hohes Maß an Verbindlichkeit. Aus der Erfahrung kann ich berichten, dass konkrete sichtbare Maßnahmenpläne rund um FRIES auch dazu beitragen, die Innovationskultur deutlich wahrzunehmen und sie auf den gleichen Level wie das übrige Tagesgeschäft zu heben.

Feature-Card	
Methodentyp	Organisationstechnik
Methodengruppe	Methoden der systematischen Strukturierung
Verfahren/Prinzip	Planung
Target-Analyse	Nein
Ideensuche	Nein
Evaluierung	Nein
Realisierung	Ja
Einzelarbeit möglich	Ja
Empfohlene Teilnehmer	ab 1
Dauer	Nicht relevant
Protokollierung	Leicht
Moderation	Leicht
Schwierigkeitsgrad	Leicht

Eignung

Der Maßnahmenplan kann innerhalb von FRIES in jeder Phase gut genutzt werden, besonders wenn es sich um sehr komplexe oder auch weitreichende Targets handelt.

- Zuordnung zu FRIES-Prozess-Element: [8], [10], [18], [24], [26], [31]
- Besonders hilfreich bei: Allen Innovationstypen

Material/Ressourcen

Flipchart bei der ersten gemeinsamen Erarbeitung, Moderator.

Anleitung

Der Moderator trägt alle gefassten Beschlüsse in den Maßnahmenplan ein. Die getroffenen Entscheide werden dabei als konkrete Maßnahmen formuliert, sodass sie ausführungswirksam werden.

In der nächsten Besprechung wird der Maßnahmenplan nochmals aufgehängt und die Erledigung der Maßnahmen gemeinsam überprüft.

Damit der Maßnahmenplan hält, was er verspricht, sind folgende Basis-Regeln zu beachten:

- Die Formulierung der einzelnen Maßnahmen soll so präzise wie möglich sein.
  (Die Zielsetzung der Maßnahmen (= wozu?) festzuhalten, kann hilfreich sein, ist aber nicht immer notwendig.)
- In der Spalte »Wer« steht der Verantwortliche für die Maßnahme. Es dürfen nur Personen genannt werden, die bei der Besprechung anwesend sind. Andernfalls muss die Maßnahme entsprechend umformuliert werden.
- Der Moderator vereinbart mit demjenigen, der in der Spalte »Wer« steht, einen Zeitpunkt (konkretes Datum), zu dem die Maßnahme abgeschlossen ist oder ein Ergebnis vorliegt.
- In der Spalte »Rückmeldung« wird festgehalten, in welcher Art die Teilnehmer über den Realisierungserfolg der Maßnahme Rückmeldung erhalten werden.

Beispiel: Ein Target mit der gefundenen Idee zügig umsetzen und vermarkten

Wenn Ihre Lösung zum Target und deren Planung und Finanzierung stehen, setzen Sie diese zügig um. Viele Innovationen scheitern erfahrungsgemäß an einer zu langsamen Umsetzung, zum Beispiel wenn eine neue Idee bereits während oder kurz nach der Markteinführung technisch schon wieder überholt ist. Heutige Zeiträume für Planung und Umsetzung von Innovationen bewegen sich, global gesehen, eher in Monaten als in Jahren.

Folgende Aspekte helfen Ihnen, einen konkreten Maßnahmenplan für eine Produktvermarktung zu erstellen:

- Schützen Sie Ihre Innovationen ausreichend durch Patente oder Marken.
- Erstellen Sie ein konkretes Pflichtenheft für Ihre Forschungs- und Entwicklungsabteilung oder externe Entwickler/Dienstleister/Partner.
- Bauen Sie Ihre personellen Ressourcen frühzeitig auf, beziehungsweise reservieren Sie rechtzeitig Kapazitäten bei Ihren Mitarbeitern. Hierzu gehört auch eine entsprechende Information der betroffenen Mitarbeiter in Forschung und Entwicklung, Produktion und Vertrieb mit einem ausreichenden Vorlauf. Sonst sind Terminkalender oder Kapazitätspläne in der Regel bereits belegt und sie müssen aufwändig Prioritäten vergeben und umplanen.

- Planen Sie nötige Schulungen und Weiterbildungen für Ihre Kollegen und Mitarbeiter ein.
- Disponieren Sie erforderliche neue Maschinen, Vorprodukte, Waren oder sonstige erforderliche Leistungen mit ausreichendem Vorlauf.
- Beantragen Sie gegebenenfalls erforderliche Zertifikate und Zulassungen.
- Erstellen Sie parallel oder im Anschluss zur Entwicklung alle wichtigen produktbegleitenden Unterlagen beziehungsweise Werbematerialien, damit Sie unmittelbar bei Abschluss der Entwicklungsarbeiten (oder sogar vorher) mit der Vermarktung beginnen können.
- Geben Sie Ihre Produkte in den Vertrieb, sobald abschließende Tests zur Zufriedenheit ausgeführt und die erforderlichen logistischen Vorbereitungen getroffen sind.
- Legen Sie fest, wie mit Rückläufen oder Reklamationen umgegangen werden soll. Richten Sie Prozeduren ein, wie Fehler behandelt werden, die erst beim Kunden auftreten.
- Präsentieren Sie Ihre Produkte.
- Informieren Sie Ihre bestehenden Kunden mit geeigneten Mitteln (Direkt-Werbung, Telefon-Information, Einladung zu Haus- oder Fachmessen).
- Loben Sie Ihre Innovation in der Öffentlichkeit aus.
  Geeignete Mittel sind jede Form von Public Relations, Fachvorträge, Interviews, Artikel in Fachzeitschriften und vieles mehr.

Vorteile

Schnelle unmissverständliche, kontrollierte und nachvollziehbare Umsetzung eines Targets.

FRIES

Auf direktem Weg zu Innovationskultur und Markterfolg

24

Arbeitsblatt: Maßnahmenplan

Target:

Nr.	Maßnahme	Prio	Ziel	Wer / Kürzel	Bis wann	Status / Bericht an	Bemerkung

Abbildung 41: Arbeitsblatt 24 Maßnahmenplan

4.25 Meilensteinplan

Ein Meilenstein im Sinne einer Meilensteinplanung ist von besonderer Bedeutung im Ablauf eines Projekts beziehungsweise im Leben eines Targets. Ebenso ist ein Meilenstein auch immer ein wichtiges Ziel oder Etappenziel. Wesentlicher Bestandteil eines Meilensteins ist die scharfe Terminfokussierung und die dazugehörige Kommunikation. Man kann einen Meilenstein grundsätzlich als einen »nach außen kommunizierten Zeitpunkt, bis wann bestimmte Aufgaben erledigt sein müssen« verstehen.

Besonders eignet sich der Meilensteinplan aber auch zur Kommunikation eines Projekts an andere, nicht beteiligte Kollegen und auch Stakeholder, da er sehr übersichtlich nur die wesentlichen Meilensteine des Projekts beschreibt und kommuniziert.

Feature-Card	
Methodentyp	Organisationstechnik
Methodengruppe	Methoden der systematischen Strukturierung
Verfahren/Prinzip	Planung – Kommunikation
Target-Analyse	Nein
Ideensuche	Nein
Evaluierung	Nein
Realisierung	Ja
Einzelarbeit möglich	Ja
Empfohlene Teilnehmer	ab 1
Dauer	Nicht relevant
Protokollierung	Leicht
Moderation	Leicht
Schwierigkeitsgrad	Leicht

Eignung

Ein Meilensteinplan kann als »Big Picture« einen oder mehrere detaillierte Maßnahmenpläne sehr sinnvoll ergänzen und sein Einsatz ist eigentlich bei allen mittleren bis großen Targets empfehlenswert.

- Zuordnung zu FRIES-Prozess-Element: [30], [31], [32], [35]
- Besonders hilfreich bei: Allen Innovationstypen

Material/Ressourcen

Arbeitsblatt 25 oder ein entsprechendes eigenes Arbeitsblatt, Flipchart, Moderator.

Anleitung

Der Target-Verantwortliche trägt alle gemeinsam festgelegten Meilensteine in den Meilensteinplan ein. Anschließend wird festgelegt, an wen und wann der Meilensteinplan kommuniziert wird. In den weiteren Meetings zum Target wird der Meilensteinplan wieder aufgehängt und die Erreichung der Meilensteine geprüft.

Ein Meilensteinplan enthält im klassischen Verständnis meistens Angaben wie:

- Datum Projektstart,
- Datum Projektende,
- alle wichtigen Meilensteine wie Fertigstellungstermine, Liefertermine, Abnahmetermine, Review-Sitzungen, Verfügbarkeiten von Prototypen, Beschaffungstermine, Testtermine und Publikationstermine,
- Hinweise auf Datenelemente wie ergänzende Berichte oder andere Ergebnisse.

Ein Meilensteinplan und die darin enthaltenen Meilensteine sollte aber auch von wichtigen und zielführenden Merkmalen gekennzeichnet sein, wie:

- Die Meilensteine sind für alle Kollegen verständlich.
- Die Meilensteine sind eindeutig kontrollierbar.
- Es gibt nur maximal circa 10–15 Meilensteine in einem Projekt.
- Die Meilensteine liegen in angemessenen Abständen (wöchentlich, monatlich).
- Die Meilensteine geben die für das Erreichen des Projektziels wichtigen Ereignisse wieder.

Muster einer Meilensteinplanung

Es soll ein Aktionsplan entwickelt werden, um die Mitarbeiterzufriedenheit zu erhöhen.

Meilenstein	Beschreibung
MS-1	Die detaillierte Analyse des Ist-Zustands liegt vor – KW 1
MS-2	Die Entwicklung des Soll-Konzepts ist abgestimmt – KW 4
MS-3	Die Anforderungen für Änderungen sind festgelegt – KW 6
MS-4	Die ersten Ideen für Umsetzungsmaßnahmen sind erarbeitet – KW 10
MS-5	Die Konsequenzen der verschiedenen Umsetzungsmaßnahmen sind bekannt – KW 14
MS-6	Die Maßnahmen sind im Maßnahmenplan enthalten und mit der Geschäftsführung abgestimmt – KW 15
Quelle: http://de.wikipedia.org/wiki/Meilensteinplan	

Vorteile

Eine klare, eindeutige und unmissverständliche Kommunikation. Der Meilensteinplan sorgt für ein gleiches Verständnis der Projektziele, sowohl bei den Beteiligten als auch bei allen außenstehenden Personen.

Methode/Technik im Anschluss

Sehr gut in Kombination mit einem oder mehreren detaillierten Maßnahmenplänen.

FRIES 25

Auf direktem Weg zu Innovationskultur und Markterfolg

Arbeitsblatt: Meilensteinplan

Target / Projekt:

Projektstartdatum: ____________ Projektenddatum: ____________

Meilensteine	Beschreibung
MS-1	
MS-2	
MS-3	
MS-4	
MS-5	
MS-6	

Gute Meilensteine sind ...

- ... für alle Beteiligten verständlich
- ... kontrollierbar
- ... nur ca. 10–15 Stück in einem Projekt
- ... liegen in zeitlich angemessenen Abständen (wöchentlich, monatlich)
- ... geben für das Erreichen des Projektziels wichtige Ereignisse wieder

Abbildung 42: Arbeitsblatt 25 zum Meilensteinplan

4.26 Meinungs-Blitzlicht

Schnelles Erfassen und Austauschen von Einzelmeinungen ermöglicht das Meinungs-Blitzlicht, sowie spontane Äußerungen zu einem Target, mögliche Konflikte und Probleme. Dabei geht es nur um Meinungen zu gestellten Fragen und nicht um Ideen wie beim Brainstorming.

Feature-Card	
Methodentyp	Feedbacktechnik
Methodengruppe	Methoden der schöpferischen Konfrontation
Verfahren/Prinzip	Konfrontation und Assoziation
Target-Analyse	Ja
Ideensuche	Nein
Evaluierung	Ja
Realisierung	Nein
Einzelarbeit möglich	Nein
Empfohlene Teilnehmer	2 bis 20 Teilnehmer
Dauer	10 bis 30 Minuten
Protokollierung	Leicht
Moderation	Leicht
Schwierigkeitsgrad	Leicht

Eignung

Gut geeignet zur Evaluierung und auch zur Target-Analyse beziehungsweise zur Beschreibung in der ersten Phase.

- Zuordnung zu FRIES-Prozess-Element: [8], [22]
- Besonders hilfreich bei: Allen Innovationstypen

Material/Ressourcen

Moderator, Arbeitsblatt 26 oder ein eigenes pro Teilnehmer, Flipchart.

Anleitung

Der Moderator bereitet Fragen zum Target und dessen Evaluierung vor. Die Fragen müssen klar formuliert sein.

Frage für Frage wird an die Runde gestellt und der Reihe nach von jedem Teilnehmer kurz und ohne Umschweife beantwortet. Jeder Teilnehmer drückt seine eigene Meinung aus und spricht von sich nicht unpersönlich von »wir« oder »man«.

Die schnelle Abfolge (wie bei einem Blitzlicht) ist bei dieser Methode ausschlaggebend. So kann man für die Beantwortung der Fragen mittels Stoppuhr einen auf einige Sekunden begrenzten Zeitraum festlegen. Die Beiträge der Teilnehmer werden nicht kommentiert, sondern 1 zu 1 protokolliert.

Hinweise

Als Variante kann das Blitzlicht auch schriftlich erfolgen. Zum Abschluss können die wichtigsten Aussagen am Flipchart zusammengefasst werden.

FRIES

Auf direktem Weg zu Innovationskultur und Markterfolg

26

Arbeitsblatt: Meinungs-Blitzlicht

Target:

____

Frage 1:

____

Frage 2:

____

Frage 3:

____

Frage 4:

____

Frage 5:

____

Abbildung 43: Arbeitsblatt 26 zum Meinungs-Blitzlicht

4.27 Mind-Mapping

Diese Technik »der merkwürdigen Bilder« ist einer meiner Favoriten unter den Kreativtechniken, und ich liebe hier besonders die ultimativen Freiheitsgrade.

Tony Buzan, ein britischer Mentaltrainer und Autor, prägte den Begriff der »Mind Map« und sorgte für die Einführung und die erste Verbreitung. Auf den ersten Blick könnte man meinen, Mind-Mapping ist nur eine sogenannte Visualisierungstechnik, also eine Möglichkeit, einen Sachverhalt übersichtlich »sichtbar« zu machen. Die Möglichkeiten des Mind-Mappings sind nach allen Erfahrungen allerdings nahezu unbegrenzt.

Mind-Mapping ist eine sehr effiziente und universelle Kreativitäts-, Notiz- und Merktechnik, bei der die Funktion des Gehirns optimal genutzt wird. Mind-Mapping regt sehr die Kreativität eines Menschen an. Viele Menschen, die wir heute als Genies bezeichnen, benutzen Mind-Mapping als permanenten Begleiter in ihrem täglichen Leben. Herkömmliche Notizen oder Diagramme nutzen typischerweise nur die linke Gehirnhälfte. Diese Hälfte des Gehirns ist (bei den allermeisten Menschen) für analytisches Denken zuständig. Hier werden Sprache, Logik und Zahlen, geordnete und lineare Dinge verarbeitet. Die rechte Gehirnhälfte beinhaltet jedoch das bildliche Vorstellungsvermögen. Hier werden Formen, Farben, Muster und Rhythmen verarbeitet. Eine Mind-Map nutzt neben den Fähigkeiten der rechten Gehirnhälfte zusätzlich auch die der linken Gehirnhälfte. Dadurch wird die Leistungsfähigkeit des Gehirns bestmöglich ausgeschöpft.

Feature-Card	
Methodentyp	Kreativtechnik
Methodengruppe	Brainwriting-Methode, Methoden der systematischen Strukturierung
Verfahren/Prinzip	Intuitiv – Freie Assoziationen
Target-Analyse	Ja
Ideensuche	Ja
Evaluierung	Ja
Realisierung	Nein
Einzelarbeit möglich	Ja
Empfohlene Teilnehmer	ab 1
Dauer	30 bis 60 Minuten

Protokollierung	Leicht
Moderation	X
Schwierigkeitsgrad	Leicht

Eignung

Mind-Mapping eignet sich daher besonders für die Ideenfindung, aber eben auch für die Planung, Strukturierung von Wissen, Protokollerstellung, Vorbereitung von Referaten, Seminaren und Themenübersichten. Mind-Maps eignen sich zudem auch hervorragend für persönliche Brainstormings und Notizen jeder Art, zum Beispiel in einem Meeting oder Seminar, beim Lesen von Artikeln/Büchern, bei der Erstellung von To-Do-Listen und besonders auch am Telefon.

- Zuordnung zu FRIES-Prozess-Element: [8], [14], [22]
- Besonders hilfreich bei: Allen Innovationstypen

Material/Ressourcen

Papier oder Flipchart, Stifte in verschiedenen Farben und Stärken.

Anleitung

Mind-Mapping funktioniert sowohl in der Gruppe als auch in der Einzelanwendung. Um sich der Methode zu nähern, kann man jederzeit selbst damit anfangen. Hier die wichtigsten Regeln, wie sie in der einschlägigen Literatur beschrieben werden.

Das Arbeitspapier (je größer, desto besser) wird idealerweise im Querformat genutzt! In die Mitte der Seite wird ein Kästchen oder besser ein einprägsames Bild oder eine kleine Skizze gezeichnet, die das zu behandelnde Hauptthema darstellt.

Von diesem zentralen Begriff oder Bild ausgehend wird spontan für jeden tiefergehenden Gedanken beziehungsweise Unterpunkt eine Linie gezeichnet, die weder gerade sein muss, noch sonstigen Regeln unterliegt. Auf dieser Linie werden die einzelnen Schüsselworte zu den Unterpunkten geschrieben. Diese Worte sollten in Druckbuchstaben eingetragen werden, um die Lesbarkeit und Einprägsamkeit der Mind-Map zu erhöhen.

Von den eingezeichneten Linien können wiederum weitere Linien ausgehen, auf denen die einzelnen Hauptgedanken weiter untergliedert werden. Von diesen weiterführenden Linien können wieder andere ausgehen beziehungsweise ausstrahlen.

Benutzen Sie unterschiedliche Farben, um die Übersichtlichkeit zu erhöhen. Gleichzeitig können beispielsweise auch zusammengehörende Gedanken und Ideen leicht durch Verwendung der gleichen Farbe verdeutlicht werden. Zusätzliche Symbole, wie zum Beispiel Pfeile, kleine Bilder, gemalte Ausruf- oder Fragezeichen und natürlich selbst definierte Sinnbilder sind erwünscht. Sie erleichtern die Erfassung des Inhalts und können helfen, einzelne Bereiche besser abzugrenzen oder hervorzuheben.

Bei der kreativen Arbeit sollte man sich aber nicht allzu lange damit aufhalten, an welcher Stelle die Mind-Map weiter ergänzt wird. Das stört nur den freien Gedankenfluss, denn Sie denken normalerweise schneller als Sie schreiben. Umstellungen können später immer noch in einer Neuzeichnung vorgenommen werden. Dieser Ablauf hat außerdem den Vorteil, sich ein weiteres Mal mit den visualisierten Gedanken zu befassen. So kann der Inhalt besser verarbeitet, erinnert und verstanden werden, und es besteht die Chance, den entscheidenden Gedanken gerade bei dieser Neugestaltung zu bekommen.

Bei Ihren Kreativ- und Evaluierungsmeetings können auch die Hauptideen/-punkte vieler einzelner Mind-Maps in einer großen zentralen Mind-Map festgehalten werden. Auf diese Weise hat jeder Teilnehmer stets einen Überblick über die Gesamtsituation. Da mit der Technik im Wesentlichen auch nur Schlüsselwörter aufgezeichnet werden, ist jeder Teilnehmer auch gezwungen, seine Aussagen auf den Punkt zu bringen. Unsachliche Beiträge und langatmige Umschweifungen werden nicht berücksichtigt und sind für den »Einbringer« daher nutzlos. Alle relevanten Punkte werden auf der Mind-Map festgehalten, sodass am Ende des Meetings auch stets ein vollständiges Protokoll, quasi als Abfallprodukt, in Form einer Mind-Map vorliegt.

Vorteile

- Das Hauptthema/die Grundidee/das Target wird zentral angeordnet und kann somit sehr schnell erfasst werden. Ein kurzer Blick auf die Mind-Map genügt, um zu wissen, worum es geht.
- Durch die Verästelungen kann die relative Bedeutung eines Gedankens oder einer Idee gut dargestellt werden. Es wird eine natürliche Hierarchisierung und Strukturierung vorgenommen.

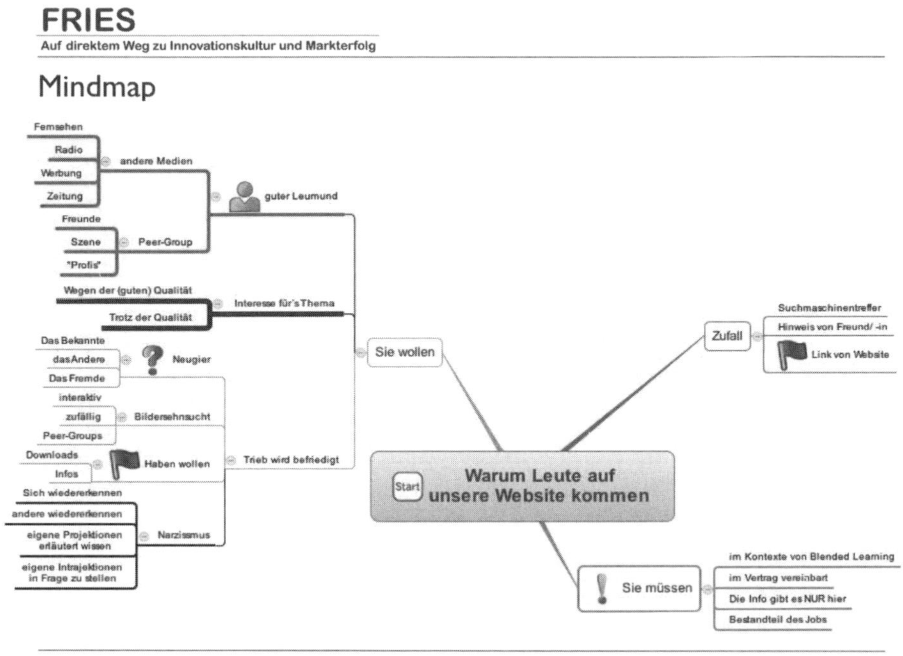

Abbildung 44: Beispiel einer Mind-Map

> **Tipp**
> Wenn Sie auf der Google Website in der Bildersuche einmal nach »mindmapping« googeln, sehen Sie auf den ersten Blick, welche Vielfalt und Möglichkeiten in den Mind-Maps stecken.

- Eine Mind-Map offenbart auch Lücken. Aufgrund der grafischen Darstellung ist sehr leicht zu erkennen, welche Gedanken bereits gut und welche bisher noch sehr wenig entwickelt wurden.
- Durch die Verwendung von Schlüsselwörtern kann man sich auf das Wesentliche konzentrieren; gleichzeitig werden Zeit (zum Erstellen und Lesen) und Raum (auf dem Papier) gespart.
- Die Mind-Map eignet sich ebenfalls hervorragend zur Wiederholung eines Stoffes; die Grundgedanken wurden bereits verstanden, zur Rekonstruktion und Erinnerung reichen die Schlüsselwörter vollkommen aus. Dies ist besonders von Vorteil, wenn sich Kreativ- oder Evaluierungs-Meetings über mehrere Termine erstrecken.
- Für eine Mind-Map reicht meistens ein Blatt Papier aus. Übrigens kann man auch gute Mind-Mapping-Software als kostenlose Open-Source-Lösung bekommen.

- Durch die Verästelungstechnik ist die Mind-Map stets für Erweiterungen offen.
- Jede Mind-Map sieht anders und ganz individuell aus, dadurch wird man sich an ihre Form und an ihrem Inhalt leichter erinnern können.

Nachteile

- Ein kleiner Nachteil der Mind-Map-Methode besteht darin, dass man sich erst einmal an diese Form der Aufzeichnung gewöhnen muss.
- Insbesondere die Akzeptanz durch Personen, die mit dieser Methode nicht vertraut sind, ist eher gering.
- Die Mind-Maps sehen auf den ersten Blick eher unübersichtlich, konfus und verschachtelt aus. Dieses Aussehen ist aber rein formaler Natur. Der Inhalt ist eigentlich immer sehr wohl strukturiert und geordnet, kann aber nur von den Personen erfasst werden, die die verwendeten Schlüsselwörter richtig assoziieren.
- Mind-Maps, die von mehreren Menschen genutzt werden, sollten daher auch gemeinsam konstruiert werden. Zumindest sollte jedoch eine grundsätzliche Vereinbarung zur Zeichnung von Mind-Maps getroffen werden.

4.28 Morphologischer Kasten

Nach seinem Erfinder Fritz Zwicky soll mit dieser Technik eine »Totallösung« zu einem gegebenen Problem ermöglicht werden. Die Technik zerlegt ein Problem oder Target zunächst in Einzelteile, die anschließend wieder mannigfaltig kombiniert und zusammengesetzt werden. Die Bezeichnung Morphologischer Kasten ist etwas irreführend, üblicherweise wird eine Art morphologisches Tableau verwendet.

Feature-Card	
Methodentyp	Kreativtechnik
Methodengruppe	Methoden der systematischen Strukturierung
Verfahren/Prinzip	Kombinationstechnik
Target-Analyse	Ja
Ideensuche	Ja
Evaluierung	Ja
Realisierung	Nein
Einzelarbeit möglich	Ja

Empfohlene Teilnehmer	1 bis 10 Teilnehmer
Dauer	40 bis 80 Minuten
Protokollierung	Leicht
Moderation	Schwer
Schwierigkeitsgrad	Schwer

Eignung

Erzeugung einer Ideenvielfalt besonders für Produktverbesserungen, Updates und Produktneuformulierungen über die systematische Zerlegung komplexer Sachverhalte in abgrenzbare Einzelelemente (Problemparameter), Gestaltvariation der Einzelelemente und Kombination von Gestaltvariationen zu neuen Gesamtlösungen.

- Zuordnung zu FRIES-Prozess-Element: [8], [14], [22]
- Besonders hilfreich bei: Produktinnovationen

Material/Ressourcen

Arbeitsblatt 28 oder ein entsprechendes eigenes Arbeitsblatt, Blöcke Stifte, Flipchart bei der Parameterfindung.

Vorbereitung

Klären, ob das entsprechende Expertenwissen zur Bestimmung der Parameter im Team vorhanden ist.

Anleitung

Der morphologische Kasten bietet die Möglichkeit, zu einem gestellten Problem die Totalität der denkbaren Lösungen aufzuzeigen. Dazu sind die variablen Gestaltungselemente (= Parameter) potenzieller Lösungen aufzustellen. Sie werden als Vorspalte einer Tabelle angeordnet. Hinter jeden Parameter werden nun alle denkbaren konkreten Ausführungsmöglichkeiten (= Ausprägungen) aufgelistet. Einzelne Lösungsalternativen entstehen dadurch, dass man aus jeder Parameterzeile irgendeine Ausprägung wählt und diese (durch Linien) miteinander verbindet. Das genetische Prinzip der Lösungsbildung ist also die systematische Kombination. Ein Kasten im räumlichen Sinne entsteht nur dann, wenn die Morphologie aus drei Parametern besteht, die in X-, Y- und Z-Richtung angeordnet werden. Zur praktischen Arbeit ist dies jedoch weniger zu empfehlen.

Beispiel

Unser Target: Es liegen seit geraumer Zeit Kundenbeschwerden über die schlechte Qualität der Scharniere an unseren Garagentoren vor. Besonders das schon nach einigen Wochen einsetzende Quietschen wird moniert.

Zunächst ist es jetzt wichtig, nicht in eine zu enge Problemsichtweise zu geraten, wie etwa: Wie verbessern wir die Torscharniere so, dass sie jahrelang geräuschfrei arbeiten? Mit etwas Abstand betrachtet kann die Aufgabenstellung wie folgt erweitert werden: Wie entwickeln wir unsere Torkonstruktion so, dass sich das Tor über Jahre geräuschfrei öffnen und schließen lässt?

Nun sammeln wir zuerst die Parameter, die unsere Torkonstruktion in ihrer Gesamtheit darstellen. Zum Beispiel:

- Material des Garagentors,
- Typ der Toröffnung,
- Material des Torrahmens,
- Typ des Schlosses.

Jetzt erstellen wir den morphologischen Kasten und schreiben den Parametern alle möglichen Ausprägungen zu, die diese haben könnten.

Die grundsätzlichen Bearbeitungsschritte sind:

Schritt 1: Situationsbeschreibung. Zunächst muss die Aufgabenstellung und die Ausgangssituation sehr detailliert beschrieben vorliegen.

Schritt 2: Bestimmung der Parameter des Problems. Parameter sind die bei allen Lösungen wiederholt auftauchenden Merkmale, die unterschiedlich gestaltet sein können. Hilfsfragen zum Finden der Parameter: Worin (Merkmale, Eigenschaften, Komponenten) können sich denkbare Lösungen unterscheiden? Welche Lösungskomponenten lassen unterschiedliche Gestaltungen zu?

Schritt 3: Anordnen der Parameter in der entsprechenden Vorspalte einer vorbereiteten Tabelle.

Schritt 4: Für jeden Parameter wird jetzt jede denkbare Ausprägung gesucht und in die Parameterzeile eingetragen. Durch Kombination der einzelnen Ausprägungen (im Prinzip) jedes Parameters können neue Lösungen synthetisiert werden. (Unter der Annahme, alle Parameter mit allen Ausprägungen erhoben zu haben, sind nun auch alle denkbaren Lösungen in der Tabelle enthalten.)

Schritt 5: Nun werden alle denkbaren neuen Kombinationen mit Strichen verbunden und so sichtbar gemacht.

Schritt 6: Die von einzelnen Gruppenmitgliedern favorisierten Lösungen werden im gemeinsamen Prozess in der Evaluierungsphase bewertet (Natürlich auch unter Anwendung weiterer Techniken und Methoden).

Parameter	**Ausprägung 1**	**Ausprägung 2**	**Ausprägung 3**	**Ausprägung 4**
Material des Tores	Aluminium	Kunststoff	Holz	Keramik
Typ der Toröffnung	Rolltor	Segmenttor	Flügeltor auf Schienen	Klapptor mit Scharnieren
Material des Rahmens	Aluminium	Kunststoff	Holz	Keramik
Typ des Schlosses	Schnappschloss	Schloss mit Schlüssel	Gurtbänder	Reißverschluss

Methode/Technik im Anschluss

Weitere Brainstormings oder Mind-Mappings aber auch Methoden wie die 6 Hüte oder Walt Disney sind hier geeignet.

Hinweise

Notwendige Erfahrungen: Gründliche Fachkenntnis des behandelten Aufgabengebietes ist Voraussetzung. Um die Möglichkeiten der Methode voll auszuschöpfen, sind vertiefte Anwendungserfahrungen sehr zu empfehlen. Bescheidene Morphologien können aber auch bei Erstversuchen immer gelingen.

Da besonders das Finden der Parameter aus der Erfahrung als schwierigster Schritt empfunden wird, einige weitere Tipps:

- Die Parameter müssen voneinander logisch unabhängig sein, damit die freie Kombinierbarkeit gegeben ist.

FRIES

Auf direktem Weg zu Innovationskultur und Markterfolg

26

Arbeitsblatt: Morphologischer Kasten

Target:

Parameter ↓	Ausprägung →							
	1	2	3	4	5	6	7	8

1. derzeit verbreitete Lösung: __________ 2. interessante Alternative: __________

Abbildung 45: Arbeitsblatt 28 zum Morphologischen Kasten

- Die Parameter müssen auf alle denkbaren Lösungen zutreffen können und nicht nur für eine Teilmenge des Problems gültig sein.
- Die Parameter sollen konzeptionelle Relevanz besitzen und nicht unwesentliche Details der gesuchten Lösung beschreiben.

Die Erstellungszeit kann beim Erstellen komplexer Morphologien durchaus sehr lang sein und mehrere Tage oder gegebenenfalls sogar Wochen in Anspruch nehmen.

Vorteile

Ein gut ausgearbeitetes Totallösungssystem kann wertvolle Erkenntnisse über alle Innovationspotenziale im Rahmen der Aufgabenstellung vermitteln. Die Methode sollte häufiger bei Targets angewendet werden, die für den Anwender im Hinblick auf Innovationen von elementarer Bedeutung sind.

Nachteile

Bei Erstanwendung oder fehlendem Expertenwissen gibt es häufig Fehldefinitionen der Parameter oder Inkonsistenzen auf der Ebene der Ausprägungen.

4.29 Orange View

The Orange View ist eine von mir selbst entwickelte Technik, die besonders bei der Ideenfindung, aber auch bei der Target-Analyse eingesetzt werden kann. The Orange View hilft Ihnen vornehmlich dabei, Ihre Wahrnehmung zu ändern, wenn Sie wieder einmal den Wald vor lauter Bäumen nicht sehen. Holen Sie Ihr Target aus dem toten Winkel, indem Sie Ihren Blickwinkel ändern und das Target einfach orange einfärben.

Vielleicht kennen Sie das Phänomen: Sie haben sich soeben einen kleinen roten Sportwagen gekauft. Alle Sinne sind jetzt auf dieses Thema ausgerichtet, und Ihr Unterbewusstsein meldet Ihnen alles über das Thema, was ihm Augen und Ohren zutragen. Wann immer Sie durch die Straßen fahren, sehen Sie plötzlich überall nur noch rote Sportwagen, Ihr Unterbewusstsein meldet es Ihnen sofort. Die Plakate mit den neuen schwarzen Sportwagen, an denen Sie täglich vorbeifahren, nehmen Sie hingegen nicht mehr wahr. Die schwarzen Sportwagen sind im toten Winkel der Unaufmerksamkeit.

Merke: Sie werden immer nur das finden, wonach Sie bewusst suchen. Für alles andere sind Sie blind.

Feature-Card	
Methodentyp	Kreativtechnik, Hilfstechnik
Methodengruppe	Methoden der schöpferischen Konfrontation
Verfahren/Prinzip	Intuitiv – Wahrnehmungsänderung
Target-Analyse	Ja
Ideensuche	Ja
Evaluierung	Nein
Realisierung	Nein
Einzelarbeit möglich	Ja
Empfohlene Teilnehmer	ab 1
Dauer	Nicht relevant
Protokollierung	Nicht relevant
Moderation	Leicht
Schwierigkeitsgrad	Leicht

Eignung

Besonders geeignet zur Ideenfindung, bei Produkt- und Prozessinnovationen. Oft lasse ich mich während meiner Freiräume einfach mal treiben und färbe das Ein oder Andere einfach nur so mal orange ein. Dabei sind oft schon sehr gute Ideen oder Geistesblitze entstanden.

- Zuordnung zu FRIES-Prozess-Element: [8], [14]
- Besonders hilfreich bei: Prozessinnovationen, Organisationsinnovationen, Produktinnovationen, Designinnovationen, Technologie-Innovationen

Material/Ressourcen

Spraydose mit der Farbe Orange, eventuell Abdeckpapier und Klebeband, alternativ orangefarbene Klebefolien in jeder Form.

Vorbereitung

Das Objekt, welches eingefärbt werden soll, so abdecken, dass in der Umgebung nichts von der Farbe zerstört wird.

Anleitung

Das Target (zum Beispiel ein Produkt oder ein Bauteil eines Produktes), das analysiert werden soll, wird ganz oder teilweise orange eingefärbt (bemalt, besprayt, beklebt). Alternativ kann auch das Objekt belassen und dessen Umgebung orange eingefärbt werden. Bei wenig effizienten Prozessen oder Laufwegen im Unternehmen kann auch dieser zum Beispiel auf dem Boden als oranger Streifen sichtbar gemacht werden, um die Wahrnehmung dafür zu schärfen. (Hier vielleicht besser mit passender Klebefolie).

Mein guter Geschäftsfreund und Fotograf Wolf Müller-Funke (www.kaiserberg-studios.de) hat Beispielbilder zu Orange View erstellt. Sie finden die Fotos auf der beiliegenden CD-ROM im Verzeichnis F-R-I-E-S_Abbildungen.

Methode/Technik im Anschluss

Im Nachgang sind Beschreibungstechniken wie CATWOE oder die Osborn-Checkliste sehr gut geeignet, aber auch ein Brainstorming tut natürlich sehr gute Dienste.

Rückblick: Eine Idee wird geboren

Die Idee zu The Orange View kam mir tatsächlich auf der Toilette – ja, der Klassiker. Auf diesem sehr tristen stillen Örtchen prangte im Klorollenhalter einer Autobahnraststätte eine orangefarbene Rolle Klopapier. Nachdem ich mich eine Zeit lang mit der Frage auseinandergesetzt hatte »Warum hat der Betreiber sich wohl für orange entschieden, und was macht das gerade mit mir?«, schoss mir die Idee zu The Orange View in den Kopf. Wenn man ein Target, das es zu analysieren gilt, oder zu dem ein Brainstorming durchgeführt werden soll, orange einfärbt, ändert sich augenblicklich die Wahrnehmung. Es geht hier um den berühmten Blick für das Wesentliche. Alternativ habe ich auch das Umfeld eines Targets orange eingefärbt. Seit dieser Zeit gehört die Büchse orangener Farbe zu einem der wichtigsten Utensilien in meinen Ideenfindungsworkshops. Irgendwann ging es auch nicht mehr nur um Objekte, sondern auch um Prozesse. Wir haben in den Workshops die am Prozess beteiligten Dinge orange eingefärbt oder markiert (Ordner, Ablagekästchen oder auch die zurückzulegenden Wege). Es klingt eigentlich zu einfach – aber es ist wirklich so einfach; machen Sie es orange, und Sie werden sehen, was das in Gang bringt.

Warum orange? Diese Frage wurde mir natürlich schon häufiger gestellt. Es war letztlich Zufall, denn die Geschichte auf der Toilette ist tatsächlich so passiert. Aber ich habe mich im Laufe der Zeit natürlich auch mit dieser Farbe auseinandergesetzt. Es hat sich in meiner nichtwissenschaftlichen Betrachtung und Arbeit gezeigt, dass zwar grundsätzlich auch jede andere Farbe funktionieren kann, aber mit orange geht es immer irgendwie leichter, schneller, besser und effizienter.

Liest man sich durch die einschlägige Literatur und Webseiten zur Farbenlehre, so stellt man fest, dass Orange als exotische Farbe gesehen wird, zu der es keine Naturmaterialien gibt. Orange ist auch keine Allerweltswohlfühllieblingsfarbe wie blau oder grün. Orange kann sehr unterschiedliche Eigenschaften in sich tragen, wobei meines Erachtens die positiven deutlich überwiegen:

- Positiv: Energie, Freude, Lebhaftigkeit, Spaß, Lebensbejahung, aktiv, Ausgelassenheit, fanatisch, Lebensfreude, Aktivität, Bewegung, unkonventionell, extrovertiert.
- Negativ: Aufdringlich, leichtfertig oder auch billig.

Orange ist eben eine Farbe mit Signalwirkung. Sie ist eine aktive Farbe, sie wärmt, macht Mut und Freude. Orange stärkt das Selbstwertgefühl und hilft besonders bei Neuanfängen. Insofern denke ich, dass es kein Zufall war, das Orange die Farbe für den »Orange View« wurde.

Vorteile

Eine sehr schnelle und effiziente Technik, um die Wahrnehmung auf ein bestimmtes Objekt zu ändern beziehungsweise zu schärfen. Es sind keine langen Schulungen nötig – der Effekt setzt unmittelbar ein.

Nachteile

Das Target ist anschließend oft unwiederbringlich orange – möglicherweise aber auch hübscher als vorher.

4.30 Osborn-Checkliste

Die Osborn-Checkliste ist eine altgediente, aber immer noch sehr kraftvolle Technik, die nach ihrem Erfinder Alex Osborn benannt wurde. Sie dient als eine Art Anleitung für eine systematische, fast erzwungene Generierung von Ideen. Bei dieser Technik liegt der Fokus hauptsächlich auf Produkt- und Prozessinnovationen, und sie gibt einem immer das gute Gefühl, keinen wesentlichen Aspekt bei der Ideenfindung vergessen zu haben. Die Checkliste wurde erstmals um 1957 veröffentlicht und hat bis heute nichts von ihrer Gültigkeit eingebüßt.

Feature-Card	
Methodentyp	Kreativtechnik
Methodengruppe	Methoden der systematischen Strukturierung
Verfahren/Prinzip	Diskursiv – Erweiterung
Target-Analyse	Ja
Ideensuche	Ja
Evaluierung	Nein
Realisierung	Nein
Einzelarbeit möglich	Ja
Empfohlene Teilnehmer	1 bis 6 Teilnehmer
Dauer	120 bis 180 Minuten
Protokollierung	Leicht
Moderation	Schwer
Schwierigkeitsgrad	Mittel

Eignung

Besonders bewährt ist die Checkliste bei der Weiterentwicklung einer bereits bestehenden Lösung, eines Produktes oder eines Prozesses. Auch als nachfolgende Technik zur Nachbereitung eines Brainstormings oder Mind-Mappings ist sie sehr hilfreich.

- Zuordnung zu FRIES-Prozess-Element: [8], [14]
- Besonders hilfreich bei: Prozessinnovationen, Produktinnovationen

Material/Ressourcen

Arbeitsblatt 30 oder eine eigene Checkliste für jeden Teilnehmer, Moderator für die Target-Vorstellung.

Anleitung

Alle Fragen der Checkliste werden alleine oder im Team in der vorgegebenen oder auch in einer willkürlichen Reihenfolge abgearbeitet. Die Arbeit an einer Frage kann wiederum mit allen Brainstorming-Techniken kombiniert und unterstützt werden. Eine typische Osborn-Checkliste zeigt das Arbeitsblatt in Abbildung 46.

Hinweise

Geübte Anwender können sich auch schon durch die Ansätze (Spalte 2) zu schöpferischer Gestaltung anleiten und führen lassen. Die Abarbeitung aller Fragen soll der vollständigen Abdeckung verschiedener Perspektiven dienen. Die Osborn-Checkliste enthält bei einigen Fragen auch die Kopfstandtechnik (siehe Kapitel 2.3).

Vorteile

Besonders für ungeübte Teams ist die Osborn-Checkliste eine sehr große Erleichterung bei der Ideenfindung. Es werden keine wesentlichen Fragestellungen außer Acht gelassen.

4.31 Pro & Contra

Die Pro&Contra-Technik ist eine oder besser gesagt »die« klassische Gruppendiskussion. Mit dieser Technik lassen sich die Targets gut und schnell kontrovers diskutieren und die eigenen Positionen weiterentwickeln. Besonders bei dieser sehr schlicht anmutenden beziehungsweise altbekannten Methode steckt der Teufel im Detail, und sie verlangt schon einen standfesten und erfahrenen Moderator, um eine Diskussion zielführend durchzuführen.

FRIES

Auf direktem Weg zu Innovationskultur und Markterfolg

30

Arbeitsblatt: Osborne Checkliste

Target:

Nr.	Ansatz	Fragesatz
1	Andere Verwendung?	Gibt es alternative Verwendungen so wie es ist?
2	Andere Verwendung?	Gibt es alternative Verwendungen wenn es angepasst wird?
3	Anpassen?	Was anderes ist so wie dies?
4	Anpassen?	Zu welchen anderen Ideen/Verwendungen regt es an?
5	Anpassen?	Gibt es Parallelen in der Vergangenheit?
6	Anpassen?	Was kann ich kopieren?
7	Anpassen?	Wen kann ich nachahmen, was kann ich nachbilden?
8	Abwandeln?	Neue Wendung, Drall, Richtung?
9	Abwandeln?	Ändere Bedeutung, Farbe, Bewegung, Richtung, Ton, Geruch, Form, Ausformung!
10	Abwandeln?	Gib ihm andere Formen, Geometrien!
11	Vergrößern?	Was kann ich hinzufügen?
12	Vergrößern?	Was entsteht in längererem Zeitraum, -zyklus; größeren Zeitrahmen?
13	Vergrößern?	Höhere Frequenz, häufigeres Auftreten?
14	Vergrößern?	Stabiler, fester, stärker?
15	Vergrößern?	Höher?
16	Vergrößern?	Verlängern?
17	Vergrößern?	Verdicken?
18	Vergrößern?	Zusätzlichen Wert addieren, Wert vergrößern?
19	Vergrößern?	Zusätzliche Komponente, Zutat, Fähigkeit?
20	Vergrößern?	Duplizieren?
21	Vergrößern?	Vervielfachen?
22	Vergrößern?	Übertreiben, aufbauschen?
23	Verkleinern?	Was ist abziehbar?
24	Verkleinern?	Verkleinern?
25	Verkleinern?	Kompaktieren, kondensieren?
26	Verkleinern?	Miniaturisieren?
27	Verkleinern?	Verflachen?
28	Verkleinern?	Verkürzen?

29	Verkleinern?	Abspecken? Leichtbau?
30	Verkleinern?	Auslassen, weglassen?
31	Verkleinern?	Rationalisieren, windschlüpfiger machen?
32	Verkleinern?	Aufteilen?
33	Verkleinern?	Untertreiben, unterbewerten, abwerten?
34	Ersetzen?	Wen stattdessen?
35	Ersetzen?	Was stattdessen?
36	Ersetzen?	Andere Zutat, Ingredienz, Inhaltsstoff, Betriebsstoff?
37	Ersetzen?	Anderes Material?
38	Ersetzen?	Anderer Prozess, Herstellung, Abbau?
39	Ersetzen?	Andere Energie, Antriebsquelle?
40	Ersetzen?	Anderer Ort?
41	Ersetzen?	Anderer Ansatz?
42	Ersetzen?	Anderen Klang, Ton, Stimme?
43	Umordnen?	Komponentenaustausch?
44	Umordnen?	Anderes Schema, Dekor, Modell, Erscheinung?
45	Umordnen?	Anderes Layout?
46	Umordnen?	Andere Reihenfolge?
47	Umordnen?	Ursache und Wirkung vertauschen?
48	Umordnen?	Schritte, Stufen, Tempo wechseln?
49	Umordnen?	Ablauf, Raster verändern?
50	Umkehren?	Positiv und negativ umgruppieren?
51	Umkehren?	Was ist mit dem Gegenteil?
52	Umkehren?	Von hinten aufzäumen?
53	Umkehren?	Auf den Kopf stellen?
54	Umkehren?	Rollen oder Aufgaben vertauschen?
55	Umkehren?	Die Schuhe des anderen anziehen?
56	Umkehren?	Den Spieß umdrehen?
57	Umkehren?	Einweg zu Mehrweg? Mehrweg zu Einweg?
58	Umkehren?	Was ist mit einer Mischung, einer Legierung, einer Auswahl, einer Ansammlung?
59	Umkehren?	Kombiniere Einheiten!
60	Umkehren?	Kombiniere Absichten, Einsatzbereiche!
61	Umkehren?	Kombiniere Ansprüche!
62	Umkehren?	Kombiniere Ideen, Ansätze, Teillösungen!

Abbildung 46: Arbeitsblatt 30 Osborn-Checkliste

Feature-Card	
Methodentyp	Analysetechnik
Methodengruppe	Methoden der systematischen Problem-spezifizierung
Verfahren/Prinzip	Kombimethode – Erweiterung
Target-Analyse	Ja
Ideensuche	Nein
Evaluierung	Ja
Realisierung	Nein
Einzelarbeit möglich	Nein
Empfohlene Teilnehmer	8 bis 20 Teilnehmer
Dauer	30 bis 60 Minuten
Protokollierung	Mittel
Moderation	Schwer
Schwierigkeitsgrad	Leicht

Eignung

Pro & Contra ist besonders geeignet zur Evaluierung und Analyse eines Targets oder einer Idee.

- Zuordnung zu FRIES-Prozess-Element: [8], [22]
- Besonders hilfreich bei: Allen Innovationstypen

Material/Ressourcen

Ausreichend großer Raum, in dem die Teams sich gegenüber positionieren können, erfahrener Moderator.

Anleitung

Der Moderator stellt das Target oder Thema sowie die Zielsetzung des Meetings vor. Die Teilnehmer des Meetings werden nach einem freien Verfahren in zwei Gruppen eingeteilt. Ein Zufallsverfahren bietet sich in jedem Fall an. Es entsteht eine Pro- und eine Contra-Gruppe. In jeder Gruppe werden nun in einem bestimmten Zeitfenster die Argumente zur eigenen Position gesammelt. Auch hier können wieder andere Methoden frei zum Einsatz kommen. Der Moderator startet die Diskussion, in der jede Seite die andere von dem eigenen Standpunkt zu überzeugen versucht. Nach einer bestimmten Zeit wechseln die Gruppen die Lager und sammeln nun für die neue Position ihre Argumente.

Es folgt die zweite Diskussionsrunde. Die gemachten Erfahrungen sollten die Teilnehmer anschließend einzeln oder gemeinsam kurz reflektieren und dokumentieren.

Hinweise

Diese Methode lebt vom Sich-Hineindenken in unterschiedliche Positionen. Hierzu ist es zwingend notwendig, im Vorfeld beiden Seiten genügend Informationen zur Verfügung zu stellen und für eine lockere und offene Atmosphäre zu sorgen.

Vorteile

Man lernt zwei Blickwinkel auf ein Target beziehungsweise eine Idee intensiv kennen.

Nachteile

Oft übernehmen die sehr extrovertierten Teilnehmer die Diskussion und stülpen der Gruppe ihre Meinung auf. Hier kann nur ein erfahrender Moderator steuern.

4.32 Problemlösungsbaum

Die Methode Problemlösungsbaum ist ein Verfahren, um zum Beispiel alle sich zu einem Target anbietenden Alternativen zu erfassen und in geordneter Form darzustellen. Im äußeren Erscheinungsbild der Methode ist – wie der Name sagt – die Baumstruktur typisch, also eine sich hierarchisch verästelnde Grundstruktur.

Feature-Card	
Methodentyp	Kreativtechnik, Analysetechnik
Methodengruppe	Methoden der systematischen Strukturierung
Verfahren/Prinzip	Strukturierung
Target-Analyse	Ja
Ideensuche	Ja
Evaluierung	Nein

Realisierung	Nein
Einzelarbeit möglich	Ja
Empfohlene Teilnehmer	1 bis 6 Teilnehmer
Dauer	60 bis 120 Minuten
Protokollierung	Mittel
Moderation	Mittel
Schwierigkeitsgrad	Mittel

Eignung

Der Problemlösungsbaum spielt seine Stärke in der Target-Analyse und in der Ideenfindung aus. Ich setzte ihn besonders gerne ein, wenn es um die Analyse und Ideenfindung zu Prozess- und Serviceinnovationen geht. Mit dem Problemlösungsbaum lassen sich auch Targets großer Komplexität bearbeiten.

- Zuordnung zu FRIES-Prozess-Element: [8], [14]
- Besonders hilfreich bei: Allen Innovationstypen

Material/Ressourcen

Papier, Stifte, Flipchart oder Pinnwände.

Vorbereitung

Die Target-Präsentation exakt vorbereiten und die Auswahl der Meeting-Teilnehmer sorgfältig vornehmen.

Anleitung

Jede Verästelung des Baumes erfolgt unter einem bestimmten Gesichtspunkt, das heißt nach einem bestimmten Kriterium zur Differenzierung des untersuchten Bereichs beziehungsweise Teilthemas. Dabei sollen Sie versuchen, zuerst solche Unterscheidungskriterien anzuwenden, die eine elementare, grundlegende Aufgliederung bewirken, und erst in den späteren Folgeverästelungen solche, die weniger entscheidende Unterschiede zwischen den Alternativen beschreiben. Eine Aussage darüber, welche Gliederungskriterien wichtig und welche weniger wichtig sind, kann jedoch nicht allgemein getroffen werden. Sie ergibt sich erst aus den besonderen und individuellen Bedingungen des untersuchten Targets. Bei der Ausarbeitung vieler Problemlösungsbäume lässt sich zudem die verbindliche hierarchische Über- oder Unterordnung der Gliederungskriterien nicht eindeutig definieren, sondern deren Reihenfolge ist immer innerhalb gewisser Grenzen austauschbar.

Ein Target mit einem Problemlösungsbaum zu bearbeiten, erfordert fundiertes Fachwissen über den jeweiligen Sachbereich. Das Hinzuziehen von Laien in eine Problemlösungsgruppe ist bei der Anwendung dieser Methode deshalb wenig sinnvoll.

Am günstigsten wenden fachkundige Einzelpersonen oder fachkundige Kleingruppen den Problemlösungsbaum bei der Bewältigung komplexer Probleme an.

Auf relativ einfache Weise lassen sich Problemlösungsbäume auch mit einem Bewertungsverfahren koppeln. In diesem Falle werden den einzelnen Verzweigungen Wertangaben zugeordnet, zum Beispiel im Hinblick auf die Bedarfshäufigkeit einer Alternative, technische Realisierbarkeit oder Realisierungsproblematik oder auf Wirtschaftlichkeit – je nachdem, worin Gegenstand und Ziel des Problemlösungsprozesses liegen. Mit integriertem Bewertungsverfahren findet man für die Methode ebenfalls die Bezeichnung »Relevance-Tree«.

Grundsätzlicher Ablauf

1. Vorstellung des Targets
2. In der Gruppe werden zu einem Target vielleicht mehrere Bäume erarbeitet. Dabei läuft die Erarbeitung nach einem Mix aus rein fachlichen Statements als auch aus Brainstormingteilen ab.
3. Hat man mehrere Bäume zu einem Target erstellt, wird in einer zweiten Runde versucht, diese auf einen Baum zu verdichten.

Beispiel

Die Abbildung 47 zeigt beispielhaft einen Problemlösungsbaum zu dem Target »Wie kann sich die Einführung von E-Learning in unserem Unternehmen darstellen?«

Hinweise

Um unpraktikable »Mammut-Bäume« zu vermeiden, ist es vorteilhaft, zu einem komplexen Sachverhalt mehrere Problemlösungsbäume parallel oder in Folge anzulegen.

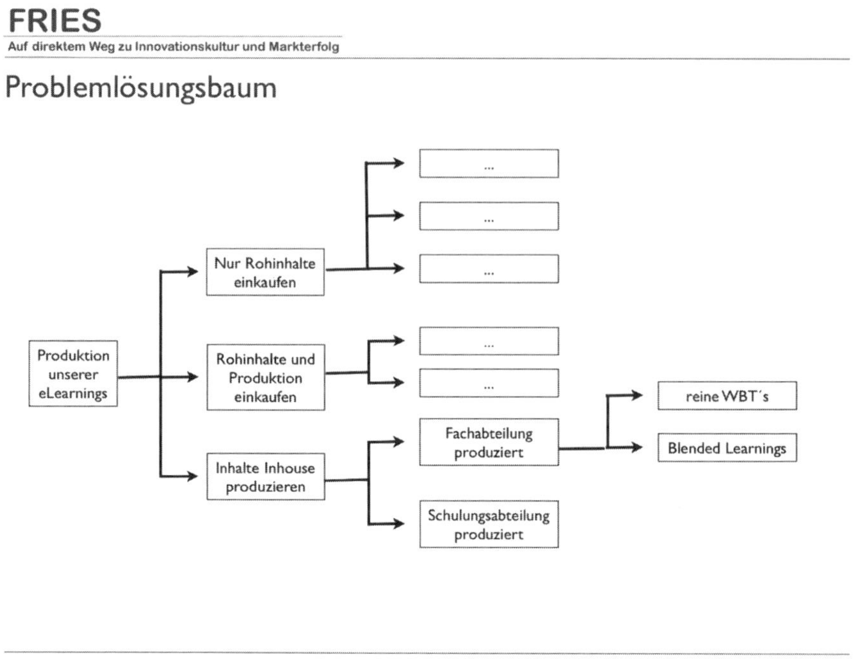

Abbildung 47: Beispiel eines Problemlösungsbaums

Vorteile

Problemlösungsbäume lassen sich äußerst vielseitig anwenden und tragen schon die Protokollierung des Meetings in sich. Sie sind ohne große Vorbereitung zu erstellen.

Nachteile

Problemlösungsbäume werden oft schnell unübersichtlich, besonders wenn mehr als vier oder fünf Gliederungsstufen aufeinanderfolgen und sehr feine Differenzierungen bei den sich jeweils ergebenden Alternativen aufgezeigt werden sollen.

4.33 Progressive Abstraktion

Bei dieser Methode werden durch die Entfernung (Abstraktion) vom Target, also durch eine Veränderung der Perspektive beziehungsweise des Blickwinkels, neue Lösungen und Ansätze gefunden. Diese Technik, deren

Konzeption im Ursprung auf Horst Geschka zurückgeht, verfolgt im Wesentlichen zwei Erkenntnisziele:

1. Herausarbeiten der Beziehungen zwischen einem gegebenen Target und dem Zielsystem des Problemlösenden.
2. Aufzeigen jener Maßnahmenebene, auf welcher Lösungen die effizientesten Beiträge zur Zielerreichung leisten.

Die Progressive Abstraktion übt gewissermaßen eine Kontrolle darüber aus, ob die vorläufige Target-Definition den wirklich wesentlichen, problematischen Tatbestand erfasst, oder ob nicht Target-Auffassungen gefunden werden können, die noch grundsätzlichere und auch weiterreichende Lösungen anregen. Dabei wird in mehreren Formulierungsstufen versucht, von möglicherweise oberflächlichen und ungenauen Target-Auffassungen zu exakteren, zielbezogenen Kerndefinitionen vorzudringen.

Feature-Card	
Methodentyp	Kreativtechnik
Methodengruppe	Methoden der systematischen Problemdefinition
Verfahren/Prinzip	Diskursiv – Abstraktion
Target-Analyse	Ja
Ideensuche	Ja
Evaluierung	Nein
Realisierung	Nein
Einzelarbeit möglich	Ja
Empfohlene Teilnehmer	1 bis 8 Teilnehmer
Dauer	120 bis 180 Minuten
Protokollierung	Schwer
Moderation	Schwer
Schwierigkeitsgrad	Schwer

Eignung

Die Progressive Abstraktion eignet sich hervorragend, wenn es um Weiterentwicklungen und Neuformulierung von Produkten und auch Dienstleistungen geht.

- Zuordnung zu FRIES-Prozess-Element: [8], [14]
- Besonders hilfreich bei: Prozessinnovationen, Produktinnovationen, Design-Innovationen, Service-Innovationen, Technologie-Innovationen

Material/Ressourcen

Flipchart, Pinnwände, Stifte, Moderator.

Anleitung

In der einfachsten Form sieht die Progressive Abstraktion vor, auf ein gegebenes Target die Fragestellung »Worauf kommt es eigentlich an?« wiederholt anzuwenden und sich dabei jedes Mal um Antworten grundsätzlicher Richtigkeit zu bemühen. Aus diesen Antworten werden sodann die Probleme der jeweils nächsthöheren Abstraktionsstufe formuliert. Hierzu werden dann Lösungsmöglichkeiten erarbeitet und der Prozess so lange weitergeführt, bis man zu solchen Lösungsansätzen vorgedrungen ist, die den Gegebenheiten des Problems am Besten entsprechen.

- Target in der Ausgangsformulierung. Lösungen suchen: Lösung 1, 2, 3 …
- Kritikfragen stellen. Was ist an den Lösungen unbefriedigend? Gibt es bessere Lösungen?
- Abstraktionsfrage beantworten. »Worauf kommt es eigentlich an?«: Es kommt darauf an, dass …: Antwort 1, 2 , 3 …
- Target im ersten Abstraktionsniveau. Lösungen suchen: Lösung 1 , 2 , 3 …
- Kritikfragen stellen. Was ist an den Lösungen unbefriedigend? Gibt es bessere Lösungen?
- Abstraktionsfrage beantworten »Worauf kommt es eigentlich an?«: Es kommt darauf an, dass …: Antwort 1, 2 , 3 …
- Target im zweiten Abstraktionsniveau. Lösungen suchen: Lösung 1, 2, 3 …

Die Abstraktionszyklen werden solange durchlaufen, bis keine Abstraktionen mehr gefunden werden.

Beispiel Filtertüten

Schritt 1: Ausgangstarget: Wie kann der Durchsatz von Filtertüten aus Papier verbessert werden?

Schritt 2: Lösungen: Veränderung der Tütenform, Umrühren während des Filtrierens, Unterdruck in der Kaffeekanne.

Schritt 3: Worauf kommt es eigentlich an? Erhöhung des Extraktionsgrades, Zeit einsparen.
Schritt 4: Erste Abstraktion: Nach welchem anderen, besseren Verfahren lässt sich Kaffee filtern?

Schritt 5: Lösungen: Anwendung von Filterpatronen. Zentrifugieren. Andere Materialien.

Schritt 6: Worauf kommt es eigentlich an? Kaffeetrinker möchten schnell und problemlos Kaffee aufbereiten.

Schritt 7: Zweite Abstraktion: Nach welchem Verfahren lässt sich schnell guter Kaffe zubereiten?

Schritt 8: Lösungen: Verbesserter Instantkaffee. Schnellerhitzer. Flüssiges Kaffeekonzentrat.

Schritt 9: Worauf kommt es eigentlich an? Der Kaffeetrinker möchte nach Belieben auf die anregende Wirkung des Kaffees zurückgreifen können.

Schritt 10: Dritte Abstraktion: Wie kann man dem spontanen Genussbedarf immer gerecht werden?

Schritt 11: Lösungen: Neue Produktformen, zum Beispiel guter Kaffee im Bonbon et cetera.

Vorteile

Mit der Methode werden zu enge Blickwinkel auf ein Target, die beispielsweise durch eine jahrelange Überdefinition entstanden sind, schnell aufgeweitet und angereichert.

Nachteile

Die Methode verspricht nur nach mehrmaligem Trainieren und unter Anleitung eines erfahrenen Moderators schnelle und gute Erfolge.

4.34 Reizworttechnik

Bei der Reizworttechnik werden Begriffe beziehungsweise Begrifflichkeiten miteinander verbunden, die auf den ersten Blick nichts miteinander zu tun haben. Es wird mit Reizwörtern oder Reizbildern gearbeitet, die per Zufall ausgewählt werden. Diese sehr einfache Kreativtechnik fördert das kreative Denken, auch wenn keine konkrete Problemstellung oder ein Target vorliegen. Man lernt die Dinge aus einer völlig neuen Perspektive zu sehen.

Feature-Card	
Methodentyp	Kreativtechnik
Methodengruppe	Methoden der schöpferischen Konfrontation
Verfahren/Prinzip	Intuitiv – Bildliche Technik/Analogien/Konfrontation
Target-Analyse	Nein
Ideensuche	Ja
Evaluierung	Nein
Realisierung	Nein
Einzelarbeit möglich	Ja
Empfohlene Teilnehmer	1 bis 8 Teilnehmer
Dauer	60 bis 90 Minuten
Protokollierung	Leicht
Moderation	Leicht
Schwierigkeitsgrad	Leicht

Eignung

Im Fokus steht besonders die Ideenfindung in der Werbung und in der Medienlandschaft, sowie die Suche nach Produktnamen und Neu- und Weiterentwicklungen von Produkten. Auch das Suchen und Finden neuer Anwendungsfelder und Kundengruppen für ein Produkt sind ebenfalls favorisierte Themen für die Anwendung dieser Technik.

- Zuordnung zu FRIES-Prozess-Element: [14]
- Besonders hilfreich bei: Produktinnovationen, Design-Innovationen, Service-Innovationen, Technologie-Innovationen

Material/Ressourcen

Flipchart oder Pinnwandpapier, Stifte, ein Lexikon oder Zeitschriften mit großen Bildern oder Bildbände zu interessanten und außergewöhnlichen Themen (zum Beispiel Geschichte, Erfindungen).

Vorbereitung

Genügend Publikationen für die Reizwortsuche zusammentragen und die detaillierte Vorstellung des Targets vorbereiten.

Anleitung

Schritt 1: Schreiben Sie zunächst das Target oder Problem beziehungsweise Ziel für alle sichtbar auf. Beispiel bei einem Softwarehersteller: »Welche Schwerpunkte können noch für die Weiterentwicklung unserer Software gefunden werden.«

Schritt 2: Schlagen Sie nun das Lexikon (oder Ihre ganz individuelle Reizwortquelle) an einer beliebigen Seite auf, und wählen Sie spontan einen Begriff. Sie können auch einen Teilnehmer bitten, Ihnen eine Seitenzahl zu nennen und den wievielten Begriff Sie von der Seite auswählen sollen. Beispiel des gefundenen Begriffs: »Rennwagen«.

Schritt 3: Schreiben Sie alle Eigenschaften auf, die Sie beziehungsweise Ihre Gruppe mit diesem Reizwort verbinden. Was fällt den Teilnehmern hier spontan ein? Es muss nichts mit der eigentlichen Fragestellung zu tun haben. Bitten Sie die Teilnehmer, sich von der Ursprungsfrage zu lösen.

- Hat eine sehr gute Kurvenlage,
- ist mit Sponsorenlogos beklebt,
- Spitzengeschwindigkeiten über 250 kmh,
- ist bretthart gefedert und sehr flach,
- riecht nach Sprit und ist irre laut.

Schritt 4: Adaptieren Sie nun die Eigenschaften auf das Target.

- Absturzsicher machen,
- Partnerfirmen zur Weiterempfehlung gewinnen,
- die Applikation schneller machen,
- den Spaßfaktor vergrößern (zum Beispiel Symbole, Töne, Feedback).

Hinweise

Für den Verantwortlichen oder den Moderator gehört immer etwas Mut dazu beziehungsweise eine aufgeschlossene Gruppe, um diese Technik einzusetzen. Doch wenn die typische erste Phase des »Lachens und Alberns« vorbei ist, dann sind die Teilnehmer meist sehr engagiert und später erstaunt, was für wertvolle Ideen so gefunden wurden.

Vorteile

Die Reizworttechnik kann schnell und ohne großen Aufwand angewandt werden. Oft hilft die Technik auch, wenn man sich mit einer Sache schon in einer Sackgasse befindet und mit anderen Methoden nicht herausgekommen ist. Die Technik birgt besonders das Potenzial für wirklich neue Ansätze.

Nachteile

Für ungeübte oder verkrampfte Teams stellt sich die Technik oft schwierig dar und temperamentvolle Teilnehmer neigen sehr oft dazu, ungebremst eine Vielzahl von Ideen hervorzurufen, die für die Lösung gar nicht zielführend sind.

Methode/Technik im Anschluss

Als nachfolgende Technik, besonders wenn es um Produktinnovationen geht, bietet sich oft eine Osborn-Checkliste oder auch SCAMPER an.

4.35 SCAMPER

SCAMPER ist eine übersichtliche Checkliste, die von Bob Eberle (1997) entwickelt wurde und einen festen Platz unter den Kreativtechniken hat. Nachdem ein Target genau definiert und beschrieben wurde, hilft SCAMPER schnell, um in verschiedene Richtungen weiterzudenken. SCAMPER ist so auch gut als Startpunkt für laterale Denkprozesse einzusetzen. Eine Weiterentwicklung von SCAMPER selbst ist SCAMPERR. Mit SCAMPER verwandt ist die bekannte Osborn-Checkliste.

Feature-Card	
Methodentyp	Kreativtechnik
Methodengruppe	Methoden zur systematischen Strukturierung
Verfahren/Prinzip	Diskursiv – Systematisches Vorgehen/ Erweiterung
Target-Analyse	Nein
Ideensuche	Ja
Evaluierung	Nein
Realisierung	Nein

Einzelarbeit möglich	Ja
Empfohlene Teilnehmer	1 bis 12 Teilnehmer
Dauer	120 bis 180 Minuten
Protokollierung	Leicht
Moderation	Mittel
Schwierigkeitsgrad	Mittel

Eignung

SCAMPER ist besonders geeignet bei der Weiterentwicklung neuer Produkte oder Prozesse, die sich aus bisherigen ableiten. Auch als Nachfolgemethode zu einem Brainstorming bietet sich SCAMPER gut an.

- Zuordnung zu FRIES-Prozess-Element: [14]
- Besonders hilfreich bei: Prozessinnovationen, Produktinnovationen, Design-Innovationen

Material/Ressourcen

Arbeitsblatt 35 oder eigene Checklisten für jeden Teilnehmer, Material für kombinierte Techniken, Moderator.

Anleitung

Schritt 1: Der Moderator stellt das Target vor und gibt an, wie die Checkliste bearbeitet werden soll und wie lange.

Schritt 2: Die Punkte der Checkliste werden nun nacheinander von den Teilnehmern durchgearbeitet. Der auffordernde Charakter der einzelnen Schritte dient dabei der Strukturierung der einzelnen Ideenfindungsrunden.

Schritt 3: Im Anschluss erarbeiten die Teilnehmer eine abschließende Analyse, wobei hier keine methodischen Vorgaben gemacht werden.

Die Ergebnisse sind nicht zwangsläufig alle praktikabel, sollen aber als Anfangspunkt für die weitere Ideenfindung dienen. Mit jedem Schritt kann auch problemlos eine zusätzliche Technik kombiniert werden, wie zum Beispiel Brainstorming oder Mind-Mapping. Es müssen auch nicht zu allen Punkten der Checkliste Ideen gefunden werden, die Methode liefert auch selektiv angewandt sehr gute Ergebnisse.

Abkürzung	Englischer Begriff	Bedeutung
S	Substitute	**Ersetze** Komponenten, Materialien und Personen.
C	Combine	**Kombiniere,** vermische mit anderen Zusatzfunktionen oder Aggregaten; überschneide mit Service, integriere Funktionalität.
A	Adapt	**Ändere ab**, verändere Funktion, verwende ein Teil eines anderen Elements, einer Baugruppe, eines Aggregats.
M	Modify	**Steigere oder vermindere** Größe, Maßstab oder Maßstäblichkeit, verändere Gestalt, variiere Attribute (Farbe, Haptik, Akustik, ...).
P	Put	**Put to another use**: Finde weitere Verwendungen, finde anderen Zusammenhang zur Nutzung, formuliere den Anwendungsbereich um.
E	Eliminate	**Entferne** Elemente, Komponenten, reduziere auf Kernfunktion, vereinfache.
R	Reverse	**Kehre um**, stülpe das Innere nach außen, stelle auf den Kopf, finde eine entgegengesetzte Nutzung.

Vorteile

Mit einer guten Moderation kann diese Technik auch mit in Kreativtechniken ungeübten Teilnehmern schnell eingeführt und genutzt werden, weil die Checkliste Arbeits- und Lernmittel zugleich ist.

Nachteile

Wegen des abstrakten Charakters ist die Anwendung in Gruppen oft mit Anfangsschwierigkeiten verbunden. Es ist wichtig, die Arbeit mit der Checkliste nicht zu früh zu beenden. Hartnäckigkeit wird hier sehr oft belohnt.

FRIES

35

Auf direktem Weg zu Innovationskultur und Markterfolg

Arbeitsblatt: SCAMPER

Target:

	Engl.	Bedeutung	Ergebnisse / Notizen
S	Substitute	**Ersetze** - Komponenten, Materialien und Personen	
C	Combine	**Kombiniere** - vermische mit anderen Zusatzfunktionen oder Aggregaten; überschneide mit Service, integriere Funktionalität	
A	Adapt	**Ändre ab** - verändere Funktion, verwende ein Teil eines anderen Elements, einer Baugruppe, eines Aggregats	
M	Modify	**Steigere oder vermindere** - Größe, Maßstab oder Maßstäblichkeit, verändere Gestalt, variiere Attribute (Farbe, Haptik, Akustik, ...)	
P	Put	**"Put to another use"** - Finde weitere Verwendung(en), finde anderen Zusammenhang zur Nutzung, formuliere den Anwendungsbereich um	
E	Eliminate	**Entferne** - Elemente, Komponenten, reduziere auf Kernfunktion, vereinfache	
R	Reverse	**Kehre um** - stülpe das innere nach außen, stelle auf den Kopf, finde eine entgegengesetzte Nutzung	

Die Punkte der Checkliste werden nacheinander durchgearbeitet. Dabei kann auch in jedem Schritt eine zusätzliche Technik problemlos kombiniert werden wie z.B. Brainstorming oder MindMapping.

Abbildung 48: Arbeitsblatt 35 zu SCAMPER

4.36 Semantische Intuition

Diese Methode macht sich die Semantik unserer Sprache zunutze (Semantik = Lehre über die Bedeutung der Begriffe einer Sprache) und beruht daher auf dem Phänomen, dass das Hören oder Lesen eines Wortes unserer Sprache gleichzeitig und intuitiv immer eine mehr oder weniger plastische, gedankliche Vorstellung über das Wesen dieses Wortes produziert. Im Mittelpunkt des Interesses stehen:

- die Bedeutung einzelner sprachlicher Ausdrücke,
- die Beziehungen zwischen einzelnen Ausdrücken,
- die Bedeutung ganzer Sätze sowie
- die Beziehung zwischen Ausdrücken und der außer-sprachlichen Realität.

Bei der Semantischen Intuition als weiterer Methode der Zufallsanregung und schöpferischen Konfrontation wird das Target mit Reizwörtern in Verbindung gebracht. Wenn Sie also nun das Wort *Eis* lesen oder es hören, dann bleibt es nicht bei einer rein akustischen Wahrnehmung, sondern Ihr Gehirn stellt gleichermaßen aus der Erfahrung sofort ein Begleitbild auf. Zum Beispiel taucht vor Ihrem geistigen Auge eine *Eistüte* mit ein oder zwei Kugeln Eis auf. Die konkreten Vorstellungen jedes einzelnen Menschs weichen allerdings voneinander ab. Ein Polarforscher stellt sich vielleicht eher das arktische Eis oder einen Eisbrecher vor.

Diese Folgewirkung »1. Begriff wahrnehmen und 2. bildhafte Vorstellung entwickeln« tritt natürlich auch ein, wenn neuartige Begriffe gehört werden. Diese führen dann auch zu neuartigen Vorstellungen, zu neuen Gedanken, neuen Möglichkeiten. Dieses Prinzip nutzt die Methode der semantischen Intuition.

Feature-Card	
Methodentyp	Kreativtechnik
Methodengruppe	Methoden der schöpferischen Konfrontation
Verfahren/Prinzip	Intuitiv – Konfrontation
Target-Analyse	Nein
Ideensuche	Ja
Evaluierung	Nein
Realisierung	Nein
Einzelarbeit möglich	Ja

Empfohlene Teilnehmer	1 bis 8 Teilnehmer
Dauer	30 bis 90 Minuten
Protokollierung	Leicht
Moderation	Mittel
Schwierigkeitsgrad	Mittel

Eignung

Die Semantische Intuition ist eine Methode des »freien Erfindens« und eignet sich daher besonders für die Ideenfindung und funktioniert sehr effizient beim Auffinden neuer Produkte.

- Zuordnung zu FRIES-Prozess-Element: [14]
- Besonders hilfreich bei: Produktinnovationen, Design-Innovationen, Service-Innovationen, Technologie-Innovationen

Material/Ressourcen

Flipchart, Moderator.

Vorbereitung

Die Vorbereitung besteht hier lediglich in der guten Vorbereitung der Target-Präsentation.

Anleitung

Je nach Target werden Begriffe aus einem oder mehreren Gegenstandsbereichen miteinander zufällig kombiniert. Gar nicht selten erkennt man intuitiv aus solchen Zufallskombinationen überraschende neue Bedeutungen, die zu konkreten Ideen ausgebaut werden können.

Die Semantische Intuition will den Standardprozess …

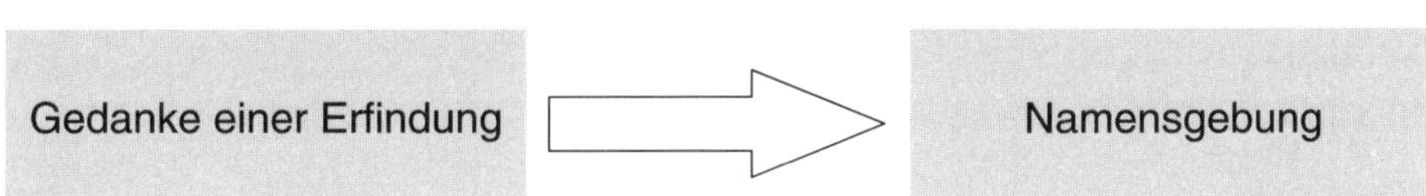

umkehren in den Prozess …

Namensgebung → Rückschluss auf eine neue Erfindung

Das heißt, es sollen beliebige Namen zusammengestellt werden, die dem Problemlöser als Reizwort für eine Intuition zu einer möglichen Erfindung dienen. Die Namen können durch eine Kombination typischer Elemente in »Problemnähe« produziert werden.

Standardablauf der Methode Schritt für Schritt

1. Vorstellung und Erklärung des Targets.
2. Gegebenenfalls erfolgt die Neuformulierung des Targets.
3. Protokollierung eventueller Spontanlösungen.
4. Brainstorming zur Sammlung von Elementen, die mit dem Problem zu tun haben. Diese werden sodann für alle sichtbar notiert.
5. Wortneuschöpfung: Die Elemente aus dem Brainstorming werden beliebig miteinander kombiniert und zu völlig neuen Wörtern verbunden. Diese werden für alle sichtbar aufgeschrieben.
6. Gemeinsame Entwicklung von Lösungsideen: Die zu den Wortneuschöpfungen vorgestellten Gegenstände werden daraufhin analysiert, ob sie Elemente enthalten, die eine Lösung des Problems ermöglichen.
7. Die gefundenen Lösungsideen werden von der Gruppe bewertet und weiterentwickelt.

Beispiel

Das Target heißt: »Gesucht werden neue Küchengeräte«. Das kann zum Beispiel so aussehen:

• Topf	• Glas
• Schrank	• Schneiden
• Rühren	• Spülen
• Dunst	• Ofen
• Zwiebel	• Abfall
• Gabel	• Gewürz

Jetzt darf munter kombiniert werden. Welche neuartigen Küchenutensilien fallen Ihnen ein? In der Unmenge der denkbaren Kombinationen stecken zum Beispiel die folgenden:

- Rühr-Topf: Die Speisen im Topf werden beim Kochen automatisch gerührt.
- Spül-Schrank: Küchenschrank, der gleichzeitig Spülmaschine ist.
- Abfall-Ofen: Mülleimer, der den Abfall gleich verbrennt und mit der Wärme heizt.

Bei der semantischen Intuition können Substantive, Verben und Adjektive frei miteinander kombiniert werden. Die Anzahl der zu kombinierenden Wörter ist keinesfalls auf zwei beschränkt. Zu viele Begriffe entwickeln miteinander verbunden allerdings häufig Spannungen im Bedeutungsinhalt. Intuitive Vorstellungen stellen sich dann meistens nicht mehr mit der gewünschten Spontaneität ein.

Vorteile

Die Bildung von Wortverbindungen, die bisher unbekannt waren, gibt der Methode einen leicht spielerischen Charakter. Das Brainstorming verstärkt diesen noch, weil die gefühlsmäßigen Belastungen, die das Problem für die Gruppenmitglieder aufwirft, hervorragend abgearbeitet werden können. Die Tatsache der Umkehrung eröffnet gänzlich neue Erfahrungsbereiche für die Problemlösung und führt zu recht eigensinnigen Lösungsideen.

Nachteile

Damit die Methode zu umsetzbaren Ergebnissen führt, sollte sich die Gruppe gut kennen. Die Übertragung der Wortneuschöpfungen in die »Realität« setzt generell eine große gegenseitige Akzeptanz voraus.

4.37 SEPO-Analyseraster

Das SEPO-Analyseraster ist eine strategische Planungshilfe, um Erfolge (frz. **S**uccès), Misserfolge (frz. **E**checs), Möglichkeiten (frz. **P**otentialités) und Hindernisse (frz. **O**bstacles) einer Idee oder eines Targets oder einer wichtigen anderen Entscheidungssituation innerhalb einer Organisation zu evaluieren. Dabei lautet das Kredo der Methode: »Lasst uns zurückblicken auf die Stärken und Schwächen der Vergangenheit und ausblicken auf die Möglichkeiten und Risiken der Zukunft.«

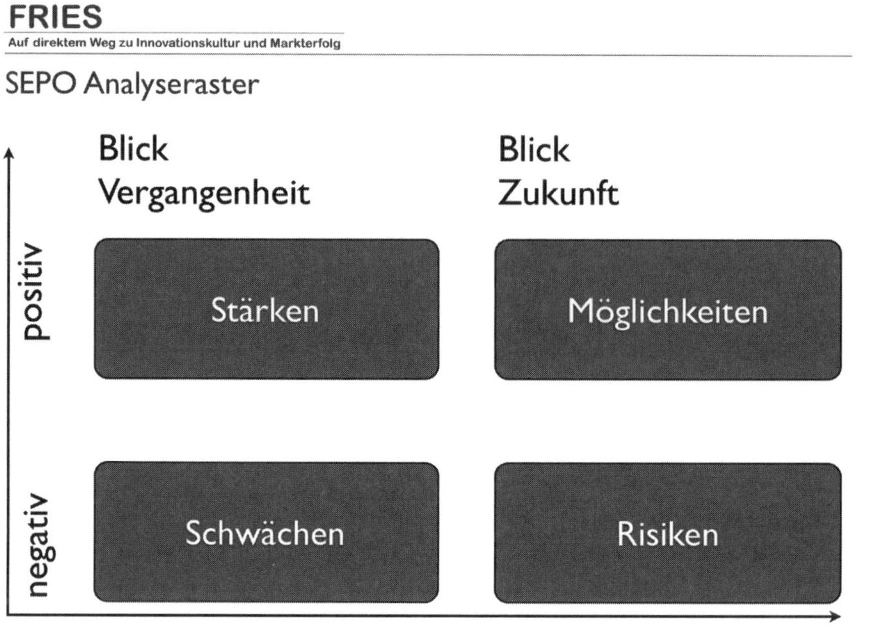

Abbildung 49: SEPO-Analysetechnik

Abbildung 49 zeigt das standardisierte SEPO-Analyseraster. Mit einer SEPO-Analyse werden interne und externe Faktoren erfragt, um daraus die Parameter für die Ideenoptimierung und Ideenbewertung abzuleiten. Dabei geht es darum, die Chancen optimal zu nutzen und die Risiken klein zu halten. Eine SEPO-Analyse ist eine gute Gelegenheit, um alle Informationen aller Beteiligten zur Idee oder zum Target zusammenzutragen. Es erlaubt den Teilnehmern, die Idee aus der Distanz zu beurteilen und ihre Ansichten bezüglich der vier Bereiche auszutauschen und so zu einer umfassenderen gemeinsamen Sicht zu kommen.

Feature-Card	
Methodentyp	Analysetechnik
Methodengruppe	Methoden der systematischen Strukturierung
Verfahren/Prinzip	Strukturierung
Target-Analyse	Ja
Ideensuche	Nein
Evaluierung	Ja

Realisierung	Nein
Einzelarbeit möglich	Ja
Empfohlene Teilnehmer	1 bis 10 Teilnehmer
Dauer	30 bis 90 Minuten
Protokollierung	Leicht
Moderation	Leicht
Schwierigkeitsgrad	Leicht

Eignung

SEPO eignet sich sowohl in der Phase 1 zur Target-Analyse und besonders in der Phase 2 zur Evaluierung einer Idee. Auch im Evaluierungs-Audit kann diese Technik sehr gut genutzt werden.

- Zuordnung zu FRIES-Prozess-Element: [8], [22]
- Besonders hilfreich bei: Prozessinnovationen, Organisationsinnovationen, Produktinnovationen, Service-Innovationen, Technologie-Innovationen

Material/Ressourcen

Arbeitsblatt 37 oder eigenes Arbeitsblatt für jeden Teilnehmer, Pinnwand, Moderator.

Vorbereitung

Gute und breitgestreute Auswahl der Teilnehmer bezüglich Ihres Knowhows und Ihrer Erfahrungen. Auch abteilungsübergreifende Teilnehmerrunden sind hier äußerst effizient.

Anleitung

Damit SEPO gut funktioniert, ist es tatsächlich enorm wichtig, sich an die exakte Schrittfolge zu halten.

Schritt 1: Ziel und Zweck der Analyse gemeinsam und unmissverständlich klären.

Schritt 2: SEPO-Raster zeichnen (Vergangenheit, Zukunft; positiv, negativ) – zunächst jeder Teilnehmer für sich auf seinem Arbeitsblatt.

Schritt 3: SEPO-Raster mit Information füllen:

- Stärken (Strenghts),
- Schwächen (Weaknesses),
- Möglichkeiten (Opportunities),
- Risiken (Threats).

Schritt 4: Noch einmal sicherstellen, dass wirklich alle Erfahrungen einfließen. Auch vermeintlich Unbedeutendes erfassen.

Schritt 5: Die Teilnehmer werden nun aufgefordert, ihre Ergebnisse darzustellen und kurz zu kommentieren. An dieser Stelle können eventuelle Verständnisfragen mit allen Teilnehmern noch einmal geklärt werden.

Schritt 6: Jeder Punkt wird ebenfalls im großen SEPO-Diagramm auf dem Flipchart festgehalten und protokolliert. Gegensätzliche Meinungen werden nach der kompletten Protokollierung diskutiert.

Vorteile

- Eine flexibel einsetzbare Methode für viele Target-Typen mit einer einfachen Handhabung.
- Die vorhandenen Stärken und Schwächen können schnell maximiert beziehungsweise verringert werden. Die Methode ist einfach zu bewerkstelligen und es werden positive und negative Aspekte gleichermaßen berücksichtigt.

Nachteile

Die Methode neigt leicht zur Oberflächlichkeit und kann daher unpräzise sein. Die Beschaffung von Informationen für eine wirklich komplette Analyse kann schwierig und zeitaufwändig sein. Eine solche Analyse sollte auch ständig aktualisiert und angepasst werden.

4.38 SIL-Methode

Bei der SIL-Methode haben wir es mit einer Brainstorming-Variante zu tun. Die Abkürzung SIL steht für »**s**ukzessive **I**ntegration von **L**ösungen«. Ich schätze die Methode sehr, da sie gezielt den kreativen Teamprozess verstärkt und damit oft erfolgreicher ist als die üblichen, sehr schnellen und sehr sprunghaften Brainstormings. Den Wechsel zwischen Einzel- und Gruppenarbeit innerhalb der Methode schätze ich besonders an dieser Variante. Die SIL-Methode ist auch als »Drei-Flipchart-Methode« bekannt.

FRIES 37

Auf direktem Weg zu Innovationskultur und Markterfolg

Arbeitsblatt: SEPO Analyseraster

Target:

	Blick Vergangenheit	Blick Zukunft
Stärken		
Schwächen		

Abbildung 50: Arbeitsblatt 37 SEPO-Analyseraster

Feature-Card	
Methodentyp	Kreativität
Methodengruppe	Brainstorming und Varianten
Verfahren/Prinzip	Intuitiv – Freie Assoziation/Verdichtung
Target-Analyse	Nein
Ideensuche	Ja
Evaluierung	Nein
Realisierung	Nein
Einzelarbeit möglich	Nein
Empfohlene Teilnehmer	5 bis 8 Teilnehmer
Dauer	120 bis 180 Minuten
Protokollierung	Mittel
Moderation	Schwer
Schwierigkeitsgrad	Schwer

Eignung

Die Methode lässt sich prinzipiell für jeden Innovationstyp einsetzen, aber besonders Targets, die leicht technisch geprägt sind und Targets von mittlerer bis hoher Komplexität eignen sich hier.

- Zuordnung zu FRIES-Prozess-Element: [14]
- Besonders hilfreich bei: Allen Innovationstypen

Material/Ressourcen

Kundiger Moderator, mindestens 3 Flipcharts oder Pinnwände. Besser ist eine gute Reserve, um die Fülle der Kombinationsideen aufnehmen zu können.

Anleitung

An erster Stelle steht die detaillierte Vorstellung und gemeinsame intensive Durchdringung des Targets mit allen nötigen Hintergrundinformationen.

Jeder Teilnehmer erarbeitet jetzt in Einzelarbeit einen ersten Lösungsvorschlag. Dabei können auch Techniken wie Mind-Mapping kombiniert werden. Jeder Teilnehmer soll ruhig für sich mehrere Lösungen produzieren, aber anschließend nur seinen Favoriten präsentieren.

Der erste Teilnehmer präsentiert seine Idee vor dem Team am Flipchart oder auch frei. Die Idee wird nun in ihren Grundzügen auf dem ersten Flipchart festgehalten. Das Flipchart trägt die Überschrift »Einzelvorschläge«.

Das gesamte Team erarbeitet, worin die besonderen Vorzüge dieser ersten Idee bestehen. Das Ergebnis wird nun auf dem zweiten Flipchart festgehalten. Dieses Flipchart trägt die Überschrift »Besonders gut daran ist ...«

Nun trägt Teilnehmer 2 seine Idee vor, mit der in gleicher Weise verfahren wird wie mit Idee 1. Das gesamte Team versucht nun aus Idee 1 und 2 eine »Kombinationsidee« (integrierte Lösung) zu entwickeln. Diese Kombinationsidee wird auf Flipchart 3 festgehalten. Dieses Flipchart trägt die Überschrift »Integrierte Lösungen«.

Bei Teilnehmer 3 wird nun analog verfahren, wobei es nun zusätzlich auch darum geht, die schon vorhandenen Kombinationsideen weiter zu verbessern.

Der Ideenfindungsprozess ist beendet, wenn alle Einzelideen der Teilnehmer auf dieses Art und Weise bearbeitet worden sind. In das Gesamtergebnis beziehungsweise in das Ergebnis-Protokoll gehen sowohl alle Einzel- als auch die Kombinationsideen ein.

Beispiel

Das Beispiel aus Abbildung 51 soll den prinzipiellen inhaltlichen Verlauf einer SIL-Sitzung verdeutlichen. Target: »Wie können wir die Auslastung unserer Schlafwagen in den reiseschwachen Zeiten erhöhen?«

Hinweise

Es ist sehr auf ein heterogenes Teilnehmerfeld zu achten mit ausreichend gutem Target-Verständnis. Laienhafte Target-Fremdheit wirkt sich sehr nachteilig auf die Ergebnisse aus.

Vorteile

Die Methode verstärkt die möglichen Synergien und verschiedenen Sichtweisen eines heterogenen Teams.

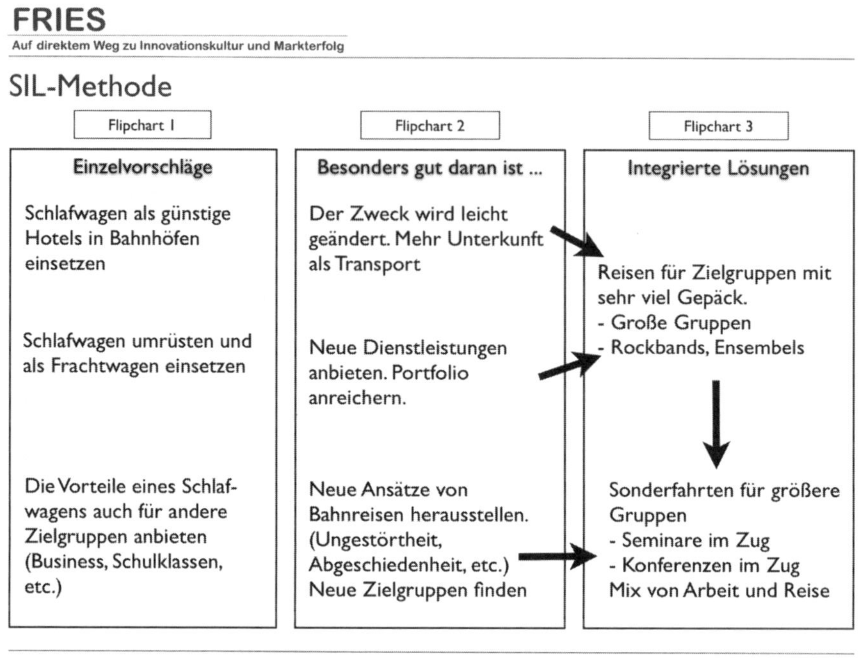

Abbildung 51: SIL-Methode

Nachteile

Die vielleicht etwas unzureichende Visualisierung und Detaillierung der Einzelideen kann einen Nachteil bedeuten.

4.39 Skalen-Technik

Mit Skalen können Aspekte des Meinungsbildes einer Gruppe schnell abgefragt und deutlich veranschaulicht werden. Dabei können konkrete Inhalte und Werte als auch Befindlichkeiten in den Blick genommen werden. Mit Skalen zu arbeiten sollte zum festen Repertoire eines jeden Moderators gehören.

Feature-Card	
Methodentyp	Feedbacktechnik
Methodengruppe	Methoden der systematischen Analyse
Verfahren/Prinzip	Reflektion – Bewertung – Analyse
Target-Analyse	Ja

Ideensuche	Nein
Evaluierung	Ja
Realisierung	Nein
Einzelarbeit möglich	Nein
Empfohlene Teilnehmer	ab 2
Dauer	Nicht relevant
Moderation	Leicht
Schwierigkeitsgrad	Leicht

Eignung

Diese Technik eignet sich an vielen Stellen der Ideenfindung, besonders aber bei der Analyse und Evaluierung, als auch in allen Audit-Meetings.

- Zuordnung zu FRIES-Prozess-Element: [8], [22]
- Besonders hilfreich bei: Allen Innovationstypen

Material/Ressourcen

Skalenvorlagen, Flipchart, Klebepunkte.

Anleitung

Die Skalen werden einfach auf Flipcharts aufgemalt oder durch Vergrößerung von Kopien erzeugt. Die Teilnehmer tragen ihre Meinung, Bewertung oder Einschätzung mithilfe von Klebepunkten oder Kreuzchen auf den Skalen ein.

Wenn man sich näher mit der Skalenthematik auseinandersetzt, dann stellt man fest, dass dieses Thema durchaus sehr vielfältig ist. Im Weiteren habe ich auszugsweise einige der wichtigsten und nützlichsten Grundtypen von Skalen aufgeführt:

- numerische Skala
  Das Seminar ist
  wenig spannend sehr spannend
  –2 –1 0 +1 +2
- kategoriale Skala
  Wie viele Stunden sieht die Zielgruppe pro Tag fern?
  a) bis $^1/_2$, b) $^1/_2$ bis 1, c) 1 bis 1 $^1/_2$, d) 1 $^1/_2$ bis 2, e) 2 bis 2 $^1/_2$

FRIES
Auf direktem Weg zu Innovationskultur und Markterfolg

Skalen - Technik

Inhaltliche Fragestellung

Preise in Zielgruppe 4 sind: sehr wichtig .... vollkommen unwichtig

Unsere Sonderaktionen im letzten Jahr waren: sehr erfolgreich .... vollkommen erfolglos

Fragen zum Prozess

Aus der Fortbildung ziehe ich:	größten Nutzen	+2	+1	0	-1	-2	gar keinen Nutzen
Die Inhalte der Präsentation waren für mich:	gänzlich bekannt	--	-	0	+	++	gänzlich neu

Mein Wohlbefinden: 0 ________________________ 100

Mein Missbehagen: klein ________________________ groß

Meine Stimmung: --- -- - + ++ +++

Abbildung 52: Beispiele zur Skalen-Technik

- verbale Skala
  stimme stark zu – stimme zu – unentschieden – lehne ab – lehne stark ab
- äquidistante verbale Skala
  nie – selten – gelegentlich – oft – immer
  gar nicht – kaum – mittelmäßig – ziemlich – außerordentlich
  völlig falsch – ziemlich falsch – unentschieden – ziemlich richtig – völlig richtig
- grafische Ratingskala
  Stimme zu ◄────────────────► Lehne ab
- qualitative Skala
  Einfachantwort:
  ☐ London
  ☐ Paris
  ☐ Oslo
  ☐ Istanbul

Bei der Formulierung der Fragen und Statements zu den Skalen sollten Sie zusätzlich auf folgende Punkte achten:
Die Statements sollten

- kurz sein,
- einen einfachen Satzbau aufweisen,
- keine Fremdwörter beinhalten,
- keine doppelten Verneinungen beinhalten,
- nicht mehrdeutig interpretierbar sein,
- strittig sein: Statements, die praktisch alles bejahen oder verneinen, sind sinnlos.

Hinweise

Werden Skalen zu Befragung über den Projektverlauf oder das Wohlbefinden benutzt, so sollten sie zum Abschluss eines Meetings eingesetzt werden, nicht aber erst am Ende von FRIES, weil sonst eine Reaktion nicht mehr möglich ist. Durch Skalen können Polarisierungen auf *ja* und *nein* vermieden werden. Gibt man keine mittlere Kategorie vor, so kann auch die allzu bekannte »*Flucht in die mittlere Kategorie*« vermieden werden.

Vorteile

Mit Skalen fangen Sie schnell und vor allem eindeutig die Meinung und Stimmung des Teams ein.

Nachteile

Unkommentiert und aus dem Zusammenhang gerissene, weitergereichte Skalen können von anderen Kollegen auch schnell missverstanden werden.

4.40 SMS-Methode

Diese einfache und sehr effiziente Technik spricht nicht nur die eher jungen Teilnehmer an; nein, auch die ältere Generation ist begeistert, denn für die SMS, die hier geschrieben werden, braucht es kein Handy, das womöglich mit einer viel zu kleinen Tastatur ausgestattet ist. Bei dieser Feedbacktechnik werden die Teilnehmer eines Meetings gebeten, am Ende des Meetings oder eines Themenabschnittes eine fiktive, kurze SMS zu schreiben, um ein Statement abzugeben.

Feature-Card	
Methodentyp	Feedbacktechnik
Methodengruppe	Kommunikationsmethode
Verfahren/Prinzip	Minimalisierung
Target-Analyse	Nein
Ideensuche	Nein
Evaluierung	Ja
Realisierung	Nein
Einzelarbeit möglich	Nein
Empfohlene Teilnehmer	ab 5 Teilnehmer
Dauer	10 bis 30 Minuten
Protokollierung	Leicht
Moderation	Leicht
Schwierigkeitsgrad	Leicht

Eignung

Typischerweise wird diese Technik während der Evaluierung eingesetzt, aber auch in den Audit-Meetings einer jeden Phase von FRIES ist der Einsatz durchaus anzuraten, denn es geht immer um konkrete schnelle und kurze Statements und Entscheidungen.

- Zuordnung zu FRIES-Prozess-Element: [22]
- Besonders hilfreich bei: Allen Innovationstypen

Material/Ressourcen

Flipchart oder Zettel, beziehungsweise Moderationskarten, Moderator.

Vorbereitung

Keine besondere Vorbereitung nötig. Die Technik lässt sich spontan einsetzen.

Anleitung

Bei dieser Technik liegt die Würze in der Kürze! Um von allen Teilnehmern eine Bewertung oder ein Statement abzufragen, werden die Teilneh-

FRIES
Auf direktem Weg zu Innovationskultur und Markterfolg

SMS - Methode

Positive Atmosphäre - Wahrnehmung geschärft - 5 Tage echt Learning by doing - fantastisch

Eine intensiv erlebtes Kreativmeeting - gute Erkenntnisse, viele Idee - Herz, Geist, Emotionen

Prozess eingängig - Zweifel verschwunden - Prozess ist praktikabel - Wissen noch ausbauen

Ermüdende Diskussion - Träumer und Querulanten - elender Frust - bin erledigt

Offenes Team - freudiges Arbeiten - pfiffige Struktur - viel Praxis - gute Ergebnisse

Abbildung 53: Beispiel zur SMS-Methode

mer gebeten, eine SMS (kurze Nachricht) mit maximal elf Wörtern zu formulieren. Je nach technischem Equipment werden die SMS der Teilnehmer verdeckt von diesen notiert (zum Beispiel verdeckte Zettel oder verdecktes Flipchart).

Wenn alle Teilnehmer ihre SMS geschrieben haben, werden diese nacheinander von den Teilnehmern oder vom Moderator des Meetings verlesen.

Hinweise

Die Beschränkung auf elf Worte hilft, sich auf das Wesentliche zu konzentrieren. Die Strenge der Form und Kürze generieren erfahrungsgemäß auch oft eine besondere sprachliche Kreativität.

Vorteile

Durch die kurzen Statements trifft man den Kern der Sache und ergeht sich nicht in unnötigen Detailaussagen und -darstellungen. Auch Teilnehmern, die eher schwach sind in der detailreichen Formulierung von

Statements, kommt diese Technik zugute. Auch harte Aussagen werden nicht emotional überbewertet – die nötige Sachlichkeit bleibt erhalten. Bei größeren Gruppen ist die Technik besonders ergiebig, da nicht unnötig Zeit verbraucht wird.

Nachteile

Es besteht immer die Gefahr, dass wichtige Details mit dieser Technik untergehen.

4.41 Stolperstein-Technik

Mit dieser Technik visualisieren Sie Probleme und Hindernisse. Damit wird erreicht, dass man mit mehr Distanz darüber reden und diskutieren kann. Stolpersteine symbolisieren Probleme, Hindernisse und Schwierigkeiten unterschiedlicher Art, die die Teilnehmer eines Meetings mit der Idee und deren Umsetzung in Verbindung bringen.

Feature-Card	
Methodentyp	Feedbacktechnik
Methodengruppe	Methoden der Visualisierung
Verfahren/Prinzip	Visuelle Konkretisierung
Target-Analyse	Ja
Ideensuche	Nein
Evaluierung	Ja
Realisierung	Ja
Einzelarbeit möglich	Nein
Empfohlene Teilnehmer	5 bis 20 Teilnehmer
Dauer	10 bis 45 Minuten
Protokollierung	Leicht
Moderation	Mittel
Schwierigkeitsgrad	Leicht

Eignung

Bei der vorausschauenden Verwendung der Stolpersteine dominiert die Evaluierung und Problemanalyse bei der Eignung der Technik.

- Zuordnung zu FRIES-Prozess-Element: [8], [22]
- Besonders hilfreich bei: Allen Innovationstypen

Material/Ressourcen

Moderationskarten im DIN-A5-Format (eventuell mit Steinsymbol), Stifte, Sammlung von Steinen (Kiesel oder andere) unterschiedlicher Größe.

Vorbereitung

Vorbereitung des Themas und der Hintergrundinformationen, Beschaffung der Steine und der Karten.

Anleitung

Schritt 1: Der Moderator stellt das Target und die Idee, die zur Umsetzung ansteht, vor.

Schritt 2: Die Teilnehmer benennen die Probleme, die sie bei der Umsetzung vermuten oder annehmen, indem sie vom Moderator vorbereitete Karten (etwa DIN A5, eventuell ein Steinsymbol in einer Ecke der Karte) beschriften.

Schritt 3: Die Teilnehmer legen nun die Karten auf den Boden oder einer Tischfläche aus. Dabei werden Karten mit identischen Problemen schon gruppiert.

Schritt 4: Die Teilnehmer erhalten nun vom Moderator eine Anzahl verschiedener Kieselsteine. Sie beschweren die Karten mit Steinen unterschiedlicher Größe, um so auszudrücken, für wie schwerwiegend sie das Problem halten. Je größer der Stein, desto größer das Problem.

Schritt 5: Nun geben die Teilnehmer reihum Kommentare ab und begründen ihre Stolpersteine. Der Moderator protokolliert die Statements.

Je nach Situation und Gruppengröße können oder sollten Begrenzungen vorgenommen werden (nur ein Stolperstein oder eine anders limitierte Zahl pro Teilnehmer) oder die Teilnehmerkommentare entfallen. In diesem Falle würde der Moderator die Problemsammlung strukturieren und mit den Teilnehmern diskutieren. In jedem Fall entsteht eine Sammlung von Problemen, die nach einer Lösung und Weiterbearbeitung verlangen. Symbolisieren Sie anschließend mit einem Spaten oder einem Kehrblech, dass die Probleme weggeräumt werden, wenn die Karten wieder vom Boden hochgenommen werden.

Methode/Technik im Anschluss

Wurde nun zum Beispiel eine Reihenfolge festgelegt, in der die Stolpersteine beseitigt werden sollen, so können Sie nun Techniken wie Maßnahmenpläne einsetzen, um die Umsetzung voranzutreiben.

Vorteile

Die eingängige Symbolik hat sehr positiven Einfluss auf die Problemdiskussion – die Probleme werden als konkrete Steine wahrgenommen, die man aus dem Weg räumen kann. Die Technik funktioniert sehr gut in großen Gruppen.

Nachteile

Die Beschaffung der Steine kann durchaus etwas aufwändig sein.

Der Stein im Sprachgebrauch
Der Begriff »Stein« oder »Stolperstein« hat stark metaphorischen Charakter, der hier zielführend, zum Beispiel durch einen guten Moderator, genutzt werden kann. Eine kleine Auswahl von bekannten Metaphern und Redewendungen:

- Mir fällt ein Stein vom Herzen.
- Steine in den Weg legen.
- Stein der Weisen.
- Stein des Anstoßes.
- Hart wie ein Stein.

Bei einem retrospektiven Gebrauch der Methode stehen dann der Erfahrungsaustausch und der Erfahrungstransfers im Mittelpunkt der Diskussion. Redewendungen können dann sein:

- Das waren Steine, die mir – oder uns – im Wege lagen.
- Steine, über die ich gestolpert bin/über die wir gestolpert sind.
- Steine, die wir erst aus dem Weg räumen mussten.

Stolpersteine werden aber natürlich auch vorausblickend vermutet oder antizipiert:

- Mit diesen Stolpersteinen müssen wir rechnen.
- Diese Steine sollten wir erst einmal beseitigen.

Bei allen Verwendungsweisen sollten aber nicht nur Probleme erkannt und benannt, sondern auch immer konkrete Handlungsmöglichkeiten und Maßnahmen entwickelt werden, um die besagten Steine aus dem Weg zu räumen.

4.42 Stummes Schreibgespräch

Das stumme Schreibgespräch ist eine sehr schöne weil universelle Methode, die sowohl als Brainwriting-Technik in der Ideenfindung als auch als Feedbackmethode in der Analyse und Evaluierung genutzt werden kann. Die Methode funktioniert sehr ähnlich wie die Café-to-Go-Methode und bietet auch eine Bewegungskomponente bei der Umsetzung. Die Tatsache, dass nur durch Schreiben weiterentwickelt wird, und Sprechen nicht erlaubt ist, bringt einen guten, entlastenden Charakter in die Meetingsituation.

Feature-Card	
Methodentyp	Kreativtechnik, Feedbacktechnik
Methodengruppe	Brainwriting-Methode
Verfahren/Prinzip	Intuitiv – Freie Assoziation/Anknüpfung
Target-Analyse	Ja
Ideensuche	Ja
Evaluierung	Ja
Realisierung	Nein
Einzelarbeit möglich	Nein
Empfohlene Teilnehmer	4 bis 10 Teilnehmer
Dauer	30 bis 60 Minuten
Protokollierung	Leicht
Moderation	Leicht
Schwierigkeitsgrad	Leicht

Eignung

Diese Technik ist sowohl zur Ideenfindung, als auch zur Evaluierung einzusetzen.

- Zuordnung zu FRIES-Prozess-Element: [8], [14], [22]
- Besonders hilfreich bei: Allen Innovationstypen

Material/Ressourcen

Moderator, große Tische/großer Raum, je Impuls ein Plakat, Stifte.

Vorbereitung

Aufstellen der Tische sowie Auslegen und Beschriften der Plakate.

Anleitung

Schritt 1: Das Target wird dem Team durch den Moderator vorgestellt, ebenso die Regeln der Methode. Der Moderator hat größere Kartonpapiere vorbereitet. Auf jedem der Papiere hat er oben einen Impuls als Titel vermerkt (Abbildung 54).

Schritt 2: Die Papiere werden so auf einem Tisch (oder einer zusammengestellten Tischgruppe) ausgelegt, dass die Teilnehmer um den Tisch herum gehen können, um die Papiere zu beschriften.

Schritt 3: Die Teilnehmer sollen sodann die Impulse durch einen kurzen Satz oder Begriff ergänzen (ohne miteinander zu sprechen), dann zum nächsten Papier gehen und den dortigen Impuls ebenfalls fortsetzen.

Schritt 4: In der zweiten und in den nächsten Runden kommentieren und ergänzen sie immer wieder (nur schriftlich!) die Sätze ihrer Kolleginnen und Kollegen. Es ist alles erlaubt: Zustimmung, Ablehnung, Verstärkung, Ironisierung …

Die Teilnehmer kommunizieren also durchaus miteinander, wenn auch auf eine ungewöhnliche aber interessante Art. Nach der ersten Runde kann sich der Moderator beteiligen.

Schritt 5: Wenn die Teilnehmer nicht weiterschreiben, ist das Stumme Schreibgespräch zu Ende. Es schließt sich ein übliches (lautes) Gespräch an, in dem *das auf dem Tisch Liegende* von den Teilnehmern und dem Moderator in mehr oder weniger seriöser Art *gewürdigt* wird.

Hinweise

Das Stumme Schreibgespräch ist eine unkonventionelle Variante zu anderen sogenannten Feedback-Verfahren und Brainwriting-Methoden. Der Moderator bestimmt durch die Auswahl der Impulse die Zielrichtung in Bezug auf Ernst- oder Spaßhaftigkeit der Verwendung. Meist wird man eine Mischung wählen und erhält so nicht nur neue Ideen, sondern auch ein Stimmungsbild und ernsthafte Kritik positiver und negativer Art.

Stumme Schreibgespräche haben auch Auflockerungs- und Entlastungscharakter. Die spaßhaften Komponenten überwiegen dann. Bei größerer Teilnehmerzahl müssten idealerweise zwei oder mehr parallel laufende Schreibgespräche organisiert werden.

FRIES
Auf direktem Weg zu Innovationskultur und Markterfolg

Stummes Schreibgespräch

Die Arbeit in unserem Team ...

Ich würde gerne wissen ...

Wenn wir geahnt hätten ...

Eins sollte ich Euch sagen ...

Ich habe mir vorgenommen ...

Bei unserem nächsten Meeting ...

Gut gefallen hat mir ...

Wir haben den Prozess geändert, weil ...

Unsere Kunden haben geäußert ...

Gelernt habe ich ...

Abbildung 54: Impulse zum stummen Schreibgespräch

4.43 Synektik

Synektik (Zusammenfügen) ist eine eher unbekannte Kreativitätstechnik, die die unbewusst ablaufenden Denkprozesse anregen soll. Mithilfe von Analogien erfolgt eine schrittweise Verfremdung eines zu bearbeitenden Targets. Durch diesen neuen, sachlichen Abstand vom Problem und von bekannten Lösungen führt es zu einer neuen Perspektive und neuen Lösungsansätzen des Problems. Sehr ähnlich wie bei der Bisoziation werden zwei völlig von einander unabhängige Denkebenen mit dieser Technik zusammengeführt. Als wesentliches Prinzip gilt: »Mache dir das Fremde vertraut und entfremde das Vertraute.« Daraus können neue und überraschende Lösungsansätze entwickelt werden. Diese Technik wurde von William Gordon entwickelt und zum ersten Mal in seinem Buch *Synectics: The development of creative capacity* 1961 vorgestellt.

Feature-Card	
Methodentyp	Kreativtechnik
Methodengruppe	Methoden der schöpferischen Konfrontation
Verfahren/Prinzip	Intuitiv – Konfrontation/Analogien
Target-Analyse	Nein
Ideensuche	Ja
Evaluierung	Nein
Realisierung	Nein
Einzelarbeit möglich	Nein
Empfohlene Teilnehmer	4 bis 10 Teilnehmer
Dauer	240 bis 480 Minuten
Protokollierung	Mittel
Moderation	Schwer
Schwierigkeitsgrad	Schwer

Eignung

Die detaillierte Analyse von komplexen Targets, die Neu- und Weiterentwicklung von Produkten, sowie die Überwindung eingefahrener Denkstrukturen sind das spezielle Feld von Synektik.

- Zuordnung zu FRIES-Prozess-Element: [14]
- Besonders hilfreich bei: Produktinnovationen, Design-Innovationen, Technologie-Innovationen

Material/Ressourcen

Erfahrener Moderator, Flipchart/Pinnwand, Arbeitsblatt 43 oder eigenes für jeden Teilnehmer.

Anleitung

Eine Synektik-Sitzung besteht inklusive der Ziel- und Target-Vorstellung aus elf aufeinanderfolgenden Schritten:

Schritt 1: Das Ziel dieses kreativen Prozesses wird kurz dargestellt. *Beispiel:* Wie kann eine Glasplatte möglichst einfach auf einem flachen Rahmen befestigt werden?

Schritt 2: Der Experte erklärt dem Team das Problem im Detail. Die Problemstellung wird von der Gruppe diskutiert. Der Fachmann bleibt im Team. Es ist also nicht notwendig, dass alle Teilnehmer über dasselbe Know-how verfügen.

Schritt 3: Spontane Lösungsvorschläge einzelner Teammitglieder werden notiert. *Beispiel:* Saugnäpfe, Klammern, Klebefolie et cetera.

Schritt 4: Sobald das bestehende Problem gründlich erörtert wurde, definieren die Teilnehmer es neu. *Beispiel:* Wie kann erreicht werden, dass die Glasplatte leicht wieder abgenommen werden kann?

Schritt 5: Erste direkte Analogien bilden. Es werden zum gestellten Problem Analogien aus anderen Bereichen gesucht. Wenn das Problem aus dem Bereich der Natur stammt, wählen Sie eine technische Analogie oder umgekehrt. Die Analogiesuche erfolgt zum Beispiel durch Brainstorming. Nach Abschluss der Analogiephase wählt die Gruppe einen Begriff aus, der mit der Problemdefinition in sinnhaftem Zusammenhang steht. *Beispiel:* Schlange streift Haut ab, Geweih wird abgestoßen, Schnee schmilzt et cetera. Die Gruppe wählt: Schlange streift Haut ab.

Schritt 6: Persönliche Analogien bilden »Identifikationen«. Das bedeutet, der ausgewählte Begriff wird von der Gruppe aufgegriffen und es werden persönliche Analogien dazu gebildet: »Wie fühle ich mich als …«. Die Teilnehmer beschreiben dies schriftlich in zehn bis zwanzig Zeilen. Gefühle werden als Tatsachen formuliert. Jeder Teilnehmer teilt seine Beschreibung den anderen mit, der Moderator notiert signifikante Gefühle. Die Gruppe entscheidet sich am Ende für eine Emotion, die mit dem gewählten Begriff aus Schritt 5 einen sinnhaften Zusammenhang bildet. *Beispiel:* Wie fühle ich mich als häutende Schlange? Es juckt, alte Haut engt ein, endlich frische Luft et cetera. Die Gruppe wählt: Alte Haut engt ein.

Schritt 7: Symbolische Analogie bilden »Kontradiktionen«. Das bedeutet, zum ausgewählten Gefühl von Schritt 6 werden nun paradoxe Titel kreiert. *Beispiel:* bedrückende Hülle, würgendes Ich, lückenlose Fessel et cetera. Die Gruppe wählt: Lückenlose Fessel.

Schritt 8: Nun wird die zweite direkte Analogie gebildet. Sie leitet sich aus einem anderen Bereich als der Technik (Schritt 5) ab. *Beispiel:* Leitplanken der Autobahn, Druckbehälter, Schienenstrang et cetera.

Schritt 9: Beschreibung und Projektion. Jeder Teilnehmer wählt eine Analogie aus Schritt 8 aus und beschreibt diese umfassend. Die Beschreibung erfolgt so, als ob man es einem Kleinkind erklären würde (circa 5 Minuten). Anschließend stellt jeder Teilnehmer seine Beschreibung der Gruppe vor. *Beispiel:* Leitplanke: Blechprofil, verformbar, auf beiden Seiten et cetera.

Schritt 10: Rückprojektion. Die Teilnehmer hören der Beschreibung zu und stellen eine Verbindung zum dargestellten Problem aus Schritt 4 her. *Beispiel:* Profilrahmen, knetartige Kugeln zwischen Glasplatte und Rahmen, Rahmen nur an zwei Seiten, Druckbehälter: steht unter Spannung. Diese Gedanken werden veröffentlicht und von der Gruppe vorerst im Brainstorming gesammelt. Anschließend wird unter der Fragestellung »Was hat diese Beschreibung mit unserer Problemstellung zu tun?« diskutiert.

Schritt 11: Zusammenfassung. Die Gruppe erstellt eine Liste von Ideen und Lösungsansätzen zu der gestellten Aufgabe. *Beispiel:* Gekrümmter Rahmen erzeugt Spannung.

Hinweise

Setzen Sie diese Technik nur ein, wenn wirklich genügend Zeit zur Verfügung steht und ein qualifizierter Moderator dabei ist. Schwieriger ist die Technik, auch weil Hemmungen zu überwinden sind, vor allem in der Phase, in welcher die persönlichen Analogien gebildet werden. Insgesamt gesehen, ist die Methode Synektik relativ trainingsintensiv und man sollte ein ernsthaftes Synektik-Meeting erst dann moderieren, wenn man sich in einer Reihe von Übungsfällen auf die Besonderheiten dieser Ideenfindungsmethode eingestellt hat. Der versierte Teilnehmer wird sie jedoch als besonders leistungsfähige Technik schätzen, mit der eine Fülle origineller Ideen hervorgebracht werden kann.

Vorteile

Eine Technik, die besonders bei komplexen Targets gut funktioniert. Es werden radikal eingefahrene Denkstrukturen systematisch über Bord geworfen.

Nachteile

Die Synektik stellt sehr viel höhere Anforderungen an die Anwender als das Brainstorming, da der Verfahrensablauf durch die vielen Schritte komplizierter ist und mehr Zeitaufwand bedeutet. Das heuristische Prinzip der Strukturübertragung beziehungsweise -kombination muss antrainiert werden, bis es auf erfolgreiche Weise beherrscht wird.

FRIES

Auf direktem Weg zu Innovationskultur und Markterfolg

43

Arbeitsblatt: Synektik

Target:

Schritt	Beschreibung
1	**Das Ziel** dieses kreativen Prozessen wird kurz dargestellt.
2	**Der Experte erklärt** dem Team das Problem im Detail.
3	**Spontane Lösungsvorschläge** notieren.
4	**Das Problem wird nochmal neu bzw. anders definiert.**
5	Erste Analogien bilden (z.B. durch Brainstorming, etc.) Daraus wählt die Gruppe eine Analogie aus.
6	**Persönliche Analogien bilden „Identifikation"** Analogien und persönliche Gefühle notieren (10 – 20 Zeilen) Eine Analogie bzw. ein Gefühl wählt die Gruppe aus.
7	**Symbolische Analogien bilden „Kontradiktionen** Zum ausgewählten Gefühl werden „paradoxe" Titel gebildet.
8	**Zweite direkte Analogie** Die zweite direkte Analogie wird aus einem anderen Bereich aus Schritt 5 abgeleitet.
9	**Beschreibung und Projektion** Jeder Teilnehmer wählt eine Analogie aus Schritt 8 und beschreibt diese umfassend, als ob man es einem 4-jährigen Kind erklärt. Jeder stellt seine Beschreibung der Gruppe vor.
10	**Rückprojektion** Die Teilnehmer stellen Verbindungen zum Problem aus Schritt 4 her. Brainstorming: „Was hat die Beschreibung mit unserem Problem zu tun?"
11	**Zusammenfassung** Die Gruppe erstellt eine Liste von Ideen und Lösungsansätzen zur gestellten Aufgabe.

Hinweis: Regeln des Brainstorming sinngemäß anwenden.

Abbildung 55: Arbeitsblatt 43 zur Synektik

Tipp
- Regeln des Brainstormings sinngemäß anwenden.
- Auftraggeber und Moderator müssen das Target genau vorbereiten.
- Die Teilnehmer sollten die Methode zumindest schon einmal geübt haben.
- Das Unternehmensumfeld und die Entscheidungsträger müssen die Vorgehensweise und Ergebnisse der Synektik akzeptieren.

4.44 Top-10-Methode

Mithilfe dieser Technik wird versucht über eine permanente Reduktion (von Ideen, Statements, Aspekten und Eigenschaften) auf die zehn besten Werte eines bereits vorhandenen Ergebnisses zu kommen. Innerhalb der Methode FRIES hat man in fast allen Phasen auch oft mit einer zu großen Flut von Ideen oder Fakten und Statements zu tun. Besonders während der ersten Monate der Einführung und auf der Welle der Euphorie und des Neuen entsteht oft eine etwas zu große Flut von Ideen oder Statements. Mit Top 10 arbeitet man konsequent daran, die Besten herauszusuchen.

Feature-Card	
Methodentyp	Hilfstechnik
Methodengruppe	Methoden der systematischen Strukturierung
Verfahren/Prinzip	Permanente Reduktion
Target-Analyse	Nein
Ideensuche	Ja
Evaluierung	Ja
Realisierung	Nein
Einzelarbeit möglich	Ja
Empfohlene Teilnehmer	Nicht relevant
Dauer	Nicht relevant
Protokollierung	Nicht relevant
Moderation	Leicht
Schwierigkeitsgrad	Leicht

Eignung

Diese Technik ist eigentlich als eine Art Ergänzungstechnik zu sehen. Sie lässt sich mit sehr vielen anderen Techniken hervorragend kombinieren.

- Zuordnung zu FRIES-Prozess-Element: [8], [14], [22]
- Besonders hilfreich bei: Allen Innovationstypen

Anleitung

Eine Kreativtechnik (wie Brainstorming oder Brainstorming-Varianten) oder eine freie Diskussion liefert zum Beispiel zahlreiche Ideen für eine Produktweiterentwicklung oder auch eine Dienstleistung. Sobald die elfte Eigenschaft gefunden wurde, wird die vermeintlich schlechteste oder am geringsten priorisierte Eigenschaft weggenommen, damit die 10 besten Eigenschaften übrig bleiben. Das Verfahren wird mit jeder neuen elften Eigenschaft wiederholt, bis keine elfte Eigenschaft mehr übrig ist.

John Naisbitt beschreibt in seinem Buch *Mindsets* im Mindset 10 das gleiche Prinzip unter der Überschrift »Fügen Sie nichts hinzu ohne etwas wegzulassen«. So ist es mit der Methode zum Beispiel auch möglich, zu Hause die eigene Bibliothek permanent zu optimieren. Wenn Sie also heute sagen, dass Sie 500 Bücher besitzen, so sondern Sie immer eins aus, wenn ein Neues hinzukommt. Die Qualität Ihrer Bibliothek wächst so von Buch zu Buch.

4.45 Utensilienkoffer

Die Teilnehmer packen im übertragenen Sinn einen *Koffer*, in den sie alle für das Target wichtigen Utensilien hineinlegen. Dies ist eine sehr schöne Art einer Analyse und Kreativtechnik. Das Bild des Koffers und der Reise begleitet als erste positive Assoziation die Arbeit.

Feature-Card	
Methodentyp	Kreativtechnik
Methodengruppe	Brainwriting-Methode
Verfahren/Prinzip	Intuitiv – Freie Assoziation
Target-Analyse	Ja
Ideensuche	Ja
Evaluierung	Ja
Realisierung	Nein
Einzelarbeit möglich	Nein
Empfohlene Teilnehmer	5 bis 20 Teilnehmer
Dauer	10 bis 45 Minuten

Protokollierung	Leicht
Moderation	Leicht
Schwierigkeitsgrad	Leicht

Eignung

Einfache Technik, die sich für alle Innovationstypen und für die Analyse, Ideenfindung und Evaluierung eignet.

- Zuordnung zu FRIES-Prozess-Element: [8], [14], [22]
- Besonders hilfreich bei: Allen Innovationstypen

Material/Ressourcen

Moderator, Koffer oder Rucksack, Survival-Zettel, Moderationskarten, Stifte.

Anleitung

Der Moderator stellt das Target beziehungsweise das Ziel der Runde vor. Die Teilnehmer bekommen eine unbegrenzte Zahl von Kärtchen (DIN A5 oder kleiner) als Survival-Zettelchen. Anschließend werden sie gebeten, in Einzelarbeit solche Gegenstände, Merkpunkte, Notwendigkeiten und Ähnliches zu notieren, die für das Target sozusagen überlebenswichtig sind. Jedes beschriftete Kärtchen wird in den zentral aufgestellten Koffer gelegt. Ausgewählte Teilnehmer sichten und sortieren den Inhalt (zum Beispiel an einer Pinnwand) und stellen das Ergebnis dieser Arbeit im Plenum vor. Eine Diskussion oder andere Techniken schließen sich an.

Hinweise

Für jeden zu notierenden Punkt ein weiteres Zettelchen verwenden!

4.46 Walt-Disney-Methode

Walter Elias Disney, der uns allen bekannte Vater des Zeichentrickfilms aus Hollywood, hat schon früh und unbewusst die Basis für eine Kreativitätstechnik gelegt, in dem er eigene Grundlagen entwickelte, mit deren Hilfe er seine Ideen und Kreativität – wie auch die seiner Mitarbeiter – förderte. Diese Methode ist unmittelbar aus der unternehmerischen Praxis von Disney entstanden. Es ist eine Art Rollenspiel, bei dem die Fantasie und Vorstellungskraft der Teilnehmer gefragt sind. Nacheinander schlüpfen die Teilnehmer in verschiedene Rollen. Die Methode basiert konkret auf dem Zusammenspiel von drei unterschiedlichen Rollen beziehungsweise Charakteren:

- Träumer (Visionär, Ideenlieferant),
- Realist (Macher),
- Kritiker (Qualitäts-Manager, Controller).

Feature-Card	
Methodentyp	Kreativtechnik
Methodengruppe	Methoden der systematischen Problemspezifizierung
Verfahren/Prinzip	Kombimethode – intuitiv/diskursiv
Target-Analyse	Ja
Ideensuche	Ja
Evaluierung	Ja
Realisierung	Nein
Einzelarbeit möglich	Ja
Empfohlene Teilnehmer	1 bis 6 Teilnehmer
Dauer	60 bis 120 Minuten
Protokollierung	Schwer
Moderation	Mittel
Schwierigkeitsgrad	Mittel

Eignung

Die Walt-Disney-Methode kommt in der heutigen Business- und Managementwelt regelmäßig zum Einsatz. Speziell dort, wo es gilt, festgefahrene Denkstrukturen zu lösen, bietet diese Methode die Möglichkeit, Targets aus einem ganz anderen Blickwinkel zu sehen und zu lösen. Besonders auch in der Evaluierungsphase ist die Methode nützlich, um die unterschiedlichen Ideen und Lösungsmöglichkeiten, vor allem hinsichtlich Umsetzbarkeit und Alltagstauglichkeit, zu betrachten.

- Zuordnung zu FRIES-Prozess-Element: [8], [14], [22]
- Besonders hilfreich bei: Allen Innovationstypen

Material/Ressourcen

Moderator, verschiedene Materialien, um die Diskussionsecken oder Räume zu gestalten.

Vorbereitung

Der Raum muss entsprechend der verteilten Rollen verschieden dekoriert und ausgestaltet werden. Je besser die Dekoration, desto eher gelingt die Methode.

Anleitung

Das Rollenspiel, die eigentliche Grundidee der ganzen Methode, eignet sich für Einzelpersonen ebenso wie für Teamarbeit. Walt Disney selbst beherrschte, wie man sich erzählt, alle drei Rollen perfekt. So hat er Ziele und Visionen erreicht, die für die damalige Zeit ungewöhnlich waren. Aber er bezog auch immer wieder seine MITarbeiter als Team in den Ideenprozess mit ein. Disney unterstützte das Rollenspiel, indem er für jede einzelne Rolle – die des Träumers, des Realisten und des Kritikers – sogar jeweils einen eigenen Raum in der Firma schuf, der entsprechend der Rollen eingerichtet war: So war der Raum des Träumers groß, hell, bunt und mit Bildern und kreativen Sprüchen geschmückt. Dem Realisten wurde ein Zimmer mit einem großen Zeichentisch und allen möglichen, modernen Hilfsmitteln zur Verfügung gestellt, um Träume zu realisieren. Der Kritiker musste in einem kleinen, engen Zimmer die Entwürfe des Realisten beurteilen und bewerten.

Es müssen aber nicht zwingend einzelne Räume sein, es reichen zum Beispiel auch schon drei Stühle, die in verschieden Ecken eines Raumes gestellt werden. Natürlich unterstützt jede zusätzliche »Verschönerung« der Träumerecke, wie zum Beispiel Blumen oder Stoffe, die Kreativität und Ideenfindung des Träumers.

Schritt 1: Der Kreislauf, hier am Beispiel eines Teamrollenspiels erklärt, beginnt mit einem Probelauf. Die Teilnehmer schlüpfen vorab, ohne das Thema zu kennen, in die drei verschiedenen Rollen, um sich »einzuleben«. In der Träumer-Ecke sollten alle an einen wunderschönen und kreativen Moment in ihrem Leben denken, um den positiven Einfluss zu spüren. Nach einer kurzen Pause erfolgt der Wechsel zum Realisten. Dort muss sich jeder Teilnehmer an eine persönliche Situation erinnern, die er praktisch und clever gelöst hat. Zum Schluss sollen die Teilnehmer sich als Kritiker eine Situation ins Bewusstsein rufen, in der sie etwas kritisch analysiert haben.

Schritt 2: Nach einer anschließenden kurzen Ruhephase gibt der Moderator dem Team das zu lösende Target bekannt.

Schritt 3: Nun beginnt das eigentliche Rollenspiel. Das Team begibt sich in die Träumer-Ecke. Die Träumer nutzen in dieser Phase ihre rechte beziehungsweise kreative Gehirnhälfte, um Visionen und Ziele zu entwickeln. Hierbei darf richtig gesponnen werden, ohne Grenzen, Vorgaben und Einschränkungen. Jeder noch so chaotische und verrückte Ansatz ist die Chance für eine neue Idee. Im Anschluss wandern die Teilnehmer zum Platz des Realisten. Dort ziehen sie sich mit den gewonnenen Ideen zurück und stellen sich folgende Fragen:

- Was muss getan oder gesagt werden?
- Was wird für die Umsetzung benötigt? (Material, Menschen, Wissen, Techniken).
- Was fühlt man bei dieser Idee?
- Welche Grundlagen sind schon vorhanden?
- Kann der Ansatz getestet werden?

Die Realisten testen jede Idee, bevor diese an die Kritiker weitergegeben wird. So entpuppt sich manche auf den ersten Blick noch so unrealistische Idee als wirklich innovativer Ansatz.

An der letzten Station im Kreislauf, haben die Teilnehmer die Aufgabe, sich konstruktiv mit den Ideen auseinanderzusetzen. Die Analyse der Kritiker beinhaltet immer mindestens folgende Fragen:

- Was könnte verbessert werden?
- Was sind die Chancen und Risiken?
- Was wurde übersehen?
- Wie denke ich über den Vorschlag?

Der Kreativitätsprozess gilt als abgeschlossen, wenn keine weiteren relevanten Fragen offen sind, und wenn abzusehen ist, dass ein weiterer Durchlauf keine Optimierung bringt.

Diese Methode kann für ein ungeübtes Team, aber auch für eine ungeübte Einzelperson, sehr anstrengend werden, wenn die Ergebnisse der einzelnen Rollen nicht eindeutig abgegrenzt werden. Auch an dieser Stelle kann ein Moderator unterstützend zur Seite stehen. Sehr geübte Teilnehmer dagegen unterstützen sich innerhalb des Prozesses gegenseitig, indem jeder die Rolle verstärkt ausübt, in der seine persönlichen Stärken liegen. So entstehen sehr effektive und konstruktive Diskussionen, die zu neuen Lösungsansätzen führen.

Hinweise

Bei einem Team, in dem sich die Teilnehmer untereinander nicht kennen, empfiehlt es sich, einen geschulten Moderator mit einzubeziehen, damit die Rollen nicht vermischt werden und unnötige Diskussionen von vornherein vermieden werden.

Vorteile

Diese Methode beinhaltet sowohl die eigentliche Ideenfindung, als auch schon die erste Evaluierung der gewonnenen Ideen.

Nachteile

Die Methode wird meist erst mit sehr viel Übung wirklich effektiv. Es ist ein ausgesprochen gutes Vertrauensverhältnis der Teilnehmer untereinander notwendig.

4.47 Wandspeicher

Als Wandspeicher kann man Flipcharts oder Pinnwände bezeichnen, die die Teilnehmer beziehungsweise ein Target oder einen Ideenfindungs- oder Evaluierungsprozess über längere Zeit begleiten. Mit interessanten Titeln und Überschriften können Sie solche Wandspeicher ganz individuell und herausfordernd gestalten. Ihrer Fantasie bei der Einsatzmöglichkeit von Wandspeichern sollten keine Grenzen gesetzt sein. Wandspeicher sind eine sehr effiziente Hilfstechnik.

Feature-Card	
Methodentyp	Hilfstechnik
Methodengruppe	Methoden der systematischen Strukturierung
Verfahren/Prinzip	Sammlung – Speicherung
Target-Analyse	Ja
Ideensuche	Ja
Evaluierung	Ja
Realisierung	Nein
Einzelarbeit möglich	Ja
Empfohlene Teilnehmer	Nicht relevant

Dauer	Nicht relevant
Protokollierung	Leicht
Moderation	Nicht relevant
Schwierigkeitsgrad	Leicht

Eignung

Als ergänzende Ressource oder Technik, besonders als Begleitung bei sehr langen beziehungsweise auch mehrtätigen Meetings oder Tagungen.

- Zuordnung zu FRIES-Prozess-Element: [8], [14], [22]
- Besonders hilfreich bei: Allen Innovationstypen

Material/Ressourcen

Mehrere Flipcharts oder Pinnwände, Einzelkarten, Stifte, Klebestreifen oder Nadeln.

Vorbereitung

Aufstellen und Beschriften der entsprechenden Wandspeicher.

Anleitung

Während des gesamten Kreativ- oder Evaluierungsmeetings oder auch während des gesamten Projekts stehen den Teilnehmern abgeteilte Wandflächen beziehungsweise Flipcharts oder Pinnwände für Äußerungen von Ideen, Faktensammlungen, Klagen und Problemen zur Verfügung. Teilnehmer, die sich äußern wollen, schreiben dies auf ein Blatt und heften es an diese Wand oder schreiben es direkt auf das Flipchart. Die einzelnen Wandspeicher werden mit verschiedenen Überschriften als einzelne Typen klassifiziert, wie Ideenwand, Wissenspool, Klagemauer oder Problemspeicher.

Zur Ideenwand gehören Verfahrensvorschläge, Sachbeiträge, Zusatzinformationen und Ähnliches. An der Klagemauer können die Teilnehmer Unmut, Ärger oder auch Frustration äußern. Unter dem Titel »Problemspeicher« werden jeweils die Dinge angeheftet, die gerade nicht bearbeitet werden können, die aber auf keinen Fall in Vergessenheit geraten sollen, weil sie innerhalb des FRIES-Prozesses oder auch später noch bearbeitet werden müssen.

FRIES
Auf direktem Weg zu Innovationskultur und Markterfolg

Wandspeicher

KLAGEMAUER

- ☑ Die Drehbank ist zu ungenau
- ☑ Zu viel Theorie
- ☑ Am Markt vorbei
- ☑ Es gibt zu viele externe Stötungen

PROBLEMSPEICHER

- ☑ Pünktlichkeit bei den Meetings
- ☑ Wer kennt ergänzende Literatur zum Fräsen
- ☑ Wettbewerbsanalyse zu alt / erneuern

Ideenwand

- ☑ CD zum Bewerbungstraining ausprobieren
- ☑ Experten einladen
- ☑ Mütter in Mutterschutz befragen
- ☑ CaseStudies erstellen

Abbildung 56: Beispiele für verschiedene Wandspeicher

Hinweise

Der Typ *Klagemauer* bietet eine Chance, während des Meetings oder des Projektes laufend Feedback zu geben. Sie übernimmt unter Umständen auch eine Ventilfunktion für die Teilnehmer. Die Klagemauer kann dem Moderator wichtige Hinweise über die Stimmung im Team geben. Sie ist allerdings nur sinnvoll, wenn der Moderator oder das Moderatorenteam auch bereit ist, auf die Äußerungen zu reagieren. *Ideenwand* und *Problemspeicher* lassen wichtige, aber im Moment ihres Auftretens gerade nicht brauchbare Aspekte der Arbeit nicht in Vergessenheit geraten und entlasten so die Teilnehmer, aber auch das Moderatorenteam. Sie können alle Wandspeicher-Typen anbieten oder nur einzelne.

Mit *Ideenwand* und *Problemspeicher* zu arbeiten, ist nur dann sinnvoll, wenn Ihr Team diese auch immer wieder betrachtet. So kann zum Beispiel nach einer Pause oder einer Meetingsequenz der Blick aller Teilnehmer auf die Ideenwand gelenkt und gemeinsam besprochen werden, welche der dort anstehenden Fragen, Probleme, Ideen unter Umständen bereits erledigt sind, welche noch innerhalb dieses Meetingtages angesprochen und gelöst werden sollen und welche der Fragen, Probleme, Ideen, Inhalte in späteren Meetings angegangen werden sollen. Es kann auch überlegt werden, welche Personen für welche Aspekte Verantwortung übernehmen wollen. Es lassen sich aus den Wandspeichern oft auch sehr schnell die ersten Maßnahmenpläne entwickeln.

Vorteile

Durch die große analoge Präsenz werden Wandspeicher als Alternative zu Datenbanklösungen oder ähnlichem sehr gut angenommen und entwickeln sich oft auch als Meetingpoint im Projekt. Informationen lassen sich äußerst schnell und ohne Verluste kommunizieren.

Nachteile

Um den Wandspeicher anzureichern, muss man ihn aufsuchen.

4.48 Wetterkarte

Diese Technik gehört ebenfalls in die Reihe der Feedbackmethoden, bei denen es darum geht, in der Evaluierungsphase ein erstes Stimmungsbild einzufangen, Erwartungen abzufragen und auch kritische Anmerkungen zu machen, ohne sich in Emotionen und Details zu verlieren, die den Prozess nachteilig beeinflussen. Ich mag diese Methode besonders, um Feedbacks und Stimmungen in einer Gruppe einzuholen, die sich in dem Meeting so zum ersten Mal begegnet. So haben auch die eher schüchternen Teilnehmer eine gute Möglichkeit sich gleichwertig zu äußern.

Feature-Card	
Methodentyp	Feedbacktechnik
Methodengruppe	Methode der schöpferischen Konfrontation
Verfahren/Prinzip	Visuelle Konkretisierung
Target-Analyse	Nein
Ideensuche	Nein
Evaluierung	Ja
Realisierung	Nein
Einzelarbeit möglich	Nein
Empfohlene Teilnehmer	4 bis 10 Teilnehmer
Dauer	10 bis 30 Minuten

Protokollierung	Leicht
Moderation	Leicht
Schwierigkeitsgrad	Leicht

Eignung

Schnelles Abfragen der aktuellen Situation oder der ersten Gedanken und Bewertungen, ohne sich schon zu Beginn des Evaluierungs-Meetings zu schnell in Details zu verlieren.

- Zuordnung zu FRIES-Prozess-Element: [22]
- Besonders hilfreich bei: Allen Innovationstypen

Material/Ressourcen

Ausschneidebogen/Arbeitsblatt 48 mit Wetterkartensymbolen, Bogen oder Flipchart zum Aufkleben, Scheren, Klebstoff, Moderator.

Anleitung

Die Teilnehmer werden gebeten, mittels einer Wetterkarte eine Rückmeldung zur vom Moderator vorgestellten Idee zu geben, die sich auf ihre Stimmung, ihre Erwartung, Hoffnung, Befürchtung oder auch ihre kritische Haltung bezieht. Dazu bekommt jeder Teilnehmer einen vorbereiteten Ausschneidebogen mit den Symbolen, wie man sie aus Wetterkarten kennt. Die Teilnehmer schneiden die Symbole aus, mit deren Aussage sie ihre Rückmeldung ausdrücken wollen, wobei sie sich auf eine beschränken oder auch mehrere kombinieren können. Die ausgeschnittenen Symbole kleben die Teilnehmer auf einen weiteren Papierbogen, den sie auf einer vorbereiteten Wandfläche oder einem Flipchart befestigen. Sie kommentieren anschließend kurz ihre so entstandene Wetterkarte.

Hinweise

Denkbar ist auch, dass die Technik in der Eingangsphase eines Meetings als Gesprächsimpuls genutzt wird. Dann sollten sich die Teilnehmer bei ihrer Kommentierung namentlich vorstellen. In dieser Verwendungsart könnte der Moderator mit der eigenen Wetterkarte und persönlichen Vorstellung beginnen; dabei ist zu empfehlen, dass alle Wetterkarten mit dem Namen gekennzeichnet und die Kommentare nicht nur mündlich abgegeben, sondern auch aufgeschrieben werden: Die Teilnehmer werden gebeten werden, die Wettersymbole selbst zu zeichnen.

Abbildung 57: Arbeitsblatt 48 zur Wetterkarte

4.49 Wolken-Technik

Die Wolken-Technik ist eine Hilfstechnik und strukturiert gut und anschaulich die Informationsvermittlung. Sie bildet somit eine solide Basis für jedes Meeting in der Evaluierungs- und Realisierungsphase. Es handelt sich bei der Wolken-Technik um eine etwas betagte Art der Präsentation mittels Stift und Papier, die man mehr als gelegentlich der üblichen PowerPoint-Präsentation vorziehen sollte. Die Wolken kann man darüber hinaus auch sehr gut als Wandbilder verwenden, die auch ohne Notebook und Beamer stets sichtbar sind und das Meeting sinnvoll begleiten.

Feature-Card	
Methodentyp	Hilfstechnik
Methodengruppe	Methoden der systematischen Strukturierung
Verfahren/Prinzip	Strukturierung
Target-Analyse	Nein

Ideensuche	Nein
Evaluierung	Ja
Realisierung	Ja
Einzelarbeit möglich	Nein
Empfohlene Teilnehmer	ab 4 Teilnehmer
Dauer	Sehr themenabhängig
Protokollierung	Leicht
Moderation	Leicht
Schwierigkeitsgrad	Leicht

Eignung

Die Wolken-Technik eignet sich sehr gut für die Evaluierungs- und Realisierungsphase und Bewertung von Aufgabenstellungen der leichten bis mittleren Komplexität.

- Zuordnung zu FRIES-Prozess-Element: [22], [31]
- Besonders hilfreich bei: Allen Innovationstypen

Materialien/Ressourcen

Moderator, wolkenförmige Karten/Bögen, Klebepunkte, Stifte, Pinnwände.

Anleitung

Der Moderator hat die Aufgabe, einen Sachverhalt zu einer Idee in einer kurzen Präsentation darzustellen. Er hat das Thema zuvor in Kapitel oder Unterthemen gegliedert, die er auf die Karten (oder Bögen) in Wolkenform geschrieben hat. Die Karten werden nach und nach aufgehängt. Parallel dazu präsentiert der Moderator.

Zwei erprobte Standardvarianten sind bekannt.

1. *Minimalansatz:* Der Moderator hängt die Wolken auf und gibt nur auf das Notwendigste beschränkte Kommentare zu den einzelnen Themen ab. Dann entscheiden die Teilnehmer nach Befragung (oder mittels einer Bepunktung), in welcher Reihenfolge oder mit welcher Intensität die einzelnen Wolkenthemen behandelt werden sollen. Gemäß dieser Prioritätensetzung arbeitet man weiter.

2. *Maximalansatz:* Der Moderator referiert ausführlich zu den einzelnen Themen. Die Teilnehmer stellen ihre Verständnisfragen und/oder diskutieren die Sache. Um die Diskussion zu stimulieren oder zu strukturieren, können Leitfragen verbal und schriftlich vorgeben werden (siehe Beispiel 2).

Bei beiden Varianten kann die Metapher *Wolke* auch evaluativ (Prozessevaluation) genutzt werden: Auf welcher Wolke befinden Sie sich nun?

Beispiel 1

Das Team hat die Aufgabe, eine neue Vorgabe für einen Prozess zu evaluieren. Die Themenfelder wie Bekanntmachung, Kostentransparenz, Vorteile für die Abteilung, Nachteile für die Abteilung, Schulungsbedarf oder Einführungsbarrieren auf Kartons in Wolken-Form geschrieben. Der Moderator sagt nur wenige Sätze zu den einzelnen Wolken und befragt anschließend die Teilnehmer nach ihren vorrangigen Interessen. Diese werden durch Bepunktung kommuniziert. Die Teilnehmer verteilen je 10 Punkte auf die Wolken. Die Wolke mit den meisten Punkten wird zuerst behandelt.

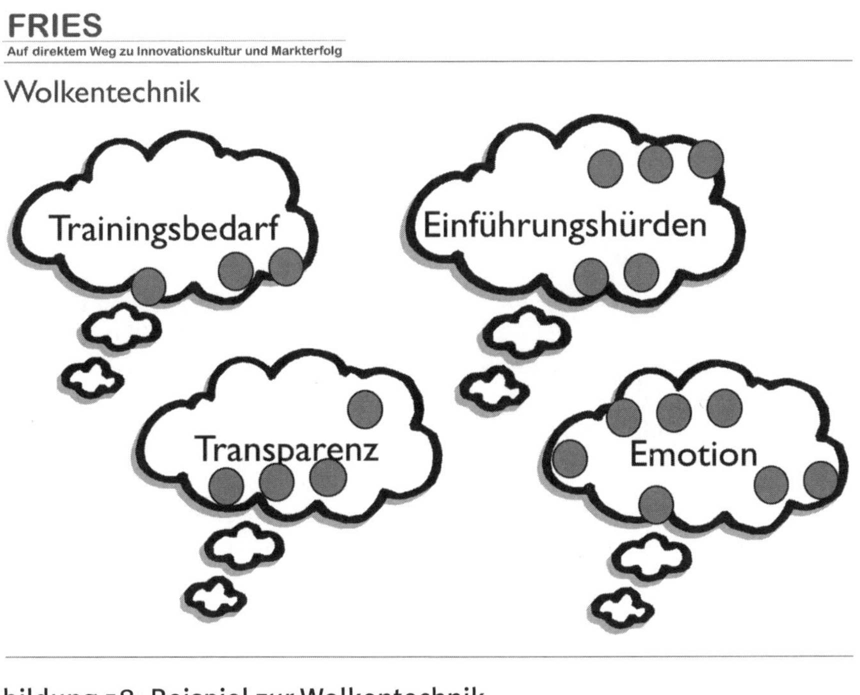

Abbildung 58: Beispiel zur Wolkentechnik

Beispiel 2

Das Team hat eine Idee zu einer Produktveränderung zu evaluieren. Der Moderator hat neben den Wolken folgende Leitfragen gut sichtbar notiert:

- Worin liegen die Vorteile für den Kunden?
- Was schafft Probleme?
- Welche Maßnahmen entstehen für uns?

Anschließend werden die Wolken mit den Begriffen aufgehängt und eine nach der anderen anhand der Leitfragen diskutiert.

Vorteile

Eine sehr schöne und bewährte Technik mit der auch ungeübte Moderatoren ein Meeting stets auf Kurs halten. Das Aufkleben der Punkte kommt auch den etwas ruhigeren Teilnehmern zugute.

Wolken im Sprachgebrauch
Der beabsichtigte assoziative Hintergrund zur Wolke ist erfahrungsgemäß bei allen Teilnehmern sofort präsent und wird von ihnen meistens auch spontan ausgedrückt. Der Moderator kann aber auch diese Assoziationen ganz bewusst und entsprechend der Aufgabenstellung provozieren.

- Heute möchten wir uns auf Wolke sieben bringen!
- Jetzt ziehen für uns dunkle Wolken auf.
- Das ist ziemlich wolkig!
- Das sind ja richtige Gewitterwolken. Bald wird es hier donnern.
- Wann ziehen diese Wolken endlich ab?
- Wir sind die Wolkenschieber.

Handelt es sich zum Beispiel um eine sehr ausführliche Evaluierung oder eine Folge von Meetings, könnte am Ende einer Sequenz, wieder durch Befragung oder Bepunktung, von den Teilnehmern entschieden werden, in welcher Priorität (mit welchen *Wolken* also) die Arbeit fortgesetzt wird. Und natürlich dürfen durchaus immer auch neue Wolken während der Meetings entstehen.

4.50 Zufallstechnik

Zufallstechniken sind insgesamt Methoden zur Ideenfindung, die auf dem Prinzip des zufälligen Inputs und Impulses basieren. Das Prinzip der Zufallstechniken besteht darin, Bilder, Töne, Szenen oder Wörter aus vielen zufälligen Quellen zu beziehen und diese als Inspiration und Anregung zur Lösung eines Targets zu verwenden. Das Zufallselement dient dazu, völlig neue Assoziationen und Ideen zu produzieren, auf die man bei einer Betrachtung des Problems allein wohl nicht gekommen wäre. Die Zufallstechnik, wie ich sie im Weiteren beschreibe, ist für mich die Urform der Ideenfindung und Kreativität. Besonders wenn man an sich und seine eigene Kreativität glaubt, bieten sich unendliche Quellen der Inspiration. Und es finden sich immer eine neue, überraschende Idee. Auch der »Serendipity-Effekt« (Dinge zu finden, die man gar nicht gesucht hat) spielt hier eine überaus große Rolle.

Feature-Card	
Methodentyp	Kreativtechniken
Methodengruppe	Methoden der schöpferischen Konfrontation
Verfahren/Prinzip	Intuitv – Freie Assoziation
Target-Analyse	Nein
Ideensuche	Ja
Evaluierung	Nein
Realisierung	Nein
Einzelarbeit möglich	Ja
Empfohlene Teilnehmer	1 bis 5 Teilnehmer
Dauer	30 bis 90 Minuten
Protokollierung	Mittel
Moderation	Mittel
Schwierigkeitsgrad	Mittel

Eignung

Besonders in festgefahrenen Situationen und bei der Ideenfindung in Werbung und Marketing ist das Potenzial dieser Technik sehr groß, aber auch in allen anderen Bereichen wie Prozess- und Sozialinnovationen lässt sie sich anwenden.

- Zuordnung zu FRIES-Prozess-Element: [14]
- Besonders hilfreich bei: Prozessinnovationen, Sozialinnovationen, Organisations-Innovationen, Produktinnovationen, Design-Innovationen, Service-Innovationen, Technologie-Innovationen

Anleitung

Der prinzipielle Ablauf dieser Techniken ist wirklich sehr einfach: Es wird eine möglichst große, allgemeine Quelle von Bildern oder Wörtern bereitgestellt. Daraus wird ein Wort oder Bild zufällig ausgewählt. Dieses wird als Anregung zur Lösung des Targets verwendet.

Es gibt viele Varianten der Zufallstechnik. Zu den bekanntesten gehören.

- Katalogtechnik: Zufallsquelle ist ein Warenkatalog,
- Lexikontechnik: Zufallsquelle ist ein Lexikon,
- Reizwortanalyse: Zufallsquelle ist ein beliebig ausgesuchtes Wort,
- Bisoziationstechnik.

Es können aber beliebige Quellen zufälliger Wörter oder Eindrücke benutzt werden. Mein wirklicher Favorit unter allen Zufallstechniken ist der Bummel durch eine pulsierende Stadt, durch große Warenhäuser und besonders das Stöbern in großen Buchhandlungen. Die Fülle und Dichte der Eindrücke und Inspirationen ist hier überaus groß. Man kann mit etwas Übung regelrecht lernen, in Sinneseindrücken und Inspirationen zu schwelgen. Lassen Sie sich vom Zufall leiten, und Sie werden sehen, dass Sie sich nach einiger Zeit regelrecht darauf verlassen können, eine Idee zu finden, die Sie in Ihrer Situation zielführend weiterbringt.

Hier zwei konkrete Beispiele, die wirklich passiert sind:

Beispiel 1: Die Bildergalerie

- Es werden Ideen für einen Supermarkt gesucht.
- Beim Schlendern durch die Einkaufsstraßen der Stadt fällt Ihr Blick auf ein Geschäft für Künstler- und Malutensilien. Beim Stöbern in der Auslage fallen Ihnen die vielen bunten Wachsmalfarben auf, und Sie haben sofort Bilder von Kindern im Kindergarten im Kopf, wahrscheinlich auch Bilder aus Ihrer eigenen Kindheit.
- Aus diesem Impuls heraus entsteht konkret die Idee, Bilder von Kindern (vielleicht von den Kunden?) im Supermarkt auszustellen und auch einen Wettbewerb dazu zu entwickeln.

Beispiel 2: Die Landkarte

- Es werden wieder Ideen für einen Supermarkt gesucht.

- Nur einige Meter weiter in der gleichen Einkaufsstraße bleiben Sie am Fenster eines Reisebüros stehen und lassen die Gedanken in ferne Länder schweifen.
- Bei der Überlegung, welche Dinge man typischerweise für einen Urlaub braucht, fällt Ihnen natürlich auch eine Karte ein. Man könnte den Kunden vielleicht eine »Karte« geben, wo sie die verschiedenen Waren im Supermarkt finden und auf der sie auch die Einkaufsliste vermerken.

Vorteile

Zufallstechniken sind im Ablauf sehr einfach und sie können wirklich überraschende Ideen produzieren und sind dazu immer auch abwechslungs- bis lehrreich.

Nachteile

Ungeübten fällt die Übertragung der zufälligen Anregungen auf das Target oft schwer. Dies kann auch zu leichten Frustrationen führen. Natürlich sind auch die Streuverluste bei diesen Techniken als relativ hoch einzustufen.

5 Tools für die Praxis

In diesem Teil des Buches habe ich weitere Tools und Ergänzungen zusammengestellt, die Ihnen bei der praktischen Umsetzung von FRIES helfen sollen. Mit diesen Tools können Sie bereits morgen früh mit Ihrer Innovationskultur starten.

5.1 FRIES Books für MS Access

FRIES Books ist der Name einer Datenbankanwendung, die als Freeware auf der beiliegenden CD-ROM (Verzeichnis F-R-I-E-S_Books_Access) enthalten ist.

Dieses Tool zeigt, wie Sie FRIES beziehungsweise die FRIES-Dokumentation mithilfe einer Datenbankanwendung leicht umsetzen können. Es umfasst alles, was für FRIES nötig ist – von den Stammdaten der Innovationsträger über die Buchung der Freiräume bis hin zur Erfassung der Targets und Ideen sowie der Auswertung der Kennzahlen per Mausklick.

Es gibt nun mehrere Möglichkeiten, wie Sie diese Datenbankanwendung nutzen können. Zunächst einmal ist sie als Simulation- und Demoanwendung gedacht, die Ihnen anhand der darin enthaltenen Demodaten zeigt, wie FRIES funktioniert und wie sich die Kennzahlen bilden.

In einem kleinen mittelständischen Unternehmen oder auf Abteilungsebene kann die Anwendung sicherlich alltagstauglich eingesetzt werden. Zur Abbildung der Methode in einem größeren Unternehmen ist diese Anwendung nicht gedacht, da zum Beispiel jegliche Sicherheitsmechanismen fehlen. Hier kann sie aber als optimale Vorlage (Lastenheft) für die Entwicklungsabteilung oder einen Softwaredienstleister dienen, um FRIES zum Beispiel in vorhandene Softwaresysteme, wie Datenbankanwendungen oder ERP-Lösungen zu integrieren.

Außerdem haben Sie natürlich die Möglichkeit, die Datenbankanwendung auf der CD-ROM genauestens zu untersuchen und nach Ihren Wünschen zu erweitern. Fühlen Sie sich frei, die Datenbanktabellen und Masken nach Ihren Wünschen zu erweitern oder erstellen Sie für die Auswertung Ihre individuellen Berichte.

Zur Installation kopieren Sie einfach die Programmdatei in ein Verzeichnis Ihrer Festplatte und öffnen diese mit Microsoft Access. Für den

Fall, dass Sie kein Microsoft Access haben, liegt auf der CD-ROM die kostenlose Access Runtime Version bei. Nachdem Sie diese installiert haben, können Sie die FRIES Books auch ohne eine Access Vollversion starten.

Auf der CD-ROM finden Sie eine Bedienungsanleitung zu den FRIES Books als PDF-Dokument.

Hinweis
Wir haben diese Version mit den Microsoft-Access-Versionen in Microsoft Office 2003 und Microsoft Office 2007 getestet. Als Betriebssysteme haben wir Microsoft Windows XP und Windows Vista getestet. Bei möglichen Ablaufproblemen in anderen Konstellationen informieren Sie uns bitte. Wir helfen Ihnen gerne weiter.

Nach dem Öffnen der Anwendung startet diese mit dem sogenannten *Mainform*, dem Hauptfenster, welches die Oberfläche der Anwendung und die Hauptnavigation abbildet (Abbildung 59).

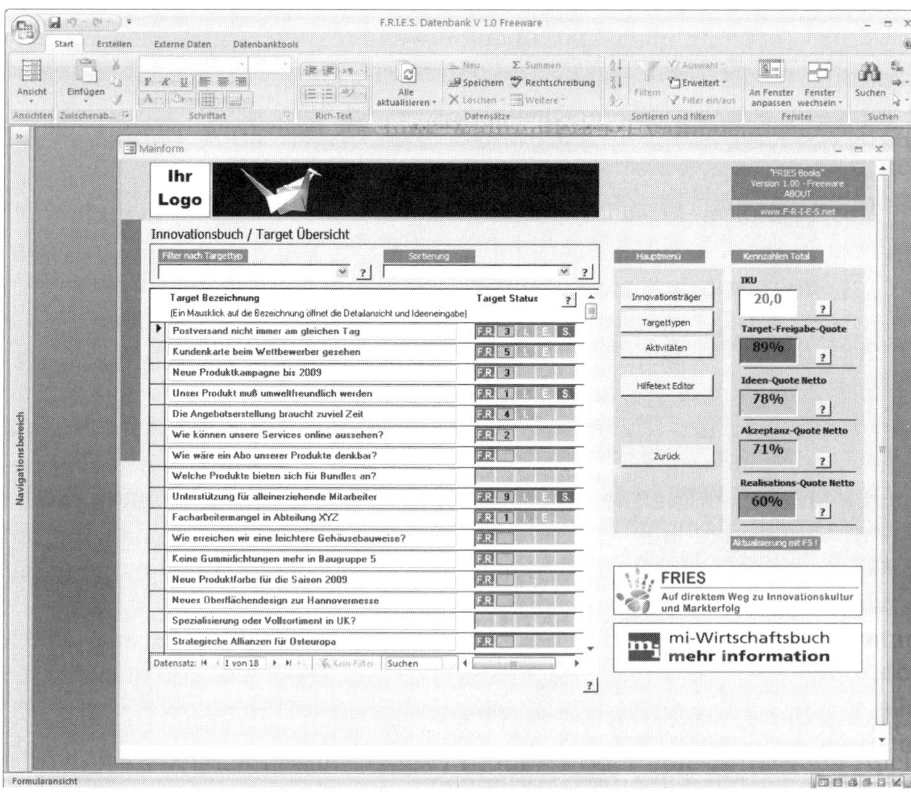

Abbildung 59: FRIES Datenbank Hauptnavigation

Bitte fühlen Sie sich frei, die Optik der Anwendung auf das Corporate Design Ihres Unternehmens anzupassen und Ihr Logo, wie in Abbildung 59 angedeutet, darin zu platzieren. Microsoft Access bietet Ihnen dazu alle Werkzeuge.

Auf Anfrage übernehmen wir gerne die Anpassung auf Ihre individuellen Bedürfnisse. Alle Daten zur Kontaktaufnahme sowie ein Kontaktformular finden Sie unter www.f-r-i-e-s.net oder unter www.ludwig-kersten-consulting.de.

5.2 FRIES Books für MS Excel

Als Alternative zu den FRIES Books als Microsoft Access Version haben wir auch eine Version auf Basis von Microsoft Excel erstellt. Diese Version ist eine sehr puristische Lösung und kommt ohne Makros oder dergleichen aus. Sie finden Sie auf der CD-ROM im Verzeichnis F-R-I-E-S_Books_Excel. Sollten Sie kein Microsoft Excel zur Verfügung haben, so finden Sie auch den Microsoft Excel Viewer auf der CD-ROM. Wenn Sie diesen zuerst installieren, können Sie anschließend auch ohne eine Excel Vollversion unsere Excel-Anwendung aufrufen.

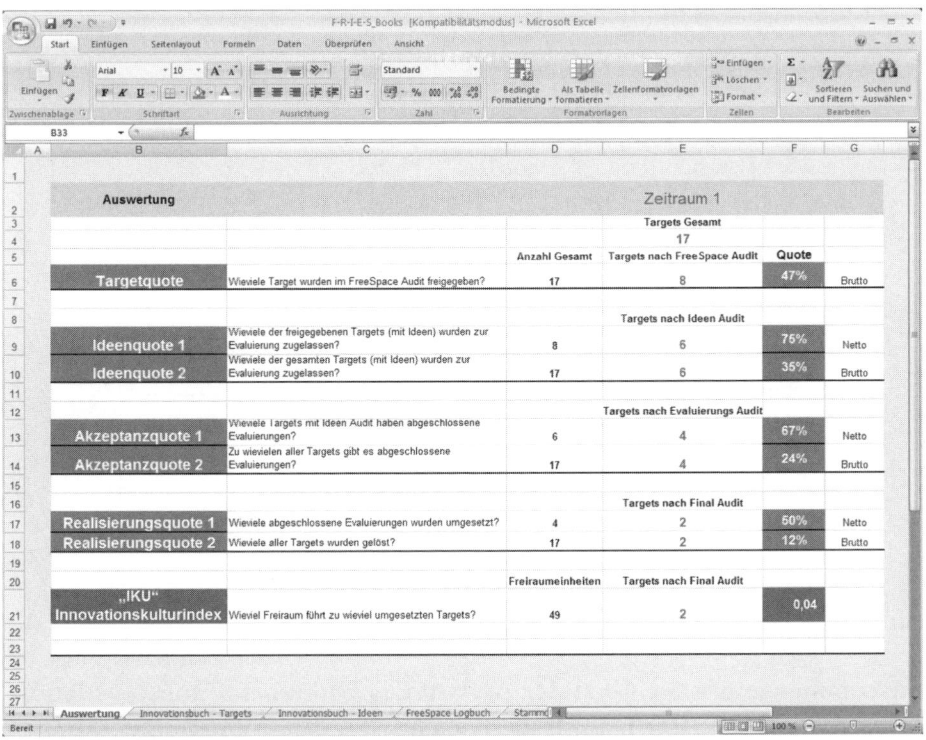

Abbildung 60: Startseite FRIES Books für Excel

Diese Excel-Lösung bietet alle Aspekte von FRIES in einfacher Form: Stammdaten, Freiräume buchen, Targets und Ideen erfassen und auswerten. An dieser Lösung sieht man, mit welch geringem Aufwand Innovationskultur funktionieren kann. Puristischer geht es nur noch mit einer Papierlösung: in sehr kleinen Teams ist das durchaus eine Überlegung wert.

Die Excel-Datei kann eine gute Vorlage für Ihr betreuendes Softwarehaus oder für Ihren betreuenden Systempartner sein, um FRIES als datenbankgestützte Softwarelösung für Ihr Unternehmen herzustellen. Besonders bietet sich hier die Realisierung als webbasierte Datenbanklösung an, dann ist der Zugriff von jedem internetfähigen PC über den Browser möglich. Ihre MITarbeiter können auf die FRIES-Bücher von zu Hause oder von jedem anderen Ort weltweit zugreifen. Abbildung 61 zeigt Ihnen die grundsätzliche Tabellenstruktur unserer Excel-Lösung. Eine Anleitung zur dieser Anwendung liegt ebenfalls mit auf der CD-ROM.

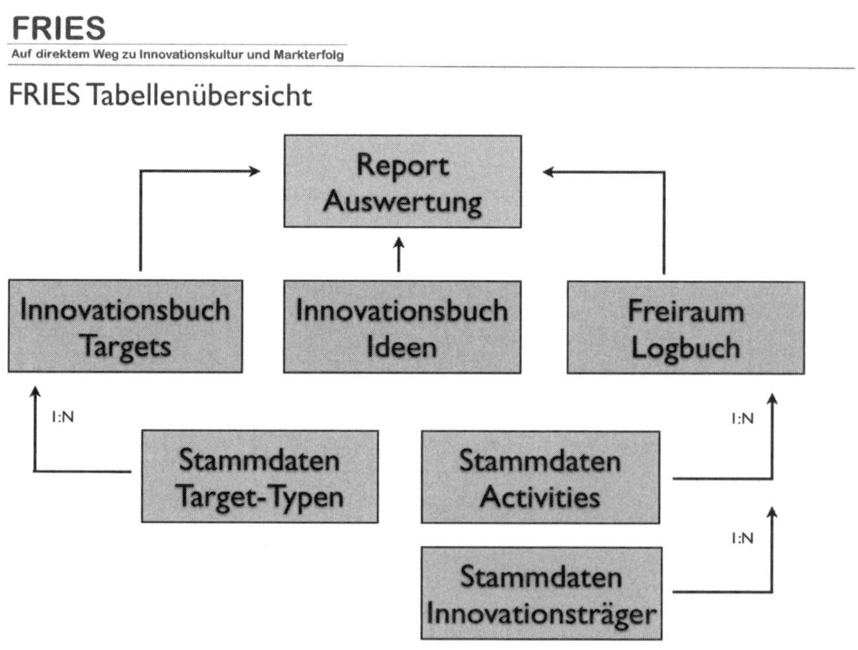

Abbildung 61: FRIES Tabellenübersicht

Sie sehen, wie übersichtlich der Aufbau der Dokumentationstabellen ist. Wir arbeiten mit drei Haupttabellen und mit drei Stammdatentabellen. Die Report-Tabelle wertet Daten aus den drei Haupttabellen aus.

5.3 Präsentationen für Powerpoint und Keynote (CD-ROM)

Damit FRIES funktioniert, müssen Sie darüber berichten und das beginnt ja schon, wenn Sie die Innovationsträger in Ihrem Unternehmen auswählen und ansprechen. Ein Hilfsmittel dazu finden Sie auf der beiliegenden CD-ROM im Verzeichnis F-R-I-E-S_Präsentationen. Sie finden die Präsentation als Version für Microsoft Powerpoint und als optimierte Version für Keynote von Apple. Sollten Sie kein Microsoft Powerpoint zur Verfügung haben, so installieren Sie den Microsoft Powerpoint Viewer von der CD-ROM. Die Datei zeigt Ihnen in einer Schritt für Schritt animierten Präsentation sowohl die Metaebenen der Methode als auch die Elemente jeder einzelnen Phase von FRIES.

5.4 Das mobile Ideen-Atelier

Das Atelier ist seit langem der Arbeitsplatz eines kreativen Menschen. Es hat immer eine besondere Atmosphäre und inspirierende Kraft. Das von mir entwickelte mobile Ideen-Atelier nimmt diesen Geist auf und verwandelt jeden normalen Meetingraum in Ihrem Unternehmen in ein solches inspirierendes Atelier. Im mobilen Ideen-Atelier finden Sie alle nötigen Utensilien, um auf der Stelle mit Ihrer ganz persönlichen Innovationskultur, der Ideenfindung und dem ersten Kreativmeeting in Ihrem Unternehmen zu starten. Weit über 7.500 Teile Topausstattung vom Stift bis zum Teamspiel sind enthalten. Das mobile Atelier ist für mittelständische Unternehmen und Konzerne gleichermaßen gut geeignet. Ein großer Dank gebührt an dieser Stelle Guido Neuland, der meine Idee des mobilen Ideen-Ateliers begeistert aufgenommen und mit seinem Team auf außergewöhnliche Weise umgesetzt hat. Die Firma Neuland in Eichenzell bei Fulda ist seit 40 Jahren Deutschlands führender Anbieter von Lernmaterialien und kompetenter Gestalter modernster Seminar- und Dialogräume. Das mobile Ideen-Atelier zaubert in jeden noch so langweiligen Meetingraum sofort eine kreative und dialogorientierte Atmosphäre. Für jede Phase von FRIES finden Sie im mobilen Atelier garantiert die richtigen Werkzeuge und Arbeitsunterlagen.

- Tausende Tools zum brainstormen, schreiben, markern, malen, pinnen, aufkleben, kleben, modellieren, basteln, ausschneiden, bauen, spielen, präsentieren, trainieren, moderieren et cetera.
- Robustes Profi-Flightcase aus beschichtetem Multiplexholz mit vernieteten Aluprofil-Kanten, Butterfly-Verschlüssen und stabilen Schwerlastrollen für den langjährigen Alltagseinsatz.

- Sechs geräumige Holzschubladen auf Profigleitschienen mit Sicherungssystem gegen Mehrfachauszug.

Dank K3-Gestell wird aus dem Frontdeckel in Sekundenschnelle ein stabiler Tisch mit großer Arbeitsfläche.

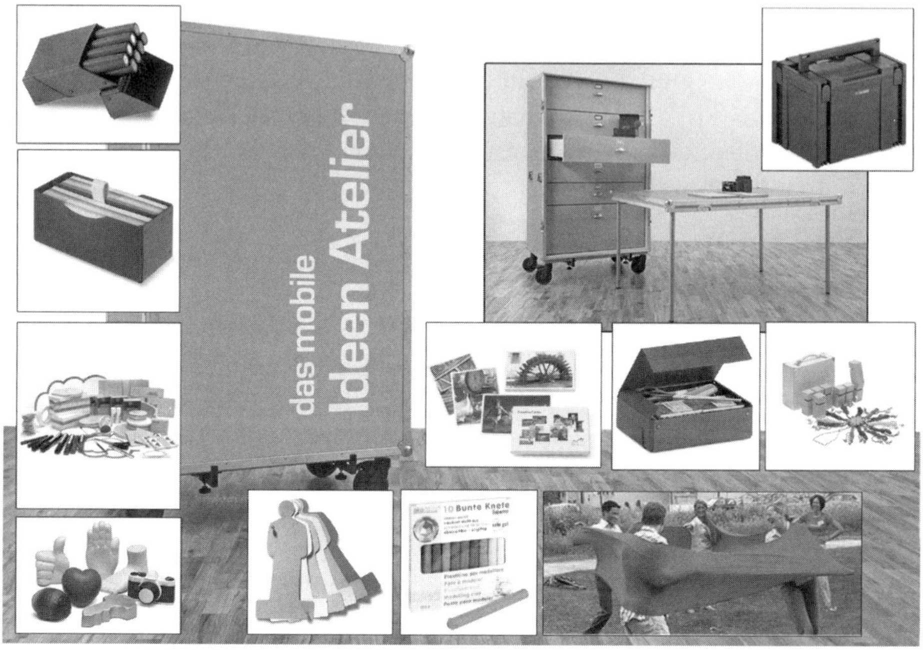

Abbildung 62: Das mobile Ideen Atelier

Dieses Buch und das mobile Ideen-Atelier helfen Ihnen und Ihrem Team, konkret, zielgerichtet und mit dem nötigen Spaß an neue Ideen heranzugehen. Neben den von mir ausgesuchten Utensilien ist natürlich auch genug Platz für weitere eigene Utensilien und Tools. Selbstverständlich können aber auch alle Utensilien schnell und komfortabel nachbestellt werden. Das mobile Ideen-Atelier kann direkt bei der Firma Neuland bezogen werden.

Neuland GmbH & Co.KG
Am Kreuzacker 7
36124 Eichenzell,
Telefon +49 6659 88-0
www.neuland.eu/atelier

Glossar

Dieses Glossar soll Ihnen als kleines, lexikalisches Nachschlagewerk für wichtige Begriffe im Themenumfeld von Ideen, Kreativität und Innovationsmanagement dienen. Ich denke, dass ein Glossar in klassischer Buchform nach wie vor äußerst nützlich und sinnvoll ist – bei aller Begeisterung für das Internet, Wikipedia und Co. Aus eigener Erfahrung weiß ich, dass man sich beim Recherchieren im Internet nur zu oft von seinen Vorlieben führen und verleiten lässt, dabei werden unbekannte Dinge sehr schnell übergangen und weggeklickt. In diesem Buch hingegen kann der Blick von einem zum anderen Begriff schweifen, sodass die Chance besteht, dass ein ganz neuer Aspekt oder eine neue Sichtweise entdeckt wird. Zusätzlich ist dieses Buch ein schnell nutzbarer Begleiter im Innovationsprozess und seinen Meetings.

Adhocismus: Adhocismus meint ein Denk- und Verhaltensmuster, das nur auf das Lösen der gegenwärtig vorhandenen Probleme fokussiert ist. Dabei wird weder zwischen wichtig und dringend unterschieden, noch findet die Komplexität von Problemen beziehungsweise deren Lösung Berücksichtigung.

Agilität: Agilität bedeutet Beweglichkeit und Lebendigkeit. Der Begriff erfreut sich zunehmender Beliebtheit und scheint den Begriff der Flexibilität zu verdrängen.

Alleinstellungsmerkmal: (engl. USP, unique selling proposition) meint eine Leistung, durch die sich eine Unternehmung von seinen Wettbewerbern abgrenzt.

Analogie: [griech.] Ähnlichkeit oder Übereinstimmung gewisser Merkmale. Erfahrungen sind nur möglich, wenn Ähnliches sich wiederholt und Dinge vergleichbar sind. Der Annahme, dass einige Merkmale zweier Dinge auch auf andere Dinge oder sogar alle übertragen werden können (Analogieschluss), ist nicht zwingend, wird aber im täglichen Leben und in der Wissenschaft häufig gezogen.

Antizipation: Antizipation beschreibt eine gedankliche Vorwegnahme von Entwicklungen und Ereignissen.

Appreciative Inquiry (AI): Appreciative Inquiry (dt. Wertschätzung, Erkundung) ist ein zukunftsorientiertes Verfahren, das von David Cooperrider in den 1980er Jahren entwickelt wurde. Es fokussiert auf die Stärken und Potenziale eines Systems und baut auf vier Phasen auf: *Discovery* (Entdeckung), *Dream* (Visionen entwickeln), *Design* (Entwurf und Entscheidungen) und *Destiny* (Umsetzung).

Assoziation: Spontanes Herstellen von Verbindungen und Verknüpfungen zwischen Ideen. Im Idealfall entstehen ganze Assoziationsketten.

Basisinnovation: Die Einstufung einer Innovation als Basisinnovation erfolgt, wenn sich herausstellt, dass die Innovation eine grundlegende Bedeutung für eine Volkswirtschaft hat.

Benefit: Der Benefit stellt einen besonderen Nutzen, Vorteil oder Gewinn dar.

Bionik: Dieser Begriff ist eine Kombination aus den Worten *Biologie* und *Technik.* Naturwissenschaftler, Ingenieure und Designer versuchen Methoden, die sich in der Natur bewährt haben, für die Lösung technischer Aufgabenstellungen zu nutzen.

Bisoziation: Vom Schriftsteller Arthur Koestler geprägter Begriff, der das Zusammenbringen zweier bisher unverbundener Bezugssysteme beschreibt. Beispiel: Gutenberg kombinierte die Merkmale der Weinpresse und des Münzprägestempels und erfand so den Buchdruck.

Blinder Fleck: »Man sieht nicht, dass man nicht sieht« (Heinz von Foerster 1998). Der blinde Fleck ist eine lokale Blindheit des Auges, die vom Gehirn kompensiert und deshalb nicht wahrgenommen wird. Aufgrund dieser Besonderheit dient der Begriff auch als Metapher für Nicht-Wahrnehmung der eigenen Voreingenommenheit oder für nicht reflektierte Selbstverständlichkeit (zum Beispiel Betriebsblindheit).

Brain Waves: Hirnstromwellen, die je nach Frequenz (3 bis 50 Hertz) unterschiedliche Bewusstseinszustände herbeiführen. Für kreative Aufgaben sind Alpha-Wellen erwünscht.

Brainstorming: Von Alex Osborn entwickelte Technik, bei der in einer Gruppe Einfälle zu einer Aufgabenstellung gesucht werden. Der Klassiker unter den Kreativitätstechniken. Mittlerweile gibt es eine ganze Reihe von Abwandlungen der Technik, wie imaginäres Brainstorming, Brainwriting oder die 6-3-5-Methode.

Burnout-Syndrom: Der Begriff Burnout-Syndrom wurde in den siebziger Jahren von Herbert Freudenberger geprägt. Als Burnout-Syndrom wird eine schwere Form der berufsbezogenen, chronischen Erschöpfung und Perspektivverengung bezeichnet. Aus einem großen beruflichen Engagement wird eine innere Kündigung oder gar eine Depression. Das Burnout-Syndrom ist in der Fachwelt durchaus umstritten, denn mit der damit verbundenen Metapher können sich viele Menschen identifizieren.

Cainophobie: Die Angst vor Neuem und vor Neuerungen.

Change-Management: Zielorientierte Gestaltung von Veränderungsprozessen in Organisationen und Unternehmen.

Chaos: Zustand der totalen Unordnung, der Freiräume gewährt und neue Ideen/Strukturen ermöglicht.

Code of Conduct: Der Code of Conduct, auch Ehrencodex oder Grundsätze genannt, umfasst die Werte und Normen des Beratenden oder der miteinander arbeitenden Personen. Sie liegen in vielen Fällen in komprimierter Form schriftlich vor.

Commitment: Der angloamerikanische Begriff beschreibt im Zusammenhang mit FRIES nicht nur die Bindung an die zwischen MITarbeiter und Unternehmen getroffenen Vereinbarungen, sondern auch das persönliche Engagement für einen erfolgreichen und nachhaltigen Innovationsprozess.

Community of Practice: Eine Community of Practice ist eine informelle Gruppierung von Personen, die gemeinsame Interessen, ähnlich gelagerte Ziele oder Arbeitsabläufe haben. Die Community ist dabei nicht an Organisations- oder Unternehmensgrenzen gebunden. Wesentliches Ziel einer Community ist die gegenseitige Unterstützung (meist durch den Austausch von Wissen). Communities of Practice stellen die informellen Netzwerke dar, die MITarbeiter nutzen, um Ihre Aufgaben zu erledigen und Interessen zu befriedigen. Etienne Wenger nennt in seinem Buch drei essenzielle Charakteristika für »Communities of Practice«:

1. Fachgebiet (domain): Es gibt ein Minimum an Wissen, das eine Person haben muss, um Mitglied zu sein. Personen mit zu geringem Wissen über das Fachgebiet können den Austauschprozess nicht sinnvoll unterstützen.
2. Gemeinschaft (community): Die einzelnen Personen teilen ihr Wissen mit den anderen und sie unterstützen einander beim Wissenserwerb. Das macht sie zu einer Gemeinschaft.
3. Praxis (practice): Die Mitglieder haben sich eine gemeinsame Wissensbasis zur praktischen Problemlösung geschaffen. Dabei kann es sich zum Beispiel um Erfahrungsberichte, Werkzeuge oder Vorgehensweisen handeln.

Corporate Culture: Der angloamerikanische Begriff steht für die Unternehmenskultur. Dabei handelt es sich in den meisten Fällen um eine Reihe positiv sanktionierter Werte einer Unternehmung, das heißt ein Ideal. Dieses Ideal ist aber nicht mit der Organisationskultur zu verwechseln.

Creatology: Dieser Begriff wurde von István Magyari-Beck geprägt, um der Idee einer interdisziplinären Wissenschaft der Kreativität einen

Namen zu geben. Viele Kreativitätsforscher sind der Meinung, diese Domäne sei nicht allein auf psychologische Phänomene reduzierbar. Ebenso müsse man Aspekte aus Feldern, wie der Geschichte, Kunst, Ökonomie, Soziologie und Pädagogik berücksichtigen. Da sich bisher kein Begriff – geschweige denn eine Wissenschaft – etablieren konnte, sind verschiedene Bezeichnungen im Umlauf. Am MIT in Boston wurde zum Beispiel mit ähnlichen Absichten der Begriff *Ideonomy* geprägt.

Defizit: Ein Defizit ist ein Mangel, das heißt etwas, das zur Vollständigkeit fehlt, eine Lücke. Was als vollständig betrachtet wird, hängt von den jeweiligen Standards ab.

Dialektik: Kunst des Diskutierens, Methode der Problemlösung durch Auffinden und Überwindung von Gegensätzen durch These, Antithese und daraus zu entwickelnder Synthese (Hegel).

Dilemma: Ein Dilemma wird umgangssprachlich auch als Zwickmühle bezeichnet. Ein Dilemma ist eine Situation, die zwei Wahlmöglichkeiten zeigt. Allerdings führen beide Optionen zu einem unerwünschten oder unbefriedigenden Resultat. Ein Dilemma wird durch seine Ausweglosigkeit als paradox empfunden. In der Ideenfindung kann das sogenannte Tetralemma helfen, neue Perspektiven beziehungsweise neue Lösungsmöglichkeiten zu erschließen.

Divergentes Denken: Divergentes Denken gilt es dort anzuwenden, wo ein bestimmtes Problem mehr als eine einzige Lösungsmöglichkeit zulässt. Beim divergenten Denken sucht man in verschiedene Richtungen nach verschiedenen Lösungsansätzen.

Doing-Knowing-Problem: Das sogenannte Doing-Knowing-Problem beschreibt ein Handeln auf einer unreflektierten und mangelhaften Wissensgrundlage (Pfeffer/Sutton, 2006).

Effizienz: Effizienz ist das Verhältnis zwischen dem erreichten Ergebnis und den eingesetzten Ressourcen. Effizienz kann mit FRIES erstmals in der Ideenfindung messbar gemacht werden.

Empathie: Empathie beschreibt das Einfühlungsvermögen. Mit dem Begriff Empathie wurde der ursprünglich aus dem Deutschen stammende Terminus mit dem Griechischen *pathos* in Verbindung gebracht. Einfühlungsvermögen meint die Bereitschaft und die Fähigkeit, sich in die Lage anderer Menschen hineinzuversetzen.

Empowerment: Empowerment meint ein Konzept, das seinen Ursprung in der Arbeit mit sozial oder gesundheitlich benachteiligten Gruppen hat. Ziel ist es, Selbstkompetenz und Eigenverantwortung zu stärken sowie die Möglichkeit der Partizipation zu erschließen. Nicht zuletzt mit der

Phase der Self Awareness reflektiert FRIES stark auf das Thema Empowerment.

Entropie: Ist das Maß für den Zufallsgrad der Ordnung der Elemente in einem System. Gleichgewicht ist bei einem Zustand höchster Wahrscheinlichkeit, gleich maximaler Unordnung, erreicht. Der Tendenz zur vollständigen Unordnung können Systeme nur durch den Import von Materie, Energie und Informationen entgegenwirken.

Facilitating: Facilitating steht für *erleichtern, ermöglichen*. Facilitating bedeutet eine Person oder Gruppe von A nach B zu geleiten und sich dabei rein auf die Prozessrolle zu beschränken – keine fachlichen Ratschläge und keine Inhalte zu vermitteln – aber Methoden für Organisation und Dokumentation des Ziels und des Weges zur Verfügung zu stellen.

Flow: [engl. fließen, schweben] Der amerikanische Psychologe Mihaly Csikszentmihalyi bezeichnet mit diesem Begriff das völlige Aufgehen in einer Tätigkeit. Im Zustand des Flows spielen Zeit, Ort und Umstände, die nichts mit der momentanen Tätigkeit zu tun haben, keine Rolle mehr. Wer sich im Flow befindet, lebt ausschließlich im augenblicklichen Tun. Die Aktionen bereiten keine Mühe. Sehr verschiedene Tätigkeiten können einen Flow auslösen: Sport, Musik, Arbeit, Lektüre oder Sex. Um einen Flow-Zustand zu erreichen, müssen mehrere der folgenden Bedingungen erfüllt sein: Die Person ist der Aktivität gewachsen. Sie hat das Gefühl von Kontrolle über die Aktivität. Sie ist fähig, sich auf ihr Tun zu konzentrieren. Die Aktivität hat klare Ziele und gibt unmittelbare Rückmeldungen. Die Sorgen um sich selbst verschwinden. Das Gefühl für Zeitabläufe ist verändert. Die Tätigkeit hat ihre Zielsetzung in sich selbst.

Groupthink: Neigung von Gruppen, in die gleiche Richtung zu denken und abweichende Meinungen zu negieren.

Heureka: [griech. »Ich hab's (gefunden)!«] Freudiger Ausruf bei der Lösung eines schweren Problems. Angeblicher Freudenschrei des griechischen Mathematikers Archimedes bei der Entdeckung des Archimedischen Prinzips.

Heuristik: Kunst des Findens von Problemlösungen durch systematisches Probieren beziehungsweise durch ungerichtete Suche, auch Versuchs- und Irrtums-Methode (trial and error) genannt; Gegenteil ist die Lösung mittels Algorithmus.

Idee: (plötzlicher) Gedanke, Einfall, Eingebung, Geistesblitz.

Incentivierung: Die Basis von Incentivierung ist das englische Wort »incentive« (Anreiz), welches wiederum von dem lateinischen Wort »incendere« abstammt. Es bedeutet so viel wie »Begeisterung anfachen«. Heute versteht man in Unternehmen unter Incentivierung Geld-/ Sachprämien oder besondere Veranstaltungen/Events als Belohnung für die Erreichung eines vereinbarten Ziels. Solche Incentives sollen Motivation und Teamgeist fördern.

Inkubation: Unterbewusste Weiterbearbeitung eines Problems nach intensiver vorheriger Lösungssuche. Im entspannten Alpha-Zustand wird häufig eine originelle Lösung gefunden.

Inkubationszeit: In der Medizin wird damit die Zeit von der Ansteckung bis zum Ausbruch einer Krankheit bezeichnet. Im Bezug auf den kreativen Prozess bezeichnet man damit eine Phase, in der Ideen unterbewusst heranreifen.

Innovation: Entwicklung und Realisation neuer Produkte, Methoden oder Prozesse.

Inspiration: [lat. inspiratio, Einhauchung], bezeichnet Ereignisse oder Begegnungen, die neue Ideen auslösen.

Intuition: Eine Eingebung, die aus den Ergebnissen unterbewusster Prozesse resultiert. Unterhalb der Bewusstseinsebene wird unser gesamter Erfahrungsschatz in Form von Kenntnissen, Einschätzungen und Reaktionsmustern gescannt, ob es brauchbare Hinweise für Entscheidungen und Verhaltensweisen für unsere derzeitige Situation liefern kann. Eine Vielzahl von Daten wird zu einem positiven oder negativen Gefühl komprimiert. Nicht zu verwechseln ist die Intuition mit dem Instinkt, der in Extremsituationen ein automatisch ablaufendes Verhaltensprogramm startet.

Invention: Englischer Begriff für Einfall oder Erfindung.

Kollaboration: Bezeichnet das Zusammenarbeiten von Personen, Gruppen, Systemen. Hinsichtlich der Zusammensetzung der Gruppe kann unterschieden werden, ob sich die Gruppenteilnehmer bereits kennen (feste Gruppen, Teams), zum Beispiel in einer gemeinsamen Organisationshierarchie eingebunden sind oder ob sie einander unbekannt sind (lose, variable Gruppen). Hinsichtlich des gemeinsamen Ziels kann man unterscheiden, ob der Einsatz jedes Gruppenmitglieds zu einem gemeinsamen Ziel beiträgt, wie es bei der Zusammenarbeit von Mitarbeitern im Unternehmen der Fall ist, (Kooperation) oder ob jeder seine eigenen Ziele verfolgt, wie es meist bei Unternehmenskooperationen oder in Meinungsaustauschforen der Fall ist (Kollaboration). Im letzteren Fall spricht man auch von Communities.

Konvergentes Denken: Zur Lösung von Problemen, die lediglich eine einzige richtige Lösung zulassen, trägt das konvergente Denken bei. Solche eindeutig lösbaren Probleme sind zum Beispiel Rechenaufgaben: 2 + 2 = 4. Aber auch derartige Probleme können natürlich äußerst anspruchsvoll sein und auch zu ihrer Lösung werden oftmals kreative Fähigkeiten benötigt.

Kreative Klasse: Begriff, der vom britischen Soziologen Charles Landry und dem amerikanischen Wirtschaftsprofessor Richard Florida geprägt wurde. Florida entwickelte die Theorie, dass Kreativität ein entscheidender Standortfaktor für die wirtschaftliche Entwicklung von Städten und Regionen ist. Die treibende Kraft für Innovationen komme aus einer äußerst heterogenen Gruppe meist besser gebildeter Berufstätiger aus den Bereichen Wissenschaft, Kunst, IT, Medien, Bildung und Management – der »creative class«. Um diese in eine Region zu locken und dort zu binden, benötigt man einen Standort mit attraktiven Lebensbedingungen. Florida zum Beispiel fasst die wichtigsten Faktoren dafür als »die drei T« zusammen: Technologie, Talent, Toleranz.

Kreativität: Der Brockhaus versteht darunter ein »schöpferisches Vermögen, das sich im menschlichen Handeln oder Denken realisiert und einerseits durch Neuartigkeit und Originalität gekennzeichnet ist, andererseits aber auch einen sinnvollen und erkennbaren Bezug zur Lösung technischer, menschlicher oder sozialpolitischer Probleme aufweist«. Die Wissenschaftlerin Margaret Boden versucht den Begriff stärker einzugrenzen: »Eine Idee, die bloß neu ist, kann mit derselben Gruppe generativer Regeln beschrieben und/oder produziert werden wie andere, bekannte Ideen. Eine Idee, bei der das unmöglich ist, ist wirklich ursprünglich oder kreativ.«

Künstliche Intelligenz: Die Kunst, Maschinen und Software zu schaffen, die Aufgaben lösen, zu deren Lösung Intelligenz notwendig ist, wenn sie von Menschen ausgeführt werden.

Laterales Denken: Der von Edward de Bono geprägte Begriff bezeichnet »das Bemühen, Probleme mithilfe unorthodoxer oder scheinbar unlogischer Methoden zu lösen«. Entscheidend ist hierbei das Wörtchen »scheinbar«. Man verwendet Methoden, die nur auf den ersten Blick nicht auf Logik basieren. Diese führen jedoch zu »mentalen Provokationen«, die überraschende neue Lösungsansätze hervorrufen können.

Lebenszyklus: Der Begriff Lebenszyklus ist eine Metapher aus der Biologie und Modell der kontinuierlichen Veränderung. Das Grundmodell dient der Beschreibung eines Wachstumsprozesses und umfasst mindestens vier Phasen: Herausbildung, Wachstum, Reife, Rückbildung oder Umwandlung. Der Lebenszyklus bildet die Grundidee zahlreicher Veränderungskonzepte (zum Beispiel von Produkten, Projekten, Organisationen oder Modellen).

Machbarkeitsstudie: Eine Machbarkeitsstudie befasst sich mit der Machbarkeit eines Projekts und wird deshalb auch als Projektstudie oder Durchführbarkeitsanalyse bezeichnet. »Bei der Eroberung des Weltraums sind zwei Probleme zu lösen: die Schwerkraft und der Papierkrieg. Mit der Schwerkraft wären wir fertig geworden.« (Wernher von Braun)

Meme: Meme sind Informationseinheiten der kulturellen Evolution, vergleichbar mit der Rolle der Gene in der biologischen Evolution. Es kann sich bei einem Mem zum Beispiel um eine Verhaltensweise, Melodie, Form, Struktur oder Idee handeln. Kreative Menschen können Meme verändern. Wird diese Veränderung von genügend Menschen als vorteilhaft bewertet, wird das neue Mem Teil der Kultur. Memetik basiert auf einer Idee von Richard Dawkins.

Mentale Tunnel: Mentale Tunnel sind kognitive Täuschungen. Auch wenn alle möglichen emotiven oder sonstigen Verzerrungen ausgeschaltet sind, können noch kognitive Täuschungen bestehen. Nach Piattelli-Palmarini (1997) sind es sieben mentale Tunnel, die Entscheidungen beeinträchtigen können: Selbstüberschätzung, magisches Denken, nachträgliches Besserwissen, Ankereffekt, Eingängigkeit, Blindheit für Wahrscheinlichkeiten, Beeinflussbarkeit durch Szenarien.

Metapher: Kürzere oder längere bildhafte Beschreibungen. Beispiel 1: »Ich mag es, wenn es beim Lesen knistert.« Beispiel 2: Erfolg erzielen. Der Meister kam eines Tages in ein Dorf und sah auf jeder Tür, an jedem Baum eine gemalte Zielscheibe, in deren Mitte ein Pfeil steckte. Er fragte, wer denn dieser meisterliche Schütze sei und wurde an einen halbwüchsigen Jungen verwiesen. »Sag, wie ist es möglich, dass du in solch jungen Jahren schon eine derartige Meisterschaft entwickelt hast?« »Ja, weißt du, ich schieße zuerst und male dann die Kreise.« *(frei nach Anthony DeMello)*

Mind-Mapping: Besondere Methode sich Notizen zu machen beziehungsweise Ideen zu sammeln. Wurde von Tony Buzan entwickelt. Dabei wird zuerst das Thema mittig auf ein leeres Blatt Papier geschrieben. Davon ausgehend werden sternförmig und sich verästelnd stichwortartig alle Gedanken und thematischen Details gesammelt. Dies kann unter anderem auch in Form von Zeichnungen oder Symbolen geschehen. Diese nichtlineare Sammlung von Themenelementen ist eine gehirngerechtere und lernfreundlichere Aufbereitung von Inhalten als die traditionelle »von links nach rechts, von oben nach unten«-Methode.

Mindset: Ein Mindset beinhaltet einen spezifischen Satz an Überzeugungen.

Motivation: Bereitschaft sich für etwas einzusetzen. Man unterscheidet dabei zwischen intrinsischer Motivation (eigenen Antrieb zum Beispiel Neugier) und extrinsischer Motivation (Anreize von außen zum Beispiel Entlohnung).

Neugier: Neugier (engl. curiosity) wird in der Ideenfindung als eine professionelle Haltung verstanden, die der Entdeckung dient. Zur professionellen Neugier gehört unter Umständen auch die Frage nach Tabuthemen, das heißt Themen, die aus Sicht der Verantwortlichen nicht in den Innovationsprozess gehören.

Ownership: Ownership steht für die Identifikation mit und die Verantwortung für eine Aufgabe, einen Prozess oder ein Vorhaben. Ownership wird als wichtige Voraussetzung für Effektivität und Effizienz sowie Entwicklungen gesehen.

Paradigma: Zu einer bestimmten Zeit vorherrschendes Denk- und Handlungsmuster. Setzt sich dann eine neue Lehrmeinung durch, spricht man vom Paradigmenwechsel.

Paradoxon: Einen Widerspruch in sich enthaltender Sachverhalt. Beispiel: »Der schwarze Schimmel.«

Parochialismus: Parochialismus beschreibt die verbreitete Annahme, dass die eigene Wahrnehmung die einzige und universell gültige Möglichkeit ist.

Plagiat: Unrechtmäßiges Nachahmen eines von anderen geschaffenen Werkes; Diebstahl geistigen Eigentums.

Problemlösungsprozess: Der Problemlösungsprozess ist die Grundlage einer systematischen Problemlösung in einer logischen Schrittfolge. Bei den häufig vorkommenden Qualitäts-, Management- und Organisationsproblemen hat sich eine 7-Schritte-Methode bewährt:
1. Situationsbeschreibung mit Ziel-/Problemdefinition,
2. Ursachenanalyse,
3. Suche nach Lösungsideen,
4. Bewertung der Lösungsideen,
5. Plan- und Risikoabsicherung,
6. Absicherung der Umsetzung der Lösung,
7. Überprüfung der Wirksamkeit der Lösung.

Rückwärtsplanen: Rückwärtsplanen meint eine Planungslogik oder Methodik, die das erwünschte Ergebnis zum Ausgangspunkt des Planungsprozesses macht und von dieser Perspektive die erforderlichen Voraussetzungen für die Zielerreichung klärt. Rückwärtsplanen kann helfen, unklare oder auch unrealistische Ziele oder Ideen zu prüfen.

Serendipity: Zu finden, wonach man nicht sucht.

Simplify: Der Imperativ Simplify (dt. vereinfache) ziert mittlerweile eine erstaunliche Reihe von Produkten und Dienstleistungen, denn der Wunsch nach Einfachheit ist groß in einer immer komplexer werdenden Welt.

Stakeholder: Stakeholder (dt. Anspruchsberechtigte) meint Einzelpersonen, Gruppen oder Organisationen, die sich von den organisationalen

Aktivitäten oder Veränderungsprojekten in einem Unternehmen direkt oder indirekt betroffen sehen. Zu den Stakeholdern gehören beispielsweise Kunden, MITarbeiter, Gewerkschaften, Investoren, Lieferanten, Konkurrenten und Medien.

Strategie: Unter Strategie wird im Allgemeinen die Art und Weise verstanden, wie eine bestimmte Vision erreicht wird.

SWOT-Analyse: Die SWOT-Analyse wurde von der Boston Consulting Group entwickelt. Das Akronym steht für Strenghts (Stärken), Weaknesses (Schwächen), Opportunities (Chancen), Threats (Gefahren). Die SWOT-Analyse basiert auf einer Matrix mit vier Feldern, die sowohl eine Betrachtung der internen Ressourcen und deren Stärken und Schwächen als auch eine Betrachtung der externen Entwicklungen und deren Chancen und Gefahren umfasst. Die SWOT-Analyse fehlt in keinem Lehrbuch.

Szenariotechnik: Die Szenariotechnik ist eine Methode, mit der eine Organisation alternative Prognosen – in erster Linie qualitativer Art – zur Entwicklung ihrer relevanten Umfelder erstellen kann. Sie ist aufwändig, expertisegestützt, die Moderation erfordert Erfahrung im Umgang mit der Methode.

Team: Eine Gruppe, die gebildet wird für eine konkrete Zielsetzung, die sich nur gemeinsam erreichen lässt. Ein Team existiert nur solange, bis die Aufgabenstellung erfüllt beziehungsweise das Projekt beendet ist. Für erfolgreiches Teamwork ist die richtige Zusammensetzung der Gruppe entscheidend. Die einzelnen Team-Mitglieder haben dabei unterschiedliche Funktionen und Aufgabenstellungen. Die persönlichen Ziele der Einzelnen müssen dem gemeinsamen Ziel der Gruppe untergeordnet werden.

Trigger: Personen, die in einem Team die Rolle des Naiven spielen, neue Aspekte einbringen und damit das Denken in andere Richtungen lenken.

TRIZ: Die Bezeichnung steht für das russische Akronym »Theorie des erfinderischen Problemlösens«. Die TRIZ-Methodik zur schnellen und gezielten Lösungssuche für technisch-wissenschaftliche Problemstellungen entwickelte der Russe Genrich Soulovich Altschuller – zum Teil in politischer Haft in Sibirien – in den vierziger und fünfziger Jahren.

Veränderungsformel: Die Veränderungsformel wurde von Richard Beckhard aufgestellt: $D \times V \times F > R$ (Dissatisfaction × Vision × First concrete Stepps > Resistance). Nach der Veränderungsformel muss bei einem Veränderungsvorhaben das Produkt aus bestehender Unzufriedenheit, der Vision und der ersten konkreten Schritte größer sein als der Widerstand, um erfolgreich umgesetzt werden zu können.

Vision: Vorstellung einer zukünftigen Entwicklung. Sie kann einen groben Rahmen für Zielsetzungen vorgeben.

Visualisierung: Sichtbarmachung von Ideen, Strukturen, Abläufen durch Skizzen, Scribbles, Story-Boards, Flow-Charts, Mind-Maps. Erleichtert die Kommunikation und steigert das Erinnerungsvermögen

Volition: Volition steht für den Willen oder die Willenskraft, das heißt die Bereitschaft bestimmte Entscheidungen und Ideen umzusetzen, um eine gewollte Veränderung zu realisieren. Voraussetzung für Volition ist Motivation.

Wahrnehmung: Wahrnehmung ist der Prozess der Aufnahme von Informationen. Der deutsche Begriff Wahrnehmung ist aber sehr trügerisch, da suggeriert wird, dass das Wahrgenommene die Wirklichkeit ist. Im Allgemeinen muss aber davon ausgegangen werden, dass Wahrnehmung selektiv und ungenau sowie erlernt und kulturell beeinflusst ist. Für die Ideenfindung und Kreativität sind in diesem Zusammenhang der »Blinde Fleck«, das Unterscheiden, mentale Modelle und mentale Tunnel von Bedeutung.

Werte: Vorstellungen, an denen sich Menschen orientieren. Man unterscheidet unter anderem moralische (Gerechtigkeit, Treue), religiöse (Nächstenliebe, Gottesfurcht), politische (Freiheit, Gleichheit) und materielle (Wohlstand) Werte.

Wertschöpfung: Wertschöpfung beschreibt den Prozess der sukzessiven Wertzunahme entlang der Wertkette. Wertschöpfung erfolgt unter Einsatz von Ressourcen und Kernkompetenzen und zielt auf einen hohen Kundennutzen und einen entsprechenden Wettbewerbsvorteil auf dem Markt.

Wirkmodell: Ein Wirkmodell ist ein Modell, das die als relevant erachteten Kausalitäten beschreibt. Dabei werden relevante Ereignisse und Situationen selektiert und ihre wechselseitige Abhängigkeit in Form von Beziehungen dargestellt. Im Prozess der Ideenfindung und Umsetzung werden Wirkmodelle erstellt, um die Ausgangssituation beziehungsweise Problemsituation zu beschreiben und um Ansatzpunkte und Hebelwirkungen zu benennen, die die Voraussetzungen für die Zielerreichung bilden.

Wissensmanagement: Wissen ist heute in den meisten Unternehmen zum Produktionsfaktor mit dem höchsten Wertschöpfungsanteil geworden. Sowohl unsere Gesellschaft ist zur Wissensgesellschaft geworden, als auch die Unternehmen zu Wissensorganisationen. Das Ziel von Wissensmanagement ist das Wissenskapital zu vermehren und damit analog zum Finanzkapital den Unternehmenswert nachhaltig zu steigern.
Die Aufgaben sind: Wissensbeschaffung (das für die Geschäftsentwick-

lung und -prozesse benötigte Wissen zur Verfügung stellen), Wissensentwicklung (sicherstellen, dass Wissen an geeigneter Stelle entwickelt wird), Wissenstransfer (sicherstellen, dass Wissen optimal nutzbar gemacht wird), Wissensaneignung (sicherstellen, dass die Organisation und jedes ihrer Mitglieder lernfähig sind), Wissensweiterentwicklung (sicherstellen, dass Wissen aktualisiert, strategisch relevantes Sonderwissen aufgebaut und überflüssiges Wissen verlernt wird).

Work-Life-Balance: Work-Life-Balance steht für einen gelungenen Umgang mit der Schnittstelle zwischen Berufs- und Privatleben. Der Erhalt oder die Neugestaltung der Work-Life-Balance ist in den letzen Jahren zu einem großen Thema geworden. Globalisierung, Flexibilisierung der Arbeitszeit, Beschleunigung der Produktlebenszyklen, berufliche Mobilität und Diskontinuität sowie der Wertewandel stellen ganz neue Herausforderungen dar.

Workshop: Das englische Wort für Werkstatt drückt aus, dass eine komplexe Aufgabe in einer Gruppe bearbeitet wird, oft unter Anleitung eines Moderators, der den Prozess aktiv lenkt.

Zufriedenheitsparadox: Unter Zufriedenheitsparadox wird verstanden, wenn Menschen oder Unternehmen ihre aktuelle Situation als eher gut einschätzen, obgleich ihre Bedingungen vergleichsweise sehr ungünstig sind.

Zukunftsforschung: Zukunftsforschung befasst sich wissenschaftlich mit möglichen Entwicklungen. Zukunftsforschung ist ein unsicheres und gleichzeitig sehr wichtiges Terrain.

Zukunftswerkstatt: Die Zukunftswerkstatt ist ein partizipatives Verfahren, das in den achtziger Jahren entwickelt wurde. Die Zukunftswerkstatt besteht aus drei Phasen: Beschwerde- und Kritikphase, Phantasie- und Utopiephase, Verwirklichungs- und Praxisphase. Der Ansatz der Zukunftswerkstatt eignet sich für große Organisationen und Communities.

Literatur

In diesem Kapitel habe ich Ihnen ganz persönliche Buchempfehlungen zusammengestellt. Diese Titelauswahl beinhaltet sowohl Titel, die die an FRIES anschließenden Themen vertiefen, als auch Titel, die einfach nur Spaß machen und vielleicht auch Ihre Wahrnehmung ein wenig für Innovationen, neue Ideen und Innovationskultur erweitern.

Anderson, C.: *The Long Tail – Der lange Schwanz. Nischenprodukte statt Massenmarkt – Das Geschäft der Zukunft.* München: Hanser 2007

Arden, P.: *Es kommt nicht darauf an, wer du bist, sondern wer du sein willst. Das erfolgreichste Buch der Welt.* Berlin: Phaidon 2005

Backerra, H. | Malorny, C. | Schwarz, W.: *Kreativitätstechniken. Kreative Prozesse anstoßen, Innovationen fördern.* 3. Auflage, Pocket-Power, 9. München: Hanser 2007

Birkenbihl, V. F.: *Stroh im Kopf.* Speyer: Gabal 2007

Boos, E.: *Das große Buch der Kreativitätstechniken.* München: Compact-Verlag 2007

Brunner F. J.: *Japanische Erfolgsrezepte.* München: Hanser 2008

Doppler, K. | Lauterburg, C.: *Change Management.* Frankfurt/Main: Campus 1998

Förster, A. | Kreuz, P.: *Alles, außer gewöhnlich. Provokative Ideen für Manager, Märkte, Mitarbeiter.* Berlin: Econ 2007

Foster, J. | Corby, L.: *Einfälle für alle Fälle. Erfinden, Ausdenken und andere Möglichkeiten, Ideen in die Welt zu setzen.* Landsberg am Lech: Redline 2005

Geiger, I.: *Management Consulting & Coaching.* Frankfurt am Main: VAS Verlag für Akademische Schriften 2007

James, N. | Gerlach, P. | Birkenbihl, V. F.: *Positives Denken von A bis Z.* Heidelberg: mvg Verlag 2005

Jaworski, J. | Zurlino, F.: *Innovationskultur. Vom Leidensdruck zur Leidenschaft. Wie Top-Unternehmen ihre Organisation mobilisieren.* Frankfurt am Main: Campus 2007

Kaegi, H.: *Gesucht: Leader. Der Weg vom Manager zur Führungspersönlichkeit.* A & O d. Wissens 2007

Kotter, J. | Rathgeber, H.: *Das Pinguin Prinzip.* München: Droemer 2006

Nöllke, M.: *Kreativitätstechniken.* München: Haufe 2007

Naisbitt, J.: *Mind Set! Wie wir die Zukunft entschlüsseln.* München: Hanser 2007
Noack, K.: *Kreativitätstechniken. Schöpferisches Potenzial entwickeln und nutzen.* Pocket Business, Berlin: Cornelsen 2005
Pöhm, M.: *Präsentieren Sie noch oder faszinieren Sie schon? Der Irrtum PowerPoint.* Heidelberg: mvg-Verlag 2006
Pricken, M.: *Kribbeln im Kopf. Kreativitätstechniken & Brain-Tools für Werbung & Design.* Mainz: Schmidt 2006
Rickes, S. | von Hassell, J.: *So gewinnt der Mittelstand! Die Erfolgsmethode kleiner und mittlerer Unternehmen.* Wiesbaden: Gabler 2008
Scherer, J.: *Kreativitätstechniken. In 10 Schritten Ideen finden, bewerten, umsetzen.* Offenbach: Gabal 2007
Schlicksupp, H.: *Innovation, Kreativität und Ideenfindung.* Würzburg: Vogel 2004
Siegmund, C.: *Entdecken Sie Ihre Kreativität.* Hamburg: Rowohlt 1997
Stolpmann, M.: *Weniger ist Mehrwert.* Bonn: Galileo Press 2002
Tominaga, M.: *Die kundenfeindliche Gesellschaft.* Düsseldorf: Econ 1997
Utermöhle, K.: *Die Verrückten werden siegen.* Stuttgart: Zeppelin 2006
Vollmar, K.: *Sprungbrett zur Kreativität. Verwirklichen Sie Ihren Lebenstraum.* München: Heyne 2006
Watzlawick, P.: *Anleitung zum Unglücklichsein.* Serie Piper, 4938, München: Piper 2007
Wenger, E.: *Communities of Practice. Learning, Meaning, and Identity.* Cambridge University Press 1998
Zyman, S.: *Das Ende der Marketing-Mythen. Erfolgsrezepte des Aya-Cola für Umsatz und Profit.* Econ 2000

Internetquellen

Dirlewanger, A.: *Dirlewanger Idee – Innovation & Kreativität.* URL: http://www.dirlewanger-idee.de/papers_innovation.htm (Stand Mai 2009)
Eberle, N., Ludwigsburg, & Germany: *Wie Ideen entstehen – Kreativität, Ideenfindung und Innovation.* URL: http://www.wie-ideen-entstehen.de/ (Stand Mai 2009)
Fink, S.: *ProFILE-Fokus – Innovationskommunikation als Erfolgsfaktor.* URL: http://www.ffpr.net/2007/04/fokus.php (Stand Mai 2009)
Gesellschaft für Arbeitsschutz- und Humanisierungsforschung mbH: *Diversity als Innovationskultur (DIVINKU).* URL: http://www.diversity-innovation.de/ (Stand Mai 2009)
Gesellschaft für Kreativität e.V.: *Kreativitätstechnik.* URL: http://www.kreativ-sein.de (Stand Mai 2009)

Hildebrandt, Alexandra: *Wert in allen Köpfen.* URL: http://www.changex.de/d_a02727.html (Stand Mai 2009)

Innovationsvereinigung für die deutsche Wirtschaft: *Innovationen machen! Eine Frage der Innovationskultur?* URL: http://www.idwi.de/ (Stand Mai 2009)

Klumpp, B: *Erfolg mit Methode: Erfolgsmethoden, Arbeitsmethodik, Denkmethoden, Strategie, Psychologie, Gesundheit.* URL: http://www.methode.de/ (Stand Mai 2009)

Kronenberger, S.: *Deutsche Chefs loben zu wenig.* Retrieved February 04, 2008, URL: http://inhalt.monster.de/10277_de-DE_p1.asp (Stand Mai 2009)

Putzer, L.: *Erfassung und Messung innovationsfördernder Unternehmenskulturen.* URL: http://www.innovationskultur.de/ (Stand Mai 2009)

Scherer, J. *Denkmotor: Kreativitätstraining, Innovationsworkshops mit Jiri Scherer und Chris Brügg*er. URL: http://www.denkmotor.com (Stand Mai 2009)

Schwahlen, K.: *Praktische Kreativität.* URL: http://www.infoquelle.de/Management/Kreativitaet/Kreativitaet.php (Stand Mai 2009)

SGD/AGRIDEA: *Dare to Share Fair.* URL: http://www.daretoshare.ch (Stand Mai 2009)

Stangl, W.: *Ideenfindung in der Wissenschaft: Kreativitätstechniken.* URL: http://www.stangl-taller.at (Stand Mai 2009)

Szyperski, N.: Wir wissen, was wir können – aber wer weiß es sonst noch? URL: http://www.uni-koeln.de/wiso-fak/szyperski/veroeffentlichungen/innovation.htm (Stand Mai 2009)

Thormann, H.: *Kreatives Denken.com.* URL: http://www.kreativesdenken.com (Stand Mai 2009)

Universität Leipzig: *Deutscher Wortschatz – Portal.* URL: http://wortschatz.uni-leipzig.de/ (Stand Mai 2009)

Weise Geschichten – Vertrauen und Gelassenheit. URL:http://www.lichtkreis.at (Stand Juni 2009)

Wentz, R.-C.: *Die Innovationsmaschine.* URL: http://die-innovationsmaschine.de/ (Stand Mai 2009)

Zephram GbR: *Impulse für Innovation.* URL: http://www.zephram.de/blog/category/fundstucke/ (Stand Mai 2009)

Zmija, M.: *Alles über Mind-Mapping.* URL: http://www.zmija.de (Stand Mai 2009)

Register

Danksagung

Auch ich kann, besonders in meinem ersten Buch, nicht anders, als zunächst meiner Familie, meinen Söhnen Felix und Max und besonders meiner Frau Bettina sowie meinen Eltern und Schwiegereltern für die große Geduld und oft aufopferungsvolle Rückendeckung zu danken, ohne die mein beruflicher Weg und letztlich auch dieses Buch nicht möglich gewesen wären. Ebenso habe ich meinem Freund Dirk ganz besonders zu danken – er weiß wofür.

Dank speziell auch an Manfred Heinen (für den Forscher und den Anzug) und allen Verwandten und Freunden, die einfach da sind, wenn Sie gebraucht werden – wie Gabi und Jürgen mit Franziska und Sarah, Fine, Georg, Karla, Rudi, Hannelore, Willi, Ulla, Hans-Gerd, Gaga, Dirk, Matthias, Sandra, Kristina, Norbert, Manfred, Sabine, Klemens, Christiane, Frank, Bernd, Thomas und und und …

Autoreninformation

Benno van Aerssen (1964) ist in einer alten Künstler- und Handwerkerfamilie groß geworden und begann seinen beruflichen Werdegang in einem niederrheinischen Unternehmen für Technische Dokumentation. Nach weiteren Stationen in der Leitung eines Systemhauses und in der Vertriebsleitung eines Softwareherstellers wechselte Benno van Aerssen zu einem weltweit agierenden Computer-Buchverlag und war dort für die Leitung der Software- und Multimediaproduktentwicklung sowie für die Schaffung strategischer Allianzen verantwortlich. 1996 gründet er sein erstes eigenes Unternehmen im Internetbusiness. Mittelständische Unternehmen und auch Markenhersteller gehören zu seinen Kunden, die seine Ideen und individuellen Lösungen sowie das persönliche Engagement sehr schätzen. Der Marketingpreis der Stadt Kevelaer 1998 und die Auszeichnung Wirtschaftsjunior des Jahres 1998 unterstreichen sein kreatives und engagiertes Wirken. 2003 gründet er mit seinem Freund und Geschäftspartner Dirk Rosomm ein gemeinsames Joint-Venture, welches heute als führender Softwarehersteller für webbasierte Businesslösungen in den Bereichen E-Learning, Content-Management und E-Commerce erfolgreich am Markt agiert und Globalplayer wie Ebay, O_2 und VW zu seinen Kunden zählt. Parallel zu diesen Unternehmen berät Benno van Aerssen Unternehmen im Bereich Innovationscoaching und Ideenfindung – hier ist auch die entscheidende Idee für dieses Buch entstanden. Im Jahr 2007 zieht er sich aus der operativen Geschäftsführung seiner Unternehmen zurück und widmet sich mit neuen Freiräumen nun endlich intensiv seinem Buchprojekt zur FRIES-Methode sowie dem Projekt zum mobilen Ideen-Atelier, welches er mit Geschäftspartner Guido Neuland umsetzt.